原子力と冷戦

日本とアジアの原発導入

加藤哲郎・井川充雄 編

花伝社

目　次

第2部　原発導入とアジアの冷戦

はしがき

井川　充雄

2011年3月11日午後2時46分、日本の広範囲の地域が巨大な地震に見舞われた。東日本大震災の発生である。地震の規模はマグニチュード9.0で、日本周辺における観測史上最大の地震であった。最大震度は宮城県栗原市で震度7、宮城・栃木・福島・茨城の各県内で震度6強など、広範囲に大きな揺れを観測した。さらに、この巨大地震に誘発された大津波が太平洋沿岸に押し寄せ、最大で海岸から6km内陸まで浸水し、岩手・宮城・福島の各県では津波の高さが8—9mに達したほどであった。津波は太平洋岸の広範囲に達したほか、環太平洋諸国にも押し寄せ、被害をもたらした。

この地震（その後の余震を含む）と津波による日本国内の死者は1万5880人に達し、今なお2700人が行方不明のままとなっている（2013年1月23日、警察庁緊急災害警備本部）。この震災における犠牲者の約9割の死因は大津波による水死だった。地震と津波の被害者は12都道県にのぼり、1923年の関東大震災に次ぐ、大きな被害となった。建物等への被害も大きく、全壊した建物は12万8913戸、半壊した建物は26万8883戸などとなっている。大津波は町も家も一気に押し流し、沿岸住民に対してその後の長期にわたる避難生活を強いている。広範で深刻な被害が長期にわたって発生し、今日に至るまで復興を難しくさせている。仮設住宅や避難先で震災から二度目の新年を迎えた方が多数いる。

こうした地震・津波による直接的被害の他、東日本大震災は、いくつもの間接的かつ複合的な被害をもたらしたことも特徴的である。すなわち、東京をはじめとする大都市での帰宅難民の発生、関東地方の埋立地での大規模な液状化現象、道路・鉄道・電気・電話・都市ガス・上下水道などのライフラインの長期にわたる断絶、物流の断絶による物不足や買い占めの発生等々である。

なかでも被害をさらに深刻にしたのは東京電力福島第一原子力発電所での事故である。運転中の福島第一原発の各原子炉は、地震の発生とともに緊急停止したものの、地震によって発電所への送電線等の施設が損傷したり、津波により水をかぶったために変電所や遮断器などの設備が故障したりしたため、外部電源を喪失した。さらに非常用電源も海水に浸かって故障し、すべての電源が失われてしまった。そのため、ポンプを稼働できなくなってしまい、必要な冷却ができず、核燃料の溶融（メルトダウン）が発生したのである。建屋は水素爆発を起こし、放射性物質が大量に外部に流出した。拡散した放射能により広範囲に大気、土壌及び海洋の汚染が発生し、現在も汚染は続いている。福島第一原発から半径 20 km 圏内は、今も一般市民が立入ることができない状況にある。震災から 2 年が経った現在も、その被害は収束しておらず、今後も何十年にもわたる長期の対応がなされなければならないことを、われわれは心に刻まなければならない。

東日本大震災とその後の一連の経緯は、われわれの文明がいかに脆弱な基盤の上に成り立つものであるかをまざまざと見せつけた。とりわけ、潤沢な電力環境を享受してきた今日の日本人にとって、それがいともたやすく壊れてしまう可能性を持っていることを身にしみて感じさせた。福島第一原発の事故や、日本各地の原発の停止により、電力の供給は逼迫し、2011 年春には、「計画停電」が実施された（その計画のあまりのずさんさから「無計画停電」とまで揶揄された）。その後も、夏・冬の電力需要の高まる時期には、各企業や自治体、家庭等で大々的な節電が実施され、人びとの日常生活や、企業の生産活動にも大きな影響を与えている。日本の人びとは、これまで、水や空気同様にあるのが当たり前と感じていた電気が、決してそうではないことを思い知らされたのである。

震災後、原子力発電の安全性についての議論が高まっている。2011 年 5 月 6 日には、菅直人首相（当時）が、東海地震の予想震源域にある静岡県御前崎市の浜岡原子力発電所の全原子炉の運転停止を海江田万里経済産業大臣（当時）を通じて要請し、中部電力もこれを受け入れ、運転中の 4 号機、5 号機を停止した。その後も、定期点検のために停止する原子炉が相次いだ。他方、定期点検後の原子炉の運転再開については、ストレステストの実施などの条件が課される一方、地元住民の理解が得られにくい状況にある。現在、稼働している原子力発電所は、2012年7月5日に運転再開された福井県の大飯発電所3号機のみである（本書発行時点）。

こうした状況については産業界や政界の一部から早期の運転再開を求める声がある一方で、「脱原発」ないしは「卒原発」を求める運動も盛り上がりを見せている。今後、われわれは、「原子力」とどう向き合っていくべきか、それが今日問われているのである。それは単に原発の再稼働を認めるか、代替エネルギーをどうするかといった、個別の論点にとどまるものではない。むしろ問われているのは、われわれの生活様式、思考様式そのものだといってもよいだろう。これまでの、文字通り湯水のように電力を消費し、より快適で便利な生活をよしとする生活様式、しかもそれに疑いを持たず、またそれがどのようなメカニズムによって成り立っているか、そこにいかなる格差や不平等が存在していたかに目を向けようともしない思考様式、これらが決して永遠に続くものではないことを、今回の震災は教訓として残している。

歴史的に見れば、20世紀、とりわけ後半期は、世界中が「原子力」を欲望し、その威力と残酷さにおののきながらも「原子力」に夢を抱いた時代であった。いったい「原子力」とは何であったのか。それは、いかなる欲望であり、夢だったのだろうか。それを、今こそ問い直す時期に来ているのである。

本書は、冷戦期において、アジア各国で推進された原発導入のプロセスをたどりながら、原子力をめぐる欲望と夢、そしてそれがもたらした現実を明らかにしようとするものである。それは、現在、日本が直面している「原発問題」を国際政治・開発政治の文脈から問い直そうとする試みである。

本書の執筆者は、原子力や科学技術史を専門としてきたものばかりではない。また、本書の企画以前にはお互いに面識を持っていなかった執筆者も多い。しかし、東日本大震災を自ら経験し、またその甚大なる被害を目の当たりにするなかで、それぞれの専門分野からこの状況に対する答えを模索し続けている学徒である。

本書を作るに際して、われわれは、次の五つを共通視点として持った。

（1）1945年以後の研究開発段階から1980年代末冷戦崩壊までの原発

導入・稼働のプロセスを、可能な限り第一次史料・現地資料を用いて、歴史的に叙述する。

（2）「アジア冷戦」、米ソ東西対立の中で考える。

（3）核兵器開発と原子力エネルギー開発（「平和」利用）の関係性を視野に入れる。

（4）原発事故や各国反核・非核世論・反対運動との関連で考える。

（5）原発問題をより広いパースペクティブで考えるための資料と史実を提供する。

東日本大震災以降、日本では「原子力」について多数の出版物が刊行され、あるいはテレビ等でも特集されてきた。そうした中、われわれがあえて本書を刊行しようとするのには、大きく三つの理由がある。

一つは、日本のみならず、アジア全体の中で「原子力」の歴史を捉え直したいということである。これまでにも日本での原発の歴史を扱った論文や書籍が多く発表されている。それらは日本国内での技術の変遷や、せいぜい日米の二国間の関係で、日本での原発の歴史を説明したものが多かった。しかしながら、1950年代に原発導入に踏み切るのは日本だけではない。同時期にアジアの各国へ米ソ両国から原発技術が移転され、開発が進められたのである。つまり、文字通り世界中が「原子力」による無限のエネルギーを渇望したのである。したがって、アジア各国へ同時進行的に普及していく過程を比較検討することで、当時、「原子力」に抱いていた夢の世界史的意味と、その後の展開について、より立体的に理解することができるであろう。それによって、日本の原発についても、より広い文脈から捉え直すことができると考えられる。

二つめは、上記とも密接に関連するが、「原子力」を冷戦の文脈に位置づけて捉えるということである。通常、冷戦の主戦場は、東西ヨーロッパであったと考えられるかも知れない。冷戦をもっとも象徴するのは、東西ベルリンを隔てる壁であった。それに対して、20世紀後半のアジアは、朝鮮戦争、ベトナム戦争等々、「熱い戦争」を繰り返してきた歴史を持っている。しかしながら、アジアの歴史も冷戦とともにあったのはまぎれもない事実である。

アメリカとソ連が、それぞれの勢力をアジアでも拡大していこうとするなかで、それぞれの国々が時に同盟を結び、時に反目し、対抗しあってきた。地政学的な拠点を確保しようとする超大国の冷酷な意志は、ときに民族をも引き裂いて対立を生み出すほどの強い力で、アジア各国の国家や国民を方向付けてきたのである。しかも、中ソ対立により、アジアでの冷戦はヨーロッパ以上に複雑な様相を呈した。

そして、アメリカとソ連が、自陣営のアジア諸国に資金や技術、時には武器も含め、供与してきたことが、アジアの発展に大きく寄与してきた。逆に言えば、アジアの諸国は、超大国に基地を提供し、忠誠を誓い、ときには代理戦争を戦い抜くことで発展を約束されてきたのだと言える。また、アメリカとソ連は、それぞれの威信を高めるために、生活様式、思考様式もまたさまざまなルートを通じてアジアに移転してきた。こうして冷戦の影響は、政治、経済のみならず文化の領域にも深く浸透した。アメリカは、東側陣営に対して、西側の「豊かさ」を誇示し、魅力的な生活様式を顕示しようとしてきた。またソ連や中国もそれに対抗するために、同盟国に対して莫大な援助を行うだけでなく、資本主義の矛盾を訴え、イデオロギーにおける結束を強めてきた。こうして、両陣営の生活様式、思考様式がアジア諸国を幅広く覆っていったのである。

しかも、ベルリンの壁の崩壊、ソ連の解体によって、冷戦が終結したといわれるあとの今日においても、朝鮮半島における北朝鮮（朝鮮民主主義人民共和国）と韓国（大韓民国）の対立、中国と台湾の対立などは続いている。その意味で、アジアにおいては冷戦構造の基本的な枠組みは変わっていない。さらに、今後、米ロ間のみならず、米中間での「第二次冷戦」「新冷戦」がアジアを主戦場として起こることも懸念されている。

このように20世紀後半のアジアの歴史は、冷戦構造をぬきにしては考えられないのである。そして、それをもっとも象徴するのが「原子力」であり、またそれに依拠した生活様式なのである。こうしたことから、われわれは、アジアの半世紀の歴史を、「原子力」を中心に据えて描き直してみたいと考えたのである。

そして、われわれが本書を世に問おうとする三つめの理由は、可能な限り第一次史料・現地資料を用いて、歴史的に新たな事実を明らかにしたいということである。われわれは専門分野は異なるが、それぞれ歴史的な観点から学問研究をしてきた。したがって、なかなか一般の人びとの眼に触れることのない第一次史料をできるだけ用いることを心がけてきた。それによって、類書には見られない特徴を持つ研究書ができたのではないかと自負している。

本書は、大きく二つの部分からなっている。第1部「日本の原発導入と冷戦の歴史的文脈」は、日本における「原子力」をめぐる冷戦下の政治力学について五つの論文から構成されている。第1章「日本における『原子力の平和利用』の出発——原発導入期における中曽根康弘の政略と役割——」で加藤は、原発導入に大きな役割を果たした政治家・中曽根康弘を中心に原子力をめぐる日本の政治過程を明らかにする。第2章「アイゼンハワー政権期におけるアメリカ民間企業の原子力発電事業への参入」で土屋は、アメリカ国内での原子力産業界と政府との関係を明らかにする。第3章「戦後日本の原子力に関する世論調査」で井川は、戦後日本で実施された原子力に関する世論調査をたどり、世論のありかを探る。第4章「広島における『平和』理念の形成と『平和利用』の是認」で布川は、核兵器廃絶を求める世論が強い広島においても、原子力の「平和利用」が是認されてきたメカニズムを明らかにする。そして、第5章「封印されたビキニ水爆被災」で高橋は、アメリカによるビキニ水爆実験の被害に対する過小評価のプロセスを述べるとともに、それを今回の福島第一原子力発電所の事故後の行政の対応と比較し問題性を指摘する。

つづく第2部「原発導入とアジアの冷戦」は、アジア各国における原発導入の過程とその後の展開を冷戦という切り口から明らかにしたものである。すなわち、第6章「ソ連版『平和のための原子』の展開と『東側』諸国、そして中国」で市川は、ソ連での原子力開発と東側同盟国への技術移転、それに中国での原子力発電の開発・実用化の歴史を明らかにする。第7章「南北朝鮮の原子力開発——分断と冷戦のあいだで——」で小林は、朝鮮半島で対峙する北朝鮮と韓国の原子力開発の歴史を対比しながら論じる。第8章「フィリピンの原子力発電所構想と米比関係——ホワイト・エレファントの創造――」で伊藤は、フィリピンでの原子力発電所建設をめぐる政治過程をアメリカとの関係を中心に明らかにする。そして、第９章「冷戦下インドの核政策――『第三の道』の理想と現実――」でタンカは、インドが、原子力の平和利用と核兵器廃絶というアメリカ、ソ連とは違う選択をしながらも挫折していった過程を論じる。

本書が、アジア、そしてその中の日本における原子力の歴史を解明し、今後の原発問題やエネルギー政策のあり方を考えるための一助となれば、それにまさる喜びはない。

第1部

日本の原発導入と冷戦の歴史的文脈

第1章　日本における「原子力の平和利用」の出発
——原発導入期における中曽根康弘の政略と役割——

加藤　哲郎

1　はじめに
——「原子力の平和利用」を対象化できなかった社会科学

「子どもの頃に原子力の平和利用が始まった。それに疑いを持たず、平和利用は素晴らしいと信じ込まされ、原爆の忌まわしい記憶を拭い去ったものととらえた。事実はちがった」——これは、2011年11月26日に開かれた「脱原発を考えるペンクラブの集い」における、日本ペンクラブ会長・浅田次郎の作家としての自省である[1]。

文学者だけではない。2011年3月11日の東日本大震災・福島原発事故の破局にいたるまで、地震大国日本の社会科学や歴史学は、原子爆弾＝核兵器については膨大な研究を蓄積してきたが、「原子力の平和利用」＝原子力発電とその安全性・放射能被害の問題について、正面から取り組むことはほとんどなかった。日本における原子力発電の導入と展開の歴史については、3.11以後「原子力村」と総称される政府・電力会社や原子力推進団体の公式の記録のほかは、吉岡斉、山崎正勝、藤田祐幸ら科学史・技術史分野の専門的研究に依拠するほかなかった[2]。

ただし、いったんその領域に入ると、社会科学や人文科学の果たすべき課題は、いくらでも出てくる。「原爆文学」は膨大で多くの作品集も編まれたが、「原発文学」の研究は少なかった[3]。原爆開発のマンハッタン計画は第二次世界大戦期の国際関係の産物であるが、「原子力の平和利用」も、米ソ核大国主導の東西冷戦と深く関わっていた。それは世界的には1953年12月8日の国際連合総会における米国アイゼンハワー大統領の演説「アトムズ・

フォー・ピース Atoms for Peace」（原子力の平和利用）に始まる。日本では翌54年3月「原子炉築造のための基礎研究費および調査費」予算が成立し、55年12月の原子力基本法成立と56年1月原子力委員会発足でスタートするが、それは、保守合同による自由民主党の結成、いわゆる「55年体制」と高度経済成長の出発と一緒だった。佐藤内閣期には、沖縄「核抜き」返還と非核三原則が国会決議された裏で、沖縄核持込密約が結ばれ西独外務省との核保有秘密協議がなされ「当面核兵器は保有しない政策をとるが、核兵器製造の経済的・技術的ポテンシャルは常に保持する」と原発が潜在的核兵器保有に位置づけられていた[4]。石油危機に際しての原子力エネルギーへのシフトは、電源三法による原発受け入れ過疎自治体への補助金なしにはありえなかった。

ビキニ環礁水爆実験によるマグロ漁船被爆から始まった原水爆禁止運動は、「反原爆」世論をバックにしていた。ところがそれが日本の原発導入と軌を同じくし、むしろ「だからこそ平和利用」となり、「反原発」「脱原発」とは別々に展開することになった。当初は原爆反対ゆえに原発＝「原子力の平和利用」を歓迎し、恐怖・破壊・危険・破滅は原爆に、平和・建設・安全・希望は原発に帰属させることになった。原発が本格的に稼働する時期には、政党レベルの対立が運動内部に亀裂をもたらして、「反原爆」と「反原発」が結びつくことは少なかった[5]。同じ敗戦・占領から出発し、戦後復興・経済成長がしばしば比較される日本とドイツで、原発に対する国策と社会運動の違いは、いつどこで何故に分岐するにいたったのか[6]、等々。本章では、こうした観点から、日本における原子力発電導入の歴史的意味を考える。

2　「政争の具」とされた「原子力の平和利用」
——MIS「中曽根ファイル」から

原子力基本法になぜ「安全」は入らなかったのか

日本の原子力発電を今日まで規制しているのは、昭和30（1955）年12月19日法律第186号として成立した原子力基本法である。教育基本法（1947年）よりは遅いが、農業基本法（1961年）よりは早い。第1条「目的」で「将来におけるエネルギー資源を確保し、学術の進歩と産業の振興とを図り、もつて人類社会の福祉と国民生活の水準向上とに寄与する」とし、第2条「基本方針」には「平和利用」がうたわれて「民主・自主・公開」のいわゆる三原則が書き込まれたが、当初の法律には「安全」は入っていない[7]。昭和53(1978)年の一部改正で「平和の目的に限り」に続けて「安全の確保を旨として」が加わり、第2条は「原子力の研究、開発及び利用は、平和の目的に限り、安全の確保を旨として、民主的な運営の下に、自主的にこれを行うものとし、その成果を公開し、進んで国際協力に資するものとする」となった[8]。この1978年改正で、原発推進の原子力委員会から原子力安全委員会が分離・独立し、地震大国日本でようやく耐震規制が加わる[9]。1953−55年当時は日本学術会議で科学者たちの真剣な議論が行われ、三原則はその成果とされているにもかかわらず、なぜ「安全」はほとんど議論されず、「原則」にならなかったのだろうか[10]。

日本政治史から見ると、日本の原子力発電導入に大きな力を発揮したのは、1954年3月原子力予算を国会で通した当時の改進党衆院議員中曽根康弘と、読売新聞社主として55年から「原子力の平和利用」キャンペーンを組み、それを公約に政治家になり初代原子力委員長に就任する正力松太郎であった。しかし、戦後史や現代史と銘打つ歴史書で、同期のビキニ水爆第五福龍丸被爆やそれを契機とした原水爆禁止運動の開始が論じられることはあっても、「原子力の平和利用」の出発がとりあげられることはほとんどなかった[11]。ちょうど吉田内閣末期から保守合同、鳩山内閣と自由民主党結成の戦後史を画する時期で、膨大な保守合同の研究はあるが、「青年将校」中曽根や老骨で初当選の一年生議員で担当国務大臣だった正力の出番はない。後の高度経済成長期にエネルギー源としてクローズアップされ、その巨額な利権に「原子力村」とよばれる政官財学界にマスコミと立地自治体が群がり、ついには福島第一原発事故をおこすモンスターにまで成長する「原子力の平和利用」も、出発当初の政治の表舞台ではマイナー・イシューで、原子力政治の主人公たちは保守傍流であった。原発が「潜在的核保有」であることもあまり問題にされなかった[12]。

原子力予算には反対があったのに、なぜ原子力基本法は満場一致なのか

「55年体制」出発の政治的激動期、1954年3月の中曽根原子力予算は、与党の補正予算中に突然登場し、当初は野党・マスコミ・科学者たちから反対された[13]。「思いつき予算」と一斉に批判され、名目そのものが当初の「原子炉築造のための補助費」が日本学術会議の抗議で「原子炉製造のための基礎調査費」とされ、採択された時には「原子力の平和的利用に関する基礎的ならびに応用的技術の研究費」と変えられた[14]。

55年12月の原子力基本法も「突如として提案され、またたくうちに通過成立をみた」が、こちらはほぼ満場一致だった[15]。提案者は生まれたばかりの二大政党、保守合同を果たした自由民主党と左右両派が統一した日本社会党の全議員が名を連ねた「中曽根康弘君ほか421名」で、議員立法だった。わずかに反対した共産党・労農党の反対理由も「安全」の欠如ではなくアメリカと結んだ「経済の軍事化と再軍備の強化」であった。まさに中曽根康弘が提案理由で述べた通り、与野党一致の「国策」「超党派」「長期的計画」での出発であった[16]。その間に、何があったのか？

初代原子力委員長になる正力松太郎が、CIA（米国中央情報局）のコードネーム「ポドムPODOM」を持つエージェントであり、1954年秋から懐刀の柴田秀利とダニエル・スタンレー・ワトソンのCIAルートの支持を得､自分が社主の読売新聞や日本テレビを総動員して米国心理戦「アトムズ・フォー・ピース」キャンペーンの組織化にあたった諸事実については、佐野眞一の正力伝、山崎正勝や有馬哲夫の詳細な研究があるので、紙数の限られた本稿では触れない[17]。筆者らは、読売新聞正力にとってのライバルで、保守合同の表舞台の主人公の一人であった朝日新聞出身緒方竹虎のCIAファイルを、「ポカポンPOCAPON」のコードネームを含めて解読してきた。緒方竹虎は、当時吉田内閣の副総理で、中曽根原子力予算の国会通過に伴い54年5月11日の閣議決定で内閣に設けられた原子力利用準備調査会の会長であった。公的には緒方こそ原発導入の最高責任者であった。

CIA「緒方竹虎ファイル」に「保守合同」はあるが「原子力」はない

しかし、筆者らの共同研究を吉田則昭が書物にしたCIA「緒方竹虎ファ

イル」には、「原子力の平和利用」はほとんど出てこない。「緒方ファイル」では、この頃CIA東京支局が頻繁に緒方に接触し、1956年1月の緒方の突然死まで、詳しい日本情報と政治判断をワシントンのアレン・ダレス長官に直接送り交信していた。ただし原子力利用問題もビキニ放射能問題もほとんど出てこない。およそ1000頁と日本人では一番情報が多いCIA「緒方ファイル」5冊（「正力ファイル」は3冊）中での直接の言及は、ビキニ被爆とMSA（日米相互防衛協定）調印直後の1954年3月16日付CIA報告書に「緒方が、原子炉と平和利用研究の開始、防衛計画に旧軍人の経験の利用は不可欠」と国会で答弁、翌17日「国会でのビキニ核実験問題追求に緒方が『調査中』と回答」と、事実関係がメモされているだけである[18]。

ワシントンのアレン・ダレスCIA長官（及びその兄のジョン・ダレス国務長官）には、日本の吉田首相・緒方副総理、芦田元首相、それに吉田後継を狙う鳩山一郎、重光葵、河野一郎、岸信介、池田勇人らの動きは、政局のみならず料亭での秘密会合や財界人・右翼との接触、政治資金・金銭授受を含め詳しく報告されているが、日本の「原子力の平和利用」への関心はみられない。再軍備、保守合同と吉田茂退陣後の首相、社会党左右合同問題は日本政治のクリティカルな動きとして注目されており、第五福竜丸被爆と原水爆禁止運動の方は、背後の共産主義と「反米」への転化が危惧された。緒方竹虎に限って言えば、当時日米共同で進められていた日本版CIA構想とその挫折（内閣調査室におちつく）、その後吉田後継の第一候補と目されていた緒方を首相におしあげるCIA政治工作が基軸である。しかしそれは1956年1月、緒方の急死で頓挫した。

緒方竹虎は、1954－56年期に原子力利用準備調査会会長として公式の権限はあったが、「原子力の平和利用」には関心を持たず、ほとんど関わらなかった。1000頁近いCIA「緒方ファイル」には、中曽根・正力の名はほとんど出てこない[19]。つまり当時の米国の極東軍事戦略、西側同盟国に対する政治工作全体の中では、被爆国日本で「原子力の平和利用」が始まる問題は戦略的に重要視された形跡がなく、ソ連に対抗する情報工作・文化工作のレベルで扱われた。土屋由香らのいう「文化冷戦」、あるいはジョセフ・ナイの「ソフトパワー」、筆者の提唱してきた「情報戦」レベルでのイシューとされたかに見える[20]。

「文化冷戦」のなかの対ソ情報戦としての「アトムズ・フォー・ピース」

このころの米国の文化戦略は、1953年4月16日、アイゼンハワー米国共和党新大統領が、米国新聞編集者協会大会の演説で、ソ連のマレンコフ新政権に対し「原子戦争の可能性を回避するためスターリンの冷戦政策を変更し、世界恒久平和のために自由諸国と協力するよう」よびかけた、いわゆる「平和攻勢の主導権奪回」として知られている。3月スターリンの死、7月朝鮮休戦協定、8月ソ連水爆実験成功を背景に、12月8日国連総会でのアイゼンハワー大統領「アトムズ・フォー・ピース」提案はその具体化だった[21]。

無論そこには、新たな冷戦の火種も孕まれていた。演説の7割はアメリカの核兵器が通常兵器なみになったという核戦力の誇示で、翌54年1月ダレス国務長官のニュールック政策（大量報復戦略）に具体化される。目玉の原子力国際管理機関創設はソ連も賛成して57年国際原子力機関（IAEA）創設に連なるが、当初のウラン資源・技術プール案は翌54年2月には2国間・多国間協定方式に変更された。そのため米ソが「友好国」と次々に協定を結び、折から勃興する新興諸国（54年5月周恩来・ネルー平和五原則）を「二つの世界」に分割して「核勢力圏」が形成された。アイゼンハワーは就任直後に原子力開発に政府援助を与え民間企業を参入させる決定を下していたから、原発ビジネスを世界に広げる計算も含まれていた。朝鮮特需で経済成長の出発点にある日本は格好のターゲットであった[22]。

この期の日本に対する心理戦基本戦略は、米国心理戦局「対日心理戦計画」（PSBD − 27、1953年1月30日）に、「日本の知識階級に影響を与え、迅速なる再軍備に好意的な人々を支援し、日本とその他の極東の自由主義諸国との相互理解を促進する心理戦を速やかに実施することによって中立主義者、共産主義者、反米感情と闘う」とある[23]。戦前朝日新聞論説主幹・戦時情報局総裁・当時官房長官の緒方竹虎は、この計画の主要な工作対象となった[24]。ただしその舞台は、日本の国会と内閣、保守合同、米日情報共有という表舞台の論題についての情報交換・秘密連絡だった。「原子力の平和利用」ではなかった。

当時の情報戦は、占領期にGHQ/G2チャールズ・ウィロビーのもとで進められてきた反共親米工作の延長上にあった。特に連合軍に対する戦争当事者であったドイツと日本については、戦犯追及の名目から始まって、「中立主義者、共産主義者、反米感情」についての網羅的で系統的な調査と監視が行われた。朝鮮戦争期にマッカーサーが解任されウィロビーも帰国した。サンフランシスコ講和条約により日本の独立が認められるが、日米安保条約により米軍基地は残され、基地には対敵諜報部隊（CIC）がある。GHQ/G2の情報活動は、一部はCICを通じてワシントンの陸軍情報部（MIS）に送られるかたちで受け継がれ、高度な政治工作や特殊工作はCIAに引き継がれた。

1950年代の日本については、幸いナチス・ドイツに準じた日本帝国政府情報公開法（Japanese Imperial Government Disclosure Act, 2000年12月27日）により、米国国務省、陸海軍、中央情報局（CIA）、連邦捜査局（FBI）等の記録が、21世紀に入って10万頁以上が米国国立公文書館（NARA）等で機密解除されており、筆者はその概要を別稿で述べておいた[25]。CIA個人記録は旧戦犯容疑者や旧軍幹部に限られ、日本人は緒方5冊、正力・辻政信各3冊等31人分45冊であるが、MIS(陸軍情報部)の記録は質量共に膨大で、現在まで日本人個人ファイル約2500人分が機密解除され公開されている。そこからも、サンフランシスコ講和から日ソ国交回復・国連加盟にいたる日本の国際社会への復帰時の米国側の主要な関心は、講和条約、再軍備、対ソ対中政策、保守合同と吉田茂後の指導者、国際共産主義にあったことはまちがいない[26]。

中曽根や正力は、ビキニ水爆被爆で日本の原水爆禁止運動が「反米」になろうとしたところで、その火消し役に登用される。したがって「原子力の平和利用」で暗躍する中曽根康弘・正力松太郎は、CIAやMISの記録が残されていても、いわば日本政治の隙間（ニッチ）での特定利害と特定イシューで対日工作に関わったと考えられる。NARAの「原子力の平和利用」関連では、CIAの正力松太郎、MISの中曽根康弘のほか、ノーベル賞受賞者湯川秀樹、原爆被害医学調査を中心的に担った都築正男、第五福竜丸犠牲者久保山愛吉らについて、MIS個人ファイルが機密解除されている[27]。

陸軍情報部「中曽根康弘ファイル」が見抜いた「風見鶏」

MISの「中曽根康弘ファイル」は70頁余である。数百頁もある野坂参三・徳田球一らに比べれば小ぶりで、普通のシベリア抑留帰還者や国政選挙立候補者なみである。強いて特徴をあげれば、同じ首相経験者でも「岸信介ファイル」や「大平正芳ファイル」には1960－70年代のものまで入っているのに、「中曽根ファイル」には1949年9月から1959年6月まで、つまり30歳台の「青年将校」時代の記録のみが入っている。MISファイルの特徴であるが、新聞記事の切り抜きやその英訳が多い。履歴書・出入国記録も数種類入っている。雑多なメモや同音異人の沖縄県「仲宗根安廣」の記録も混じっている（直接占領下で基地のある沖縄県民のCIC監視記録は多い）。概して1953－56年期の再軍備への態度、ソ連・中国への態度、そのきわだった「反吉田」の行動・言説が記録されている。戦後「青雲塾」の右翼ナショナリストとしての経歴や、1956年5月15日付で中曽根作「憲法改正の歌」が訳されているから、「反共闘士」とは認められていた。だが民主党―国民民主党―改進党と保守傍流政党を渡り歩き、吉田自由党など主流派を激しく批判する政治活動のバックボーンは、アメリカCICには、わかりにくいものだった[28]。

比較的まとまった1954年9月29日付「報告書」全16頁のタイトルには「NAKASONE Yasuhiro: Rearmament or Political Opportunism? 」とクエッションマークが付された。日本語にすれば「再軍備か政治的機会主義か？」だが、日本でその後流布したレッテルにならえば、ちょうど原発予算が通過しMSA協定が結ばれ自衛隊が発足した頃に、青年政治家中曽根康弘は米軍諜報部隊から「政界の風見鶏」と見なされていたことを意味する。

東京帝大卒、海軍主計少佐、内務省から若くして衆議院議員の経歴から一応「日の出の政治家　Rising Politician」と認められている。反共愛国運動から1950年にMRA（道徳再武装運動）国際会議日本代表団の一員として外遊、対外侵略・国際共産主義、平和主義・非軍事化に反対し日本人の精神運動と自主防衛を説いた、という。ところがその政見は、独立自衛を説いて右翼団体に接触しながら、改進党の左派である三木武夫・北村徳太郎と行動を共にする。台湾独立運動に肩入れしたり、アジア諸民族の独立と対等な関係を説いたりする一方で、米軍フリーゲート艦の保安庁の借り上げには反対したりと、対米姿勢もはっきりしない。1953 年 7 〜 10 月のハーバード大学国際セミナー出席は、地方紙で大変な競争をくぐって第一位で選ばれたと大げさに報じられ、野党にも期待されて、特に共産党員からは有能な非共産党国会議員で将来の総理大臣候補に擬せられたという。彼にとっていったい「国家か、党か、自分自身が大事なのか？（Japan, Party, or Nakasone First?)」とコメントされている[29]。

自主防衛の核保有志向と疑われた中曽根の原子力予算

中曽根は後に、1953 年秋アメリカ滞在で「原子力の平和利用」の重要性を知り、「日本も世界の大勢に遅れてはならない」と、「当時バークレーのローレンス研究所にいた嵯峨根遼吉博士に領事公邸にきてもらって２時間ぐらい話を聞きました。嵯峨根さんはひじょうにいい助言をしてくれました。一つは『国家としての長期的展望に立った国策を確立しなさい。それには法律をつくって、予算を付けるというしっかりしたものにしないと、ろくな学者が集まってこない』と。それから、一流の学者を集めるにはどうしたらいいのかとか、そういう話を聞いて帰ってきました」と語る[30]。しかし MIS の記録には、渡米中に中曽根が「原子力の平和利用」に開眼し、それが翌 54 年３月原子力予算につながったという報告はない。むしろ、帰国後にアメリカの再軍備要求は長期的なものといいながら、「サンフランシスコ講和条約を含む戦後の拘束からの解放」を言い出したり、吉田首相の再軍備案を「意気地なし」と非難したり、来日したニクソン副大統領に自分を売り込んだりで、米軍諜報記録は「中曽根は彼の訪米旅行を政治的資本にしようとしている」と評価し警戒する。

そして、54 年３月の中曽根原子力予算提案については、日本からの報道にもとづき、日本学術会議の科学者たちから原爆製造予算ではないかと疑われて鋭い批判を受け、当初の原子炉建設２億 6500 万円が研究調査費２億 3500 万円に減額され、原子力研究は厳密に「原子力エネルギーの平和利用」のためで「新産業革命のため」と弁明したことを、「Political Football: Atomic Research」と表現する。新聞記事から「背後の真の動機は日本の学者たちにははっきりわかった」という３月５日時事通信が英訳されているから、米国側も「風見鶏」中曽根の原爆保持志向を見抜き、「政争の具(Political Football)」にすることを憂えていた。米国側が中曽根予算を予見し単純に歓迎したとは考えられない[31]。

「再軍備か政治的機会主義か？」というMIS「中曽根ファイル」レポートの最後の最大の論点は、「"Co-Existence" Proponent?（平和共存論者か？）」と題されている。1954年7月、すでに国会で自由・日本自由・改進の保守三党補正予算中に原子力予算を「学者が居眠りしているから、札束でほっぺたを打って目をさまさせる」強行突破作戦で挿入・通過させ、慎重な日本学術会議にも「原子力研究」開始を認めさせて、ビキニ被爆で原水爆禁止運動が一気に高まってきた局面で、かつて「平和主義」を叩いていた再軍備論者中曽根が、ストックホルムの世界平和大会（World Peace Rally）日本代表団に加わり、あまつさえ帰路に共産主義国ソ連・中国を視察し国交回復・友好貿易を話し合うという、米軍観察者には信じられない行動に出る。ちょうどアメリカでは反共マッカーシズムの最盛期である。そしてその「成果」を吉田内閣にぶつけ、日ソ国交回復を掲げる鳩山一郎の側につく。事実このMIS報告書の2ヵ月後、中曽根は鳩山民主党結成に加わる。鳩山は、当時アメリカから最も注目され警戒された保守政治家であった。

こうして政治家中曽根康弘に対する米陸軍情報部（MIS）報告書の総括的評価は、持続的な「expedient to affiliate himself（政略的〔ご都合主義的〕介入）」というものだった。「中曽根ファイル」の他の報告でも、こうした「風見鶏」評価は変わらない。1954年3月の中曽根予算による日本の「原子力の平和利用」開始は、原子力についての十分な検討も、長期的計画も、もちろん提案当時南太平洋でおこっていたビキニ水爆実験と日本漁船の放射能被爆の情報もないまま出発したものだった。おそらく内面では「いつかは原爆を持つ自主防衛」を夢見た青年政治家の党利党略・私利私欲に発したものと、米国側も見抜いていた。この提案の背後に、少なくとも米国側要人（副大統領ニクソン、ダレス兄弟、国務省フィアリー、ハーバード大学セミナー講師キッシンジャーら）や公的原子力関係者がいて「水面下の働きかけ」があったとは考えにくい[32]。「安全」など二の次の、あわただしい船出だった。

3　原子雲の上と下から見た原爆
――MRAと浜井広島市長の交錯

反原爆・反核運動はアメリカのヒロシマ認識から生まれた

中曽根康弘は、自分の原子力への関わりの原点は、敗戦時に海軍省高松に勤務していたさいに「広島の原爆雲を見た。この時私は、次の時代は原子力の時代になると直感した」と自伝・エッセイ・講演等で幾度か語っている[33]。ここでは高松から広島の原子雲が見えたかどうかは問わない。下から見あげたキノコ雲の写真は、アメリカでは1945年8月以降繰り返し使われ、戦後「平和」をもたらした原爆の威力の象徴となり、トルーマン大統領の「早期終戦・人命救済のため」という広島・長崎原爆投下決定を正当化してきた。

しかし敗戦・占領下の日本には詳しく伝えられなかったが、米国内にも世界にも、一般市民への無差別大量爆撃を批判し、原爆そのものを残虐な大量破壊兵器と見なし人類と文明にとって許されないとする声はあった。ノーマン・カズンズは『土曜文学評論』1946年6月15日号で、事前に「公開実験を行うべきだった」と原爆の投下責任を論じた。8月31日付『ニューヨーカー』誌には、ジャーナリストのジョン・ハーシーが広島の原爆被災者を取材した「ヒロシマ」を掲載して大きな反響をよび、直ちに本になってベストセラーになった。原爆製造の「マンハッタン計画」にたずさわった科学者たち、発案者のレオ・シラード、アインシュタイン、製造を指揮したオッペンハイマーまでが、戦後は原水爆の危険を訴え、国際管理と使用禁止・廃棄を主張した。

「原子力の平和利用」や「商業利用」は、そうした「反原爆」世論に対する弁明として、1945年8月6日のトルーマン声明から組み込まれていた[34]。世界最初の反核運動は、ほかならぬアメリカから起こった。それは「原子雲の下」のヒロシマ・ナガサキの惨状を知った、主として宗教者や平和主義者の運動だった。48年3月6日、ハーシー『ヒロシマ』の主人公の一人、広島流川教会の谷本清牧師がＵＰ通信の取材を受け「広島の悲劇を世界どこの国にも再現させたくない」と答えたのが「ノーモア・ヒロシマズ」と打電され、米国での運動のきっかけになった。6月3日には米オークランド市のヘレン・タッピング女史から浜井広島市長にノーモア・ヒロシマズ運動への参加要請があり、市長は快諾した。7月にはミルウォーキー市の北米バプテスト教会連合大会で36州代表4000人が、8月6日を「ノーモア・ヒロシマズの日」とすることを決議した。8月浜井広島市長は世界68ヵ国の160都市に向け「平和を生むものは武器ではなく、武器を捨てる平和の精神でなければならない」とメッセージを送った。しかしアメリカ国内では、こうした原爆批判は、政府・軍・マスメディアにより「原爆ヒステリー」と診断され、周辺化された[35]。

中曽根に原子雲の下のヒロシマは見えていたか

中曽根康弘は、高松から呉の軍港に寄って東京に戻ったと言うが、そこで「原子雲の下」の広島の惨状を見たとは述べていない。ここでは、米国陸軍情報部（MIS）「中曽根ファイル」に「1950年、彼はMRA（道徳再武装運動）大会日本代表団に加わり、大会の開かれたスイスのほか西ドイツ、フランス、イギリス、アメリカを旅した」とあることに注目しよう。

米国陸軍情報部記録にさりげなく書かれているMRAとは、当時「マーシャル・プランの文化版」にたとえられた、反共産主義・労使協調の精神主義的平和運動である[36]。占領期の日本人の海外渡航は厳しく制限されていたなかで、1950年6月12日、吉田首相主催歓送会で送られスイスにむかったMRA世界大会日本代表団は60人以上、「戦後、民間の企画としてこうした大型のグループが海外に渡航するのは初めてのこと」であった[37]。中曽根自伝は「人類友愛の平和運動」とよび、同行者として東芝の石坂泰三、大原総一郎ら財界人、北村徳太郎ら政治家の名を挙げている。ちょうど渡航中に朝鮮戦争が始まり、中曽根は「絶対正直・絶対純潔・絶対無私・絶対愛」という創設者ブックマン博士の道徳律に「政治家ではとてもこれを貫くことはできない」ので「この運動に飛び込むことはなかった」とし、アメリカでは国務省日本課ロバート・フィアリー家に泊まり、「当時は、そうした方法でしか外国にはでられなかった」占領下の海外視察・物見遊山だったとしている[38]。

この1950年のMRA大会について、詳しい記録を残しているのは、当時の広島市長浜井信三である。日本代表団のリストには、中曽根と同じ「反吉田」の国民民主党北村徳太郎のほか、自由党福田篤康、社会党川島金次、緑風会早川慎一ら6人の国会議員が超党派で加わっていた。財界人は石坂泰三東芝社長、大原総一郎倉敷レーヨン社長ら製造業・銀行・保険など有力企業を網羅し、船員組合代表・大阪市職委員長・全金属労組青年部長など労組役員も8人入っている。マスコミでは毎日新聞本田社長と高田欧米部長が同行する。

財界人並みに20人余りを占めるのが、関西の地方自治体関係者である。大阪・兵庫・三重・長野等の知事が夫妻で招待され、市長・議会議長・大阪市警視総監もいる。その中で、ヒロシマは楠瀬知事、浜井市長、川本市議会議長の3人を、ナガサキも杉本知事夫妻、大橋市長、望月市議会議長と、他府県とは異なりトップ三役が入っている。明らかに選別された招待者である。

浜井広島市長は、後に著書『原爆市長』の中で「世界に通用している平和運動にじかに触れて、研究してみたかった」と語る[39]。中曽根康弘が1945年以後本当に広島・長崎の「原子雲の下」を案じていたならば、この広島・長崎の首長が勢揃いした旅は、「原子力」の悲惨を学ぶ絶好の機会だった。だが当時の記録には、大会で大歓迎を受けた広島・長崎の知事・市長・議長と親しくした話はでてこない[40]。浜井市長の渡航記にも、青年代議士中曽根の名はでてこない。大きな代表団の中で顔は合わせたが、交流はなかったのだろう。中曽根がこの頃原爆被害に関心があった気配は、米軍MIS記録からも見当たらない。たしかに1950年2月3日の衆院予算委員会で「原子力研究の自由」には触れているが、「原爆の悲惨」や「安全」は念頭にない[41]。実際MRAは、ナショナリスト中曽根に対しては、現実のアメリカを見せて「反共」を再確認し「親米」になる機会を与える程度でよかった。問題は、被爆地ヒロシマ・ナガサキの首長たちに、どんなインパクトを与えうるかであった。

占領期における原爆被害の隠蔽と「夢の原子力」イメージ肥大化

日本における占領期の「原爆」「原子力」がどのようなイメージを持っていたかについては、すでに別稿で述べたので繰り返さない。「原子雲の下」で起こった悲惨な現実と放射能の晩成被害・内部被曝は、日本ではGHQの検閲によって隠蔽されてきた。「雲の下」の長期の苦悩は、広島・長崎に局地化され封じ込められた[42]。日本でも原爆キノコ雲は、畏怖・脅威のシンボルであると共に、「原子力への夢・あこがれ」を喚起し、「風邪にピカドン」の家庭常備薬や「読売巨人軍の原爆打線」のように「強力な」「すごい」イメージにつながった。両義的ではあったが、54年以後の「平和利用」の現実的出発の受容基盤となった[43]。

ここでは別の角度から、日本における「原爆」観の不徹底の問題を見ておこう。「原爆」に対する真摯な省察と反省の欠如こそ、「原子力の平和利用」を可能にしたと考えられる。「ヒロシマ・ナガサキ」は、敗戦による「平和・復興」の象徴であると共に、なお続く悲惨、残存放射能被害の現実をかかえていた。しかし原爆についての議論は、もっぱら「文化国家」「科学技術立国」「原子力の平和利用」「原子力エネルギーの夢」の方向で肥大し、こどもたちにまで広がっていた。武谷三男らの「解説」で、特に1949年のソ連核実験成功以降は、左派からも「原爆の反ファッショ的性格」「資本主義では平和利用はできない、社会主義でこそ平和利用ができる」「原子力時代の到来」と唱われ、荒野の開墾や台風の進路変更など「原爆の平和利用」さえ信じられていた。広島・長崎の被害継続や「雲の下の真実」が写真展やグラフ雑誌で公開されるのは、1950年代、独立後のことだった[44]。

占領期に「原子雲の下」が伝えられる数少ない機会が、毎年8月のヒロシマ、ナガサキの原爆記念日、それも市長の平和宣言のかたちだった。特にヒロシマ市長の発言は、外国報道を通じて世界に伝えられ、世界が原爆を考える数少ない機会であった。中国新聞ヒロシマ平和メディアセンターの「ヒロシマの記録」データベースと広島市ホームページの「平和宣言の歴史」を重ね合わせると、そのつながりが見えてくる[45]。

「ヒロシマ」からのメッセージの出発点は、1946年7月2日、木原広島市長のビキニ原爆実験についての談話である。「広島に対する原子爆弾が世界の平和を促進し、市民の犠牲がその幾百倍、幾十倍の世界人類を戦争の悲劇から救出することが出来た。ビキニ実験は広島の当時の惨状を改めて世界に訴える好機である。世界の同情は自ずから広島へ集まるであろう。平和をもたらした原子爆弾が破壊のためでなく、永遠の平和を確立し原子力が人類の幸福のために利用されることを念願する」――トルーマンの「早期終戦・人命救済」を率直に認め、「平和利用」の希望を述べた、被害者側からの発言である。

1946年8月4日には、ヒギンボタム米科学者連盟会長が「原爆攻撃こそが原子時代の幕開け。大衆は原子力を兵器としてしか考えていないが、2年もたてば原子力発電が実現し、5年もすれば原子力が巨船を動かす」と「原子力の未来」を語った。8月6日の『中国新聞』コラムには、「広島の市民が犠牲になったためにこの戦争が終わった。よいキッカケになったことがどれだけ貴い人命を救ったか知れない」とある。1947年5月15日、UP特派員は『スターズ・アンド・ストライプス（米軍星条旗紙）』に広島訪問記を書き「浜井広島市長は国連原子力管理委員会に出席し、原子力を平時に使用することの必要性を述べたいと語った。現在の広島にはアメリカに対する親しみを示すものが多くある」と報じた――これらはトルーマンの「早期終戦・人命救助」説にそい、日本側にも根強い「原爆で軍国日本はようやく降伏した」＝原爆「天佑」説に合致するものだった[46]。

ヒロシマ市長メッセージの平和運動における意味

しかし、浜井広島市長の発言は、世界、特にアメリカにおける反核運動・平和運動と結びつくことによって、アメリカにとっての脅威になってくる。前述したように、もともと「ヒロシマ」の名は、1946年夏ジョン・ハーシー『ヒロシマ』で世界に広がった。そのルポの主人公の一人谷本清牧師とのつながりで、米国バプテスト教会などから宗教者の「ノーモア・ヒロシマズ」運動が始まり、米国内の「原爆ヒステリー」の有力な流れになった。

浜井広島市長の1947年8月6日のメッセージは、アメリカの原爆投下責任に直接言及することはなかったが、「原子力をもって争う世界戦争は、人類の破滅と文明の終末を意味する」と「残忍な原子時代」（『ニューヨーク・タイムズ』同日社説）のイメージと重なった。48年8月6日の浜井市長平和宣言は、「3年前のこの日この朝、われらの父祖の都市は一瞬にして暗黒の死都と化し、10数万の市民は尊い生命を捨てた。その惨状は今なおわれらの脳裏を去らない」と踏み込んだ――これはヒロシマの悲惨と苦悩を世界に伝え、「核兵器反対」に結びつく可能性があった。そこで同日、英連邦占領軍司令官ロバートソン中将は「この度の原因が日本国民自身にあることを思い起こさねばなりません。開戦布告を与えずに日本は裏切り的に英連邦諸国民ならびにアメリカ国民を襲撃し、その国民に非常な痛苦を与えたのでした。広島市が受けた懲罰は戦争遂行の途上、受くべき日本全体への報復の一部とみなさねばなりません」と逸脱への警告を発した。

しかし1949年には、それが「反核・反米」に転化しかねない状況になった。8月6日の浜井広島市長平和宣言は、「4年前のきょうは、われらの父祖の都市が一瞬にして暗黒のちまたと化し10数万の市民がその貴い生命を捨てた日である。しかし、この戦災は戦争による人類破滅の危険を示唆するとともに、戦争のために傾注せられた人間の努力と創意をもってすれば世界平和の建設が決して不可能でないことを確信せしめた。この教訓に基づき、真剣に平和への道を追求することこそ、世界人類に対する最大の貢献であり、地下に眠る市民の犠牲を意義あらしめる最善の道でなければならない」と「平和への道」を具体的に探ろうとした。8月28日、浜井広島市長は、米国ABCラジオ放送で「原爆による広島市の死者は20万人を超える」「日本政府は原子爆弾の死者については一般市民の死者だけしか発表せず、それも最小限の数字しか明らかにしなかった。米側が原子爆弾の効果を知ることを恐れたのである。市民のほか、兵士3万人、防衛施設構築に当たっていた労働者2万8000–3万人が犠牲になり、全死亡者は計21–24万人」と放送した。折から8月29日にソ連の原爆実験が成功し、アメリカの核独占は崩れた。10月2日東京の反ファッショ平和擁護大会では、大会宣言に「原爆禁止」が初めて公然と盛り込まれた。

1949年11月、浜井広島市長はノーマン・カズンズの勧めでトルーマン大統領に10万人平和署名を受け取ってほしいとメッセージを送り、大統領は受け取りを拒否した。同じ頃、広島市はジョン・ハーシーに招待状を送り「その後の広島を取材してもらいたい」と要請した。トルーマン政権と軍部は、反原爆世論を「原爆ヒステリー」と診断して封じ込め周辺化してきたが、米国の反核運動と広島市が結びついてきた。

この頃米国での「ノーモアズ・ヒロシマズ」運動は、ヘレン・ケラーやパール・

バックをも巻き込み、影響力を持っていた。そしてそれは、ソ連共産主義が背後にいると諜報機関から報告される世界平和評議会・世界科学者連合・世界労連などの「平和攻勢」、「最初に原子兵器を使用する政府は人類に対して犯罪行為をなすものであり、戦争犯罪人として取り扱われるべき」として世界5億人(日本640万)の署名を集めた1950年3月「ストックホルム・アピール」と合流しかねなかった。アメリカではこどもたちに、ソ連の原爆には「10秒間、伏せよ、体の露出部分を覆え」と教えていた。原爆の悲惨・恐怖を象徴する「ヒロシマの記憶」の争奪戦が、「文化冷戦」の一つの焦点になった。

「マーシャル・プラン文化版」MRA運動の「ヒロシマの記憶」抱き込み

「マーシャル・プランの文化版」MRA（道徳再武装運動）とヒロシマのつながりは、1949年5月広島市議会が、6月スイスで開かれるMRA国際会議に出席する賀川豊彦に原爆写真12枚を託したことに始まる。49年9月の大会は「ヒロシマデー」を設け、広島県選出山田節男参議院議員（社会党右派）が出席、楠瀬常猪広島県知事名でMRAのヒロシマ開催をよびかけた。「ストックホルム・アピール」直後の50年3月にはスイスの本部から二人の指導者がヒロシマを訪れ、6月の世界大会に知事・市長・市議会議長を招待した。帰路の旅程にアメリカも加えられた。ちょうど朝鮮戦争が始まった。50年8月の広島では平和祭が戦後初めて中止され、広島平和擁護委員会などの「反占領軍的」集会が禁止された。広島平和擁護委員会内では、「ストックホルム・アピール」の取り扱いをめぐって、佐久間澄常任委員らが辞職する反原爆平和運動内部の分裂も始まった。

1950年8月6日の浜井市長は、アメリカ旅行中であった。MRA主催のロサンゼルス「広島の夕」で、「原子爆弾使用の可否を論ずることは私の立場ではありません。私は米国の決定に全幅の信頼を置きたいのであります。……第二の広島を防ぐ道は戦争そのものを防止する以外にないということです」と語った。浜井市長はこの旅行に感銘した。自伝では「平和はまず個人の心に芽生え、家庭へ、近隣へ、市へ、国へ、そして世界に広がってゆく」ことを学んだという[47]。広島市の中学3年生が尊敬する人は男女ともマッカーサー将軍という調査も現れた（52年1月)。独立後の1952年7月22

日、原爆慰霊碑の碑文が「安らかに眠って下さい　過ちは繰返しませぬから」と完成した。広島大教養学部雑賀忠義教授の作で「言葉も書体も市民感情を表すように努めた」とされたが、誰の「過ち」かは語らなかった。8月2日、浜井広島市長が市議会で批判や疑問に答弁した。「原爆慰霊碑文の『過ち』とは、戦争という人類の破滅と文明の破壊を意味している」と。

広島県・広島市は、MRAや米国政府・在日大使館との友好関係を強め、1952年1月13日、マイアミで開催中の米州MRA大会で、日本代表が翌年大会を日本に正式招待するまでになった。6月10日、MRA国際代表兼日本駐在委員バーゼル・エントイッスル夫妻ら一行が広島市を訪問して原爆慰霊碑を参拝した。アイゼンハワー大統領の「アトムズ・フォー・ピース」演説直後、53年12月18日にも、MRA国際チーム代表4人が広島市を訪問した。54年1月に広島市を訪れた米物理学者ボーン・ポーターは「広島に原子エネルギーの平和利用の恩恵を」と述べ、同年9月21日、米政府原子力委員会トーマス・マレー委員が「広島と長崎の記憶が鮮明である間に、日本のような国に原子力発電所を建設することは、われわれのすべてを両都市に加えた殺傷の記憶から遠ざからせることのできる劇的でかつキリスト教徒的精神に沿うものである」と提案した。

これらがつながって、1955年1月27日、シドニー・イエーツ米下院議員は、広島に原子力発電所を米国と日本政府が協力して建設しようとの法案を下院に提出する。いわゆる「広島原発」である。これをいったん歓迎した浜井市長は「微量放射能による悪影響が解決されない限り、平和利用はあり得ない。しかし、死のための原子力が生のために利用されることに市民は賛成すると思う」と応えた。森瀧市郎原水禁広島協議会事務局長らが「原爆一号の洗礼を受けた市民感情などからうかつに受け入れるべきではない」と反対して実現しなかったが、アメリカの心理戦略からすれば、それで十分だった。「ヒロシマ」を「ソ連の平和攻勢」から切り離し、アメリカ国内の「核ヒステリー」からも隔離できた。中曽根康弘の方は、こうした「原爆」についての考察も反省も欠いたまま「日本にも原子力を」の夢を肥大化させた。そして原子力予算を通した直後、ビキニの「第三の被爆」を知る。

4 「国策」としての出発
―――社会党・共産党も加わった「平和利用への熱狂」

ビキニ被爆で始まった「原子力の平和利用」による「核ヒステリー」治療

最後に、中曽根康弘が米陸軍情報部（MIS）から「平和共存論者か？」と疑われた、1954年ストックホルム世界平和会議出席、ソ連・中国訪問の意味を考えてみよう。

米国にとって、1954年3月のビキニ水爆実験による日本漁船の被爆とそれに続く原水爆禁止の国民運動は、「アトムズ・フォー・ピース」心理戦の初発における「想定外」の事態であった。日本の原子力予算の成立も、スムーズに進むとは見えなかった。山崎正勝は、ビキニ被爆発覚直後、1954年3月22日付米国国家安全保障会議（NSC）作戦調整委員会（OCB）へのアースキン国防長官補佐官のメモを発見し、紹介している[48]。

1　共産主義の宣伝活動家たちが、いま彼らが手にしている絶好の機会を最大限利用して、現在、明らかになった合衆国の現在の実験で生じていることと対比するかたちで、彼らの原子に関する「平和的」意図を展開するだろうと想定するのは理にかなっている。共産主義者が、主要な宣伝対象として広島と長崎に取り付いていることを考えると、これはいっそう面倒なことである。……

2　原子エネルギーの非軍事的利用での力強い攻撃こそ、予想されるロシアの行動に対抗し、日本ですでに生じている被害を最小化するのにタイムリーで効果的な方法になるだろう。この行動は、日本とベルリンに原子炉を建設するという決定の形か、その他の実際的で強い宣伝的価値を持つ大統領の演説の事実上の具体化になるかもしれない。

ここでの「被害の最小化」とは、日本漁民の被爆被害ではない。冷戦下のアジアで日本を「反共防波堤」として利用するアメリカの国益の「被害」である。ビキニをまだ知らなかった中曽根原子力予算の目的は、補正予算組み替えを提案した改進党小山倉之助代議士（宮城二区選出）の1954年3月4日衆議院本会議演説では「近代兵器の発達はまつたく目まぐるしいものでありまして、これが使用には相当進んだ知識が必要であると思います。現在の日本の学問の程度でこれを理解することは容易なことではなく、青少年時代より科学教育が必要であって、日本の教育に対する画期的変革を余儀なくさせる。新兵器や、現在製造の過程にある原子兵器をも理解し、またはこれを使用する能力を持つことが先決問題である」とされており、科学者からも野党・マスコミからも攻撃されやすい、時代がかった提案理由で強行突破された。そこにビキニの「原爆マグロ」騒動である。反米・反核世論が「ソ連の平和攻勢」と結びつくおそれがあった。吉田首相や緒方副総理は、造船疑獄もあって守勢にまわっていた。

この時期第五福竜丸被爆をスクープし、報道をリードしたのは『読売新聞』だった。1954年3月の『読売新聞』は、1–2月連載「ついに太陽をとらえた」の延長上で、中曽根原子力予算の国会通過とビキニの「死の灰」を対照的に扱い、結びつけた。それも、3月前半は中曽根原子力予算を批判的に扱いながら、学術会議の科学者たちが「原子爆弾絶対反対」だが「平和利用なら」と条件付きで認めるまでを報じ、3月16日「漁夫23名、原子病」の焼津支局発スクープ報道以後「原水爆反対、原子力は平和利用を」へとクリアーに論調が変化する。

すでに54年3月18日社説は「原子兵器への不安」を論じていたが、3月21日夕刊の1面トップは、ビキニの放射線被爆者のただれた顔や手の写真を大きく報じて、「原子力を平和に、モルモットにはなりたくない」という見出しを掲げた。本文には「恐ろしいものは用いようで、すばらしいものの同義語になる。その方への道を開いて、われわれも原子力時代に踏み出すときが来たのだ」とある。「死の灰」の恐怖が強まれば強まるほど、「原子力の平和利用」が希求されるというメッセージである。

これを受けたかたちで、3月23日の文化欄に、戦前からの女性解放活動家で共産党にも近い評論家帯刀貞代の「マグロさわぎ、原子力の平和利用を問題にしたいもの」が掲載された。マグロを食卓にあげられない主婦の立場に立って、原水爆が「全人類の滅亡」をもたらすことを述べ、「反面、これほどの威力をもった原子エネルギーが、平和生産に応用された場合、人間は1日2時間の労働でこと足りるようになるだろうとかつて嵯峨根遼吉博士が本紙に寄せられたアメリカ通信にも予測されていた」「原爆、水爆禁止、と平和のためのたたかいは、もはや全世界の婦人によって、もっとも重大な関心事とならなければならない」と提唱する[49]。

国会では3月22日、右派社会党が「原子力の国際管理と平和利用、原子兵器の使用禁止および原子兵器の実験の国際管理を実現する決議」を衆院に提出、4月1日、各派共同提案で「本院は原子力の国際管理とその平和利用並びに原子兵器の使用禁止の実現を促進」と決議した。第五福竜丸の地元焼津市議会が3月27日「原子力を兵器として使用することの禁止、原子力の平和的利用」という二項目の簡明な決議を採択して以後、「原爆反対、だからこそ平和利用」は、東京・杉並の女性たちが始めた原水爆禁止署名運動にも引き継がれ、「戦後革新」の「原子力の平和利用」の夢がふくらむ。原発は、その夢を現実にするものと受け止められた。

米国側心理戦は、4月の「H〔水素〕爆弾及び関連した開発に対する日本人の好ましからざる態度を相殺するための合衆国政府の対策のチェックリスト概要」で、「情報対策」として「『危険な放射能』という日本人の主張を相殺するために、自然放射線の効果と安全に対する工業上の許容基準についての話を公表すること」から平和利用博覧会、冊子と映画での宣伝活動、日本人科学者も加わった海洋調査、「ソビエトが放出した放射能」の暴露、「合衆国が事前の通告と将来の実験に関する説明をすべてのアジアの国民に行うだろうという日本人の信念を鼓舞すること」などと具体化された[50]。

太田昌克によると、アイゼンハワー大統領は54年5月26日にダレス国務長官に覚書を送り、ビキニ被爆事件後の「日本の状況を懸念している」と表明、「日本での米国の利益」を増進する方策を提示するよう求めた。

これを受けた国務省極東局は、大統領あて極秘覚書で「日本人は病的なまでに核兵器に敏感で、自分たちが選ばれた犠牲者だと思っている」と分析、放射能に関する日米交流が「日本人の（核への）感情や無知に対する最善の治療法」になると診断した[51]。

世界労連と国際自由労連の「雪解け」が背景

この頃最も手強いと考えられた「日本の知識階級」は、自ら原子力研究（研究費）を求めて動き出した。「自主・民主・公開」の三条件付きながら、54年4月23日の日本学術会議で「平和利用」承認に踏み込んだ。アメリカにとっては、「反原爆」の「核ヒステリー」と「原子力の平和利用」を分離し、後者を利用し推進することが、巨視的な「文化冷戦」の戦略・戦術となった。そこに、中曽根と正力の利用価値があった。

実際「アトムズ・フォー・ピース」は、国際的にも「ソ連の平和攻勢」に対する「アメリカの平和攻勢」と受け止められた。「原水爆禁止」と「原子力の平和利用」は、1955年当時の保守合同＝自由民主党結成では争点になることなく、弱小改進党の青年代議士中曽根康弘や55年2月総選挙で初めて国会に出る正力松太郎の個人的政治資源、米国へのセールス・ポイントとなった。

しかしそれは、占領期以来「原子戦争反対」「憲法第9条」をより所としてきた戦後革新勢力にとっては、切実な問題だった。こうした動きは、当時の世界と日本の労働運動・社会運動資料を毎年収録する法政大学大原社会問題研究所『日本労働年鑑』各年版を精査すると見えてくる[52]。結論的にいえば、サンフランシスコ講和をめぐって左右に分かれていた日本社会党の統一が「原子力の平和利用」への触媒になり、分裂を回復した日本共産党も「ソ連の原発成功」に依拠して強く反対できなかったことが、日本における原発導入の隠れた条件となった。中曽根康弘と社会党右派の松前重義がその接着剤で、生まれたばかりの二大政党による「超党派」での原子力基本法出発を可能にした。保守合同のどろどろした政争から原発導入を隔離し「国策」にしたのは、中曽根康弘の政治的投機であった。

この頃世界の労働組合運動は、西側で強い国際自由労連と、ソ連・中国のほかフランス、イタリア等の西側共産党も影響力を持つ世界労連に分かれ「二つの世界」を反映していた。平和運動、科学者運動、青年婦人運動、学生運動等も、冷戦の影響を受けていた。朝鮮戦争は、国連派遣軍を支持する国際自由労連と、独日再軍備反対・民族解放闘争支持の世界労連の対立を、とりわけ先鋭化した。日本の労働運動では、両国際センターに距離をおく総評（日本労働組合総評議会）が、講和問題で「ニワトリからアヒル」の変身を遂げ、日教組の「教え子を再び戦場に送るな」など戦争反対・平和の要求は強まった。1953年10月世界労連第3回ウィーン大会アピールは、「もし新しい戦争がおこるとすればそれは人類の最大の災禍」という1950年以来の主張を繰り返していた。

ところが1954年に入ると、世界労連でも「冷い戦争からの歴史の曲がり角」が認められ、「平和共存」が語られるようになった。日本漁船のビキニ被爆が明らかになる直前、3月1日の世界平和評議会「原子兵器にかんする執行局宣言」は、「無限の力が科学によって獲得されたのは人類を絶滅するためではなく数千年にわたる人間の労働の結実を一瞬にして破壊せしめるためではなく、人間の現在の苦悩をやわらげより安定した生活ができるよう援助する手段を発見するためである。原子戦争の禁止を宣言することは必要であるばかりでなく、可能でもある。この宣言は、すべての種類の放射能兵器及び放射能毒を禁止する国際協定によって達成することができる。国際的監視及び管理の制度は樹立しなければならないし樹立することができる」と、名指しはしないがアイゼンハワーの「アトムズ・フォー・ピース」提案を前向きに受け止めた。

1954年9月には、電力供給にたずさわる世界労連世界化学石油労働者会議が「原水爆およびその他の大量破壊兵器の製造使用の即時禁止とこれら兵器製造工場を人類の進歩と繁栄に役立つ生産に転換されるために闘う、ソ同盟において最初の原子力発電所が操業を開始したという報道を深く喜ぶ」「原子力及び熱核エネルギーを有効に利用し、人類の福祉のために使用せよ」と呼びかけた。米国の原子力国際管理と平和利用の提案は、従来は原水爆について沈黙しがちであった国際自由労連にも歓迎され、1954年11月第13回執行委員会で初めて「原子力の管理とその平和的利用」の問題をとりあげるにいたった。

中曽根の世界平和大会出席は「平和共存？」のマヌーバー

こうした国際労働運動の「雪解け」の合間に、ジェネーヴでのインドシナ戦争和平交渉を後押しする1954年6月「国際緊張緩和のための集い World

Peace Rally」が開かれた。世界平和評議会がバックに控えていたが、従来にない幅広い平和運動であった。これが、中曽根康弘が出席し帰路にソ連・中国を訪れた、米国MIS（陸軍情報部）が中曽根を「平和共存論者か？」と疑った平和集会である。6月19－23日、ストックホルムでの「国際緊張緩和のための集い」日本代表団は総勢41人、40ヵ国250人のラリーというから日本代表団は6分の1を占める。総評組織部長、夕張炭鉱労組委員長、国鉄労組副委員長、全金・日教組など労組・農民組合代表10人ほど、平和擁護日本委員会から平野義太郎、伊井弥四郎、わだつみ会から柳田謙十郎、学者として坂田昌一、松浦一、清水幾太郎、山之内一郎、福島要一ら。政治家は神奈川県会議長のほか自由党西村直己・宇都宮徳馬ら、改進党桜内義雄・松浦周太郎・園田直・井手一太郎・中曽根康弘と5人、社会党右派が松前重義・今澄勇・堂森芳夫、左派は田中稔男一人、労農党黒田寿男・堀真琴、共産党須藤五郎のほか無所属議員も加わる超党派である。

この大会は、「原子兵器は全人類にとっておそるべき脅威、実験禁止、使わないことを誓約、製造・貯蔵は国際的管理のもとで禁止、そうすれば平和目的に使用される原子力は人類に大きな利益をもたらすだろう」と決議した。坂田昌一や清水幾太郎もいたのだから、原子力や内灘基地闘争の問題を耳学問する絶好の機会だったはずだが、中曽根にその気配はない。彼の目当ては、世界の左派も「原子力の平和利用」を求めていることを確認し、社会党右派、特に科学者（工学博士）で社会主義圏にも伝手を持つ松前重義と親しく接して一緒に行動し、ソ連・中国を「視察」することだった。実際松前重義は、以後の中曽根・正力の原子力法案作成、原子力政策執行の最良の「同志」となる。中曽根自身、当時は「修正資本主義」を唱えていたから、思想的違和感もなかった[53]。

5月9日に杉並から原水爆禁止署名運動が始まっていたが、それは国会と学術会議での原子力研究の話には無関心だった。中曽根が帰国時にソ連・中国をまわってそれぞれとの対等の関係をとなえ、日ソ国交回復、中国との友好貿易に賛成したのも、彼一流の「反吉田」と米軍撤退後の自主防衛への「政略」であり、何より当面「政争の具」とした「原子力の平和利用」を嵯峨根遼吉に言われた「国策」として確立するためのマヌーバーであった[54]。

1954年11月1日、ソ連や共産党の影響力の強い世界平和評議会第7回総会も、印中平和五原則歓迎、国連の軍縮・原子兵器禁止討議歓迎の態度を示し、「世界平和評議会はいますすめられている原子力の平和利用にかんする討議を歓迎する。しかし、核エネルギーが軍事目的に使用されるのが禁止されるまでは、人類は核エネルギーを平和産業のために完全には利用できない」と宣言する。「原水爆禁止」を「平和利用」の条件にするが、ソ連の核実験再開・継続で、やがてなしくずしに別個のスローガンになる。

左右社会党統一の接着剤になった「アトムズ・フォー・ピース」

こうした国際的動きの中で、国内冷戦[55]が2大政党制に収斂しつつある日本で、アメリカの「アトムズ・フォー・ピース」にいち早く応えたのは、吉田後継や造船疑獄で「原子力」どころではない保守政党よりも、講和条約時に全面講和か片面講和かで分裂していた日本社会党だった。ちょうど53年12月アイゼンハワー演説の頃、左右両派とも、翌月に党大会が予定されていた。河上丈太郎、浅沼稲次郎、片山哲、松前重義らの右派社会党第12回大会は、1月17−19日「1954年は新しき国際情勢の出発点たらんとしている。平和への人類的悲願は、ついに原子力管理問題を外交交渉の課題たらしめんとした。……国際政治の動向に逆行して、吉田内閣は再軍備とMSA協定に狂奔している」と国際情勢を分析し、「再軍備より国民生活の安定」「政治と科学の結合」を決議して、保守分裂の間隙をぬっての両社共闘、統一社会党政権をめざした。3月には国会「原子力の国際管理と平和利用」決議を率先して提案した。

鈴木茂三郎、和田博雄らの左派社会党第12回大会は1月21日、清水慎三の綱領私案など「社会主義革命」への綱領論争が依然として続いていたが、「再軍備反対、平和確保、民族独立の闘争、自主中立外交政策」を謳う外交方針では、「朝鮮戦争休戦、ベルリン四国外相会議、アイゼンハワー元帥が原子力の管理を提唱し、ソ連もこれに応えたことは、全面的な軍縮に進む端緒となりうるものとして大いに歓迎する」と、アイゼンハワー提案を名指しで支持する。そして54年11月15−19日「両社共同政権の新政策大綱」には、外交防衛第6項に「原子力の国際管理、原子兵器の製造・実験・保持・使用の禁止を実現し、原子力はもっぱら平和利用にあてる、経済自立の固い決意」が入る。かくして3月中曽根予算提案には反対し加わらなかった左右の社会党が、組織統一と政権交代をめざして「原子力の平和利用」の最前線に躍り出た[56]。これが、55年原子力法案成立の原動力となる。ここに、中曽根が「政略的介入」を果たす。

最後の詰めは、右派社会党松前重義と組んでの法案作成だった。松前の示唆を受け、左派をも巻き込むために日本学術会議の三原則を丸ごと飲んでも早く出発することが、中曽根・正力の狙いだった。1955年8月ジュネーブで開かれた国連原子力平和利用国際会議に、日本政府は代表団を派遣した。中曽根康弘（民主党）・前田正男（自由党）・志村茂治（左派社会党）・松前重義（右派社会党）の4人の国会議員が顧問として出席し、議員たちは国際会議に出席するだけでなく、イギリス・フランス・アメリカ・カナダに赴き、原子力研究開発の行政体系・研究所・基本原則を調査した。「昼間の調査が終わると、毎晩、ホテルの一室に集まり、ランニングシャツにステテコ姿でベッドの縁に座り、激しく討論を交わした。そこで原子力研究開発を含む日本の科学技術政策の立案、科学技術主管官庁の設立などについての意見をまとめていった」と中曽根は回想する[57]。

この流れを見た1955年11月18日付フーバー国務次官補のロバートソン国防長官宛書簡には、「日本人が米国の原子力平和利用計画の可能性を称賛すればするほど、現に存在する〔核兵器、死の灰に対する〕心理的障害を小さなものにする」「ジュネーブでの国際原子力会議への日本人の参加は、原子力に関する日本人の誤解を一定程度ぬぐい去り、原子力の恵み深い利用へと日本人の考え方を向かわせている」とある[58]。

この間に、原水爆禁止署名運動から発した初めての原水禁世界大会は、55年8月、「本大会は原水爆禁止が必ず実現し、原子戦争をくわだてている力をうちくだき、その原子力を人類の幸福と繁栄のためにもちいなければならない」と宣言する。かくして「反原爆」と「平和利用」は切り離されて一対になった。「原爆反対、原発歓迎」である。

「核ヒステリー」から「原子力への熱狂」で国策に

1955年の日米原子力協定（6月仮調印、11月14日調印）で濃縮ウラン受け入れの条件も整い、10月13日の左右社会党統一大会は政策大綱に「科学技術ならびに原子力の平和利用を推進」と書き込んだ。11月15日に、アメリカと財界の後押しでようやく発足した保守合同の自由民主党も、政綱に「原子力の平和利用を中軸とする産業構造の変革」を掲げた。こうして55年12月国会では、原子力基本法が「突如として提案され、またたくうちに通過成立」する。56年1月原子力委員会出発にあたっても、正力松太郎委員長のもとに、常勤として石川一郎経団連会長、日本学術会議から藤岡由夫、それに非常勤委員に「科学立国」の国民的シンボル湯川秀樹、社会党推薦の有澤広巳が加わる「挙国一致」体制がとられた。

国会の外でも同じだった。1956年5月の総評メーデーに50万人が参加し、「すべての原水爆反対、原子力の平和利用の促進」を決議した。すると国会では原子力法案に反対した共産党までが、「労働者が原子力の平和的利用に一歩ふみきった」として「原子力の平和利用」に相乗りした[59]。かくして「原子力の平和利用」は、文字通り超党派の「国策」として出発する[60]。仕上げは、1956年8月原水禁第2回世界大会であった。「原子力の平和的利用は、原水爆の禁止が実現してこそはじめて人類のしあわせに役立つ」としつつ、「原子力の平和利用」分科会を設け、共産党も支持する。

5　おわりに――忘れられた「安全」と「死の灰」

こうした展開を、ビキニ被爆直後に「日本人は病的なまでに核兵器に敏感で、自分たちが選ばれた犠牲者だと思っている」とその「核ヒステリー」除去に乗り出した米国情報機関は、「日本人は原子力平和利用に熱狂している」「日本人は原子力にすっかり熱心になり、核エネルギーが未来の鍵を握っていると信じている」（CIA正力松太郎ファイル、1956年7月5日）[61]と正力・中曽根の心理作戦成功を認める。1955年の保守合同による親米自民党の長期政権成立は、たしかにアメリカにとって世界戦略上の大きな資産となったが、原子力発電導入に限っていえば、この局面での左右社会党統一、松前重義の中曽根・正力への協力が大きな条件だった。それは共産党さえ反対できない盤石の原発導入基盤を創出した。

そして、中曽根康弘や正力松太郎に導かれたこの流れに欠落しているのは、「安全」と「死の灰」の問題であった。「安全」は「三原則」「研究費」「実用化」の影に隠れ、「死の灰」は「平和利用」ではなく「原水爆反対」の政治に振り分けられた。その犠牲者たち、「原子雲の下」を最もよく知るヒバクシャたちの日本原水爆被害者団体協議会（被団協）の結成宣言にも、「破滅と死滅の方向に行くおそれのある原子力を決定的に人類の幸福と繁栄の方向に向かわせるということこそが、私たちの生きる限りの唯一の願い 」と書き込まれた（森瀧市郎起草、1956年8月）。

アメリカ側の最終的評価は、「日本で核兵器の問題は極めてデリケートだ。日本人は原爆が使われた世界唯一の国民。経済情勢から原子力は熱狂的に受け入れるだろうが、現時点で核兵器の受け入れは非常に疑わしい」というものであった[62]。被団協創立宣言起草者のヒバクシャ森瀧市郎が、この「過ち」に気づき、「核と人類は共存できない」という境地に達するには、なお10年以上を要した[63]。

註

1　「脱原発を考えるペンクラブの集い」(2011年11月16日）での浅田次郎会長発言、『P.E.N.』Vol.407、2012年1月23日号。なお、日本ペンクラブ編『いまこそ私は原発に反対します』平凡社、2012年、「3.11から1年── 100人の作家の言葉」『文藝春秋』2012年3月臨時増刊、参照。

2　吉岡斉『新版　原子力の社会史──その日本的展開』朝日新聞社、2011年。山崎正勝『日本の核開発　1939–1955 ──原爆から原子力へ』績文堂、2011年。藤田祐幸『藤田祐幸が検証する原発と原爆の間』本の泉社、2011年。貴重な先駆的社会科学研究として、川上幸一『原子力の政治経済学』平凡社、1974年、保木本一郎『原子力と法』日本評論社、1988年。

3　水田九八二郎『原爆文献を読む──原爆関係書2176冊』中公文庫、1997年、長岡弘芳『原爆文学史』1973年、『日本の原爆文学』全15巻、ほるぷ出版、1983年、『日本の原爆記録』全20巻、日本図書センター、1991年、『ヒロシマ・ナガサキ写真・絵画集成』全6巻、日本図書センター、1993年、黒古一夫『原爆文学論』彩流社、1993

年、武田徹『私たちはこうして「原発大国」を選んだ』中公新書、2011年、川村湊『原発と原爆――「核」の戦後精神史』河出ブックス、2011年、絓秀実『反原発の思想史――冷戦からフクシマへ』筑摩書房、2012年、山本昭宏『核エネルギー言説の戦後史1945－1960』人文書院、2012年、土井淑平『原発と御用学者』三一書房、2012年、吉見俊哉『夢の原子力』ちくま新書、2012年、など参照。

4　「NHKスペシャル」取材班『核を求めた日本』光文社、2012年。

5　坂本義和編『核と人類』全2巻、岩波書店、1999年では、編者坂本「近代としての核時代」が核兵器・核戦争・核戦略と核科学技術・産業システム・原子力発電の統一的把握をめざしているが、後者を主題的に扱うのは第1巻長谷川公一論文・第2巻池内了論文ぐらいである。その後、大庭里美『核拡散と原発』南方新社、2005年、鈴木真奈美『核大国化する日本』平凡社新書、2006年、槌田敦・藤田祐幸・井上澄夫他『隠して核武装する日本』影書房、2007年、武藤一羊『潜在的核保有と戦後国家』社会評論社、2011年などが問題を提起してきたが、福島原発事故を体験した地点から振りかえると、1960年代からの森瀧市郎、池山重朗、久米三四郎、水戸巌、高木仁三郎、小出裕章らの問題提起の先駆性が浮かび上がる。1975年2月1日東京で開かれた「核を考える市民集会」の記録、原爆体験を伝える会『原爆から原発まで――核セミナーの記録』上下、アグネ、1975年のような試みがどう受け継がれてきたかが、社会科学・人文科学においても、社会運動研究でも問題になる。同書は、原爆と原発の研究者・運動家が一同に会し交流した貴重な記録だが、おおむね上巻は原爆、下巻は原発を扱い、対話は十分に成立していない。

6　この点で、若尾祐司・本田宏編『反核から脱原発へ――ドイツとヨーロッパ諸国の選択』昭和堂、2012年は、本書と問題意識を共有する。またアジアにおける冷戦を「核の地政学」を軸として考察した下斗米伸夫『アジア冷戦史』中公新書、2004年、同『日本冷戦史』岩波書店、2011年、有馬哲夫『原発と原爆』文春新書、2012年、参照。

7　山崎正勝『日本の核開発』の紹介する日本学術会議の声明や基本方針、各種草案にも「安全」はないようで、原子力基本法後段の「核燃料物質の管理」や「放射線障害の防止」で担保されるかたちである。1947年の労働基準法では、第5章に「安全及び衛生」が規定されていた。原子力労働の被曝の危険は、さほど念頭になかったのだろう。

8　原子力船「むつ」の放射能漏れに発する原子力基本法改正の経緯については、原子力産業会議会長・有澤広巳『基本法の改正とこれからの原子力行政』日本記者クラブ、1977年3月17日、「特集　原子力と法」『法律時報』50巻7号、1978年7月、城山英明「原子力安全委員会の現状と課題」『ジュリスト』1399号、2010年4月。これが福島第一原発事故を受けて二度目の改訂に入り、2012年6月原子力規制委員会設置に伴い「安全保障」が目的に入ったことは、当初の中曽根康弘の構想や岸信介・佐藤栄作らが公言してきた「潜在的核保有」政策を公然と掲げたことを意味し、韓国メディアは「日本、ついに核武装の道」と警戒した。

9　『発電用原子炉施設に関する耐震設計審査指針』1978年9月策定、1981年7月一部見直し。しかしこの時すでに、福島第一原発他日本の初期の原発は稼働していた。

10　当時の国会議事録（1955年12月13・15日）でも、提案者中曽根康弘は、「本原子力基本法案は自由民主党並びに社会党の共同提案になるものでありまして、両党の議員の共同作業によって、全議員の名前をもって国民の前に提出した」と「国策」であることを強調し、「原子力はわが国におきましては、一部ではまだ野獣と思われていますが、外国ではすでに家畜になっている」「エネルギー源の問題を主として外国は取り上げておる。日本は広島、長崎のエレジーとして今まで取り上げてきておった。この国内の雰囲気の差と国外の雰囲気の違い、これを完全にマッチさせるということが、まず第一のわれわれの努力であります。広島、長崎のエレジーとして取り上げている間は、日本の原子力の進歩は望むことができません。外国と同じように、動力の問題として、産業の問題としてこれを雄々しく取り上げるように、われわれは原子力政策を推進したいと思うのであります」と説明している。同法第5章の核燃料管理や第8章の放射能障害防止は、産業政策としての原子力政策に従属していた。科学者の世界では、日本学術会議原子力問題委員会の1954年7月31日の法規小委員会「わが国における原子力の研究、開発、利用の基準」第一案から「原子力の研究、開発、利用については、それにともなう放射線による障害およびその予防のため、予め万全の措置が講じられなければならない」が入っていたが、立法過程で結局「平和利用三原則」挿入に収斂される（山崎正勝前掲書、第2部10）。

11　管見の限りでのわずかな例外が、1961年という早い時期に刊行された歴史学研究会編の通史『戦後日本史』第3巻、青木書店、であった。ただし「原子力の平和利用」は、「保守合同」ではなく「独占化の進行」の項で「設備投資ブームと産業構造の変化」が語られる文脈で「原子力産業と財閥」を導く1頁の記述である。むろん、中曽根も正力も出てこない（77−78頁）。

12　この側面を重視するのは、藤田祐幸前掲書のほか、鈴木真奈美前掲書、武藤一羊前掲書など。当時の国会の議論では、「原子力研究＝原子爆弾開発」という危惧はあるが、日本国憲法第9条「戦力不保持」の前提があった。そのため「再軍備か平和利用か」という構図の中で、原発自体の潜在的軍事性は、被爆者である三村剛昂広島大学教授の日本学術会議での反対論などがあっても、少数の主張にとどまった。後の中曽根と伏見康治の対談「黎明期、そして今後の原子力開発は」（『原子力文化』29巻7号、1998年7月）で、中曽根は当時の新聞に「原爆予算」「中曽根が予算を出して、また原爆を作るんだろう」と批判されたと回顧し、伏見は、日本学術会議の「平和利用三原則」を「我々の提案は、中曽根提案が出てから大急ぎでつくったんですよ。我々の間では『中曽根さんはきっと原子兵器を作るに相違ない。それにはくつわをはめなくちゃだめだ』と（笑）」いうものだったと認めている。アメリカ側は、「日本の原子力計画には二重の目的」があり、「表向きは日本に無限のエネルギー源を開発し供給するというものであった。しかしこれには裏があって、日本が十分な核物質と核技術を蓄積し、短期間で核兵器大国になることを可能にする、非公認の核兵器計画」と察知していたが、反米世論沈静の情報戦のために中曽根らを容認し利用した（United States Circumvented Laws To Help Japan Accumulate Tons of Plutonium, By Joseph Trento, on April 9th, 2012, National Security News Service: NSNS）。

13　原子炉予算2億3500万円、ウラン調査費1500万円。ただし諸外国の原子力研究の調査については、1954年2月27日の学術会議第39委員会で54年度予算に2000万円を要求することになっていた（廣重徹『戦後日本の科学運動』こぶし書房、2012年、240頁）。「突如出現した原子炉予算　学界『早い』と反対」（『朝日新聞』1954年3月4日）、「原子力予算　知らぬ間に出現、驚く学界　非難の声」（『毎日新聞』同日）、武田栄一「原子炉予算と学術会議　原子力政策の樹立が前提」（『読売新聞』3月6日）と当初は批判された。この補正予算への原子炉予算挿入の直前、2月22日の予算委員会で改進党中曽根康弘議員は緒方竹虎副総理に造船疑獄にまつわる大野伴睦・石井光次郎国務大臣の贈収賄疑惑を質問し、吉田・緒方の自由党は事実無根として中曽根懲罰動議を提議した。しかし補正予算は改進党の賛成がないと衆院を通過できないため、自由党が譲歩するかたちで突然の原子炉予算追加が認められ、中曽根懲罰動議は曖昧なまま取り下げられた（国会議事録参照）。当時の新聞に登場する中曽根は、「爆弾発言」で懲罰動議が出された「暴れん坊議員」であった。

14　『毎日新聞』社説「原子力研究に期待する」1954年3月13日。

15　日本原子力産業会議『原子力開発10年史』1965年、48頁。原発を推進した側からの歴史記述は、原研事務局・菅田清治郎『原子力諸法案の生れるまで』1966年、原子力委員会『原子力開発30年史』日本原子力文化振興財団、1976年、日本原子力産業会議編『原子力は、いま——平和利用30年』上下、丸の内出版、1986年、科学技術庁原子力局『原子力白書』『日本原子力委員会月報』など参照。

16　昭和30年12月13日衆議院科学技術振興対策特別委員会全議事が、ウェブ上で見られる（http://isao.c.ooco.jp/2011/houritu/23k-kagakugizyutu-30-12-13-04.html）。第6回全国協議会（六全協）で統一を回復したばかりの共産党も、国会では反対しながら、翌1956年には賛成にまわり、以後「安全」に対しては「平和利用三原則」の観点から現実の原発稼働を批判する「三原則蹂躙史観」（吉岡斉前掲書、78頁）の立場を採る。その転換理由は、永田博「原子力問題について」（『前衛』1956年7月）によると、56年5月総評メーデーのメイン・スローガンに「原子力の平和利用」が入り、「労働者階級が必要を感じた」ためというものだった。無論「ソ同盟における原子力平和利用の飛躍的発展」が背景にあった。

17　佐野眞一『巨怪伝——正力松太郎と影武者たちの一世紀』第12・13章、文藝春秋、1994年、山崎正勝前掲書、特に第2部12、有馬哲夫『原発・正力・CIA』新潮新書、2008年及び有馬『日本テレビとCIA』新潮社、2006年、有馬『CIAと戦後日本——保守合同・北方領土・再軍備』、平凡社新書、2010年、柴田秀利『戦後マスコミ回遊記』上下、中公文庫、1995年。ただし『読売新聞』1954年1月1日～2月9日の連載「ついに太陽をとらえた」を「CIAの文化工作」とみなしうるかどうかについて筆者は否定的で、むしろ3月第五福竜丸「死の灰」被爆スクープなど、1954年前半の『読売新聞』報道が科学者たちの専門的知見や学術会議の意向を尊重して先駆的であったことが、社主の正力とCIAをして「毒をもって毒を制する」（柴田秀利）米国心理戦への利用に踏み切らせたと考える。

18　米国国立公文書館(NARA)Interagency Working Group (IWG), Declassified Records, Records of the Central Intelligence Agency (CIA), RG263, CIA Name Files, Second Release(Entry ZZ18), Ogata Taketora（緒方竹虎）, Vol.4 (44-7-23-1199).［1954年3月16日、FEC/MIS Intel, 1955.10/3 再録］これは政治的重要性が低いので、共同研究による吉田則昭『緒方竹虎とCIA』（平凡社新書、2012年）には出てこない。また緒方の当時の国会答弁では、「私原子力の研究につきましては全然素人で専門的なことはわかりません」と繰り返されている。筆者に取材した「CIA緒方竹虎を通じ政治工作」（『毎日新聞』2009年7月29日）をも参照。

19　わずかに日本版CIA構想との関係で、1953年9月、正力松太郎のマイクロ波通信網と緒方の新情報機関構想が対立し、ジョージ・ガーゲットCIA日本文書調査部長（DRS）が会合する件がでてくるだけである（吉田則昭前掲書、174－178頁）。

20　貴士俊彦・土屋由香編『文化冷戦の時代――アメリカとアジア』国際書院、2009年。ジョセフ・ナイ『ソフトパワー』日本経済新聞社、2004年、加藤『情報戦の時代』『情報戦と現代史』共に花伝社、2007年。より正確に言えば、この期の西ドイツのNATO加盟と再軍備（1955年5月）のように、日本については、日米安保・MSA協定を通じて米軍基地を残し、そこに米国の核兵器を配備することが当時の核戦略であった。日本独自の核保有ではなく米国の「核の傘」への組み込みである。この点でも、対米自立を疑われた中曽根は適格性を欠く。太田昌克「3.11――日米核同盟の“帰結”」（『世界』2012年6月）参照。

21　土屋由香によれば、国連演説の直後から米国広報文化交流庁（USIA）は、世界各国の新聞にアイゼンハワー演説を配信したほか、17ヵ国語のパンフレット、1600万枚のポスターとブックレットを印刷した。またヴォイス・オブ・アメリカ（VOA）ラジオ放送を通して30ヵ国語で演説を放送し、さらに演説の録画フィルムを35ヵ国に配給した。また各国で原子力平和利用博覧会を開催して、医療・農業・産業などの分野での原子力利用を紹介し原子力が「無害」で「便利」なものであるというイメージを流布した（土屋由香「広報文化外交としての『原子力平和利用キャンペーン』と1950年代の日米関係」、竹内俊隆編『日米同盟論』ミネルヴァ書房、2012年、所収）。なお、Atoms for Peaceについては、本書の土屋由香論文のほか、前芝確三『原子力と国際政治』東洋経済新報社、1956年、前田寿『原子力と国際政治』岩波新書、1958年、山崎正勝『日本の核開発』第2部6、Richard G. Hewlett/Jack M. Holl, *Atoms for Peace and War 1953-1961: Eisenhower and the Atomic Energy Commission*(California Studies in the History of Science), UP California, 1989, Martin J. Medhurst, “Atoms for Peace and Nuclear Hegemony: The Rhetorical Structure of a Cold War Campaign,

Armed Forces and Society" (in, Martin J. Medhurst, *Cold War Rhetoric: Strategy, Metaphor, and Ideology,* Michigan State UP 1997), Shawn J. Parry-Giles, Dwight D. Eisenhower, "Atoms For Peace"(8 December 1953), *Voices of Democracy,*1 (2006), Ira Chernus, *Eisenhower's atoms for peace,* Texas A&M UP, 2002, Peter Pringle/ James Spiegelman, *The Nuclear Barons,* Henry Holt & Co, 1981［浦田誠親監訳『核の栄光と挫折』時事通信社、1982年］, John Krieg, *American Hegemony and the Postwar Reconstruction of Science in Europe,* The MIT press, 2008, Kai-Henrik Barth & John Krige, *Global Power Knowledge: Science and Technology in International Affairs,* Chicago UP, 2006, など参照。

22　この側面も当時から論じられていた。Daniel Wit, The United States and Japanese Atomic Power Development, *World Politics,* No.4, July 1956, Peter Kuznick, Japan's nuclear history in perspective: Eisenhower and atoms for war and peace, *Bulletin of the Atomic Scientists,* 13 April 2011, 春名幹男「原爆から原発へ」『世界』2011年6月、田中慎吾「日米原子力研究協定の成立」『国際公共政策研究』第13巻2号（2009年）。

23　有馬哲夫『原発・正力・CIA』63－64頁。有馬はこれを1953年6月29日の米国家安全保障会議（NSC）外交文書「日本に関する目的と活動方針」から引いている。

24　「緒方ファイル」1953年6月3日 File 3"Taketora OGATA's Views on Rearmament" には、「日本は、今日のところ、軍隊を急いで広く作り上げるには、あまりに貧しすぎる。日本の今日最善の防衛策は、米国の安全保障の力が存在することにある」とあり、緒方は米国の軍事戦略に沿い、心理戦略に最も適合する政治家と「品定め」されている。ここにいたる米国の世界戦略上のアジア・日本の位置づけについては、ジョン・ダワー『昭和』（みすず書房、2010年）に収録された「占領下の日本とアジアにおける冷戦」参照。そこでは、「1945–47　非軍事化と民主化」「1947–49　ソフトな冷戦政策」「1949–51　ハードな冷戦政策」「1951–52　統合的冷戦政策」と占領期における米国の世界戦略とその中でのアジア・日本の位置づけを、米国側第一次資料で検証している。またその中で、朝鮮戦争前の1948年頃から、米国家安全保障会議（NSC）は、①沖縄、②講和後の日本本土の米軍基地、③日本の再軍備の三つのレベルに分けて米国のアジア戦略を考えており、「日本は必要だったが、日本人は信用することができなかった」ために、「日本の再軍備」は認めるが「在日米軍基地を長期に維持」する方向が定められ、沖縄は1948年以降「核兵器を搭載した戦略爆撃を実施する三つの主要な発信基地」の一つと位置づけられていたという（同書133頁）。

25　加藤哲郎「戦後米国の情報戦と60年安保——ウィロビーから岸信介まで」『年報日本現代史』第15号（現代史料出版、2010年）。なおこの点は、春名幹男『秘密のファイル』（共同通信社、2000年、後に新潮文庫）、山本武利『ブラック・プロパガンダ』（岩波書店、2002年）、T・ワイナー『CIA秘録』上下（文藝春秋、2008年）、ヘインズ＝クレア『ヴェノナ』（PHP研究所、2010年）、加藤『象徴天皇制の起源——アメリカの心理戦「日本計画」』(平凡社新書、2005年)、加藤前掲『情報戦の時代』『情報戦と現代史』など参照。

26　米国国務省は1954年6月23日に「日米安全保障条約のもとではアメリカ合衆国は日本に核弾道を持った兵器を配備する権利があるにもかかわらず、この時期に日本に核兵器を配備するのは政治的に賢明でない」と判断したと1955年2月8日の国務省文書にあるという（有馬『原発・正力・CIA』、69頁)。もっとも沖縄には、1951年7月3日に核兵器が陸揚げされ、53年12月31日には地対地戦術核ミサイル・オネストジョンが配備されていた（有馬前掲書、53頁、及び太田昌克『日米「核密約」の全貌』第2章、筑摩書房、2011年)。

27　米国国立公文書館(NARA)Interagency Working Group (IWG), Declassified Records, Records of the Army Staff (Record Group 319), Army Intelligence and Security Command (INSCOM)Records of the Investigative Records Repository (IRR), Entry 134B: Security Classified Intelligence and Investigative Dossiers - Personal Files, 1939-76, Box 461, NAKASONE Yasuhiro（中曽根康弘)。このファイルの存在と概要は、春名幹男『秘密のファイル』下巻336頁以下で紹介されている。都築正男(Box 385)の場合は軍医としての戦犯経歴を中心に洗われたが、湯川秀樹(Box 501)の場合は京都大学の民主主義科学者協会（民科）とのつながり、久保山愛吉(Box124D)の場合は膨大な新聞記事切り抜きのほか静岡での共産党員や労働組合とのつながりの有無が徹底的に調査された。なお、米国国立公文書館には、朝鮮戦争期の日本共産党、社会党、労働組合の個人別監視記録(Name Files)のほか主題別監視記録(Subject Files）も数千頁ファイルされ公開されており、そこから「原子力の平和利用」とのつながりが見えてくる可能性も否定できないが、筆者は未だ一部しか収集・解読にはいたっていない。

28　中曽根康弘『政治と人生』(講談社、1992年、183頁)、中曽根康弘・伊藤誠・佐藤誠三郎『天地有情——50年の戦後政治を語る』(文藝春秋、1996年、150頁)、および『中曽根康弘が語る戦後日本外交』(新潮社、2012年、102頁）によると、1953年夏ハーバード大学の夏期国際セミナーに誘ったのは、米軍CIC（対敵諜報部隊）のコールトンKenneth E.Coltonであった。講師はまだハーバード大学博士課程で博士論文執筆中のキッシンジャー、ただしこのセミナーの財源の一部にはCIAの資金が入っていた（マービン・カルプ＝バーナード・カルブ『キッシンジャーの道』上、徳間書店、1974年、71頁)。ところがCICの監視記録・人物評価である「中曽根ファイル」には、コールトンの名はない。コールトンはCICではJ・ウィリアムズの下で国会改革を担当した。『経済往来』52年4月に「日本の指導者」を特別寄稿し、翌5月号で中曽根と「占領政策の功罪」を対談、55年8月号では「日本の保守党はどこへゆく」を分析的に論じた。政治学者（後に上智大学など）としての編著K.E.Colton ed., *Japan since Recovery of Independence*, Philadelphia,1956には、鵜飼信成、辻清明、藤原弘達、都留重人、坂西志保、蝋山政道らが英文で寄稿している（なお、メリーランド大学図書館プランゲ文庫に、J・ウィリアムズ文書と共にコールトン文書があるが未見)。MIS (陸軍情報部)「中曽根ファイル」は、コールトンが政治学者に転じた後の別の担当官の報告書と考えられる。

29　春名幹男『秘密のファイル』下巻336頁に「中曽根ファイル」が要領よく要約されており、「米陸軍情報部も、中曽根の風見鶏的な性格をしっかりと認識していた。その表現から見て、米情報当局は、右翼的で、パフォーマンスが目立つ中曽根に、好意的な見方をしていなかったことが分かる」としている。筆者も同様に解読する。ただし、ハーバード大学国際セミナー参加についての春名の要約「中曽根が第一」が、中曽根回想のコールトンの話と合体し、インターネット上では中曽根が当時からCIAの手先として米国の意のままに原発を導入したかのように流されている。しかしこの旅行中は、米軍監視記録によっても、中曽根自身による当時の記録『日本の主張』経済往来社、1954年によっても、中曽根の自主防衛論が米国側に警戒されている。米国側の「中曽根が第一」は、春名の紹介の前後の文脈からも読み取れるように、米国側が中曽根の自己顕示のパフォーマンスを揶揄して記したものである。

30　中曽根『政治と人生』166頁、『天地有情』167頁。中曽根と原子力の関係については、このほか義父で地質学者であった小林儀一郎から核分裂を学んだこと、51年ダレス来日時の講和条約に原子力研究禁止条項を入れないよう求めたこと、53年渡米時の旭硝子ニューヨーク駐在員山本英雄との会見、元海軍大佐大井篤と合流しての米軍施設視察等も挙げられ、『日本の主張』にも「原子力の平和利用」の一節は入っている(143−148頁)。しかし本稿は、戦後の中曽根と矢部貞治の関係、マッカーシズム最盛期のキッシンジャー、ダレス、ニクソンとの関わり、原発導入にあたっての日本学術会議茅誠司・伏見康治、社会党松前重義との関係等から、中曽根の客観的役割は、嵯峨根遼吉に示唆された「原子力の平和利用」の政治的論題化・国策化とともに、「日本に於ける原子核及び原子力の施設及び研究者について」(1954年2月、山崎前掲書、237頁)に見られた原子力研究からの「左翼」学者の排除、政治過程での「戦後革新」の反共的分断、社会党右派の取り込みにあったと見る。

傍証として、当時の左翼系情報雑誌『真相』誌上での「原子力の平和利用という陰謀」の暴露が興味深い。56号(1951年1月)「日本版ウラニウム狂騒曲」で敗戦時の「米日独科学戦」を回顧したのち、58号(1953年12月)で中曽根訪米を保科善四郎・大井篤と組んだ海軍再軍備の一環と報道、85号(1955年5月)「水爆実験で地球に激変」で中曽根・大井篤の訪米時の「日本の再軍備促進」の一部としての「原子力輸入の下相談」と原子力予算、正力松太郎の濃縮ウラン受け入れのためのホプキンス代表団招聘を特集、88号(1955年8月)「基地闘争秘話」では、中曽根がハーバード留学前に地元の浅間・妙義米軍演習場反対闘争に加わり「俺がアメリカと直接交渉してうまくまとめてやる」といいながら、帰国後「接収はやむをえない、補償金をたくさんもらおう」と豹変して反対運動を分裂させた話、92号(1955年12月)「原子力展の舞台裏」、98号(1956年6月)「水爆泣き笑い日本」で「原子力を食いものにする連中」として正力・中曽根批判等、当時の左翼的インテリジェンス情報が掲載されている。『真相』は、米国側のジョン・ダレス国務長官、ホプキンス代表団来日のようなオモテの動きと共に、この時期密かに再来日したアレン・ダレス CIA 長官、占領期 GHQ/G2 ウィロビー将軍、それに旧 GHQ 天然資源課マイケル・セイピアの暗躍に注目していた。

31　1年半後の 1955 年 12 月 13 日、国会での原子力基本法の提案理由の説明で、中曽根康弘は「各国の共通の特色は、この原子力というものを、全国民的規模において、超党派的な性格のもとに、政争の圏外に置いて、計画的に持続的にこれを進めているということであります。どの国におきましても、原子力国策を決定する機関は半独立自治機構としてこれを置いておきまして、政争の影響を受けないような措置を講じております」と述べて、いまや「政争の具」ではなく「国策」であることを強調する。前掲注 10 も参照。

32　この点は、吉岡斉前掲書 73 頁の「当時の中曽根の真意がどこにあったかは不明である」、山崎正勝前掲書 154 頁の中曽根「原子力予算を計上した動機」についての、資料にもとづく筆者の判断である。アイゼンハワー演説後数ヵ月の自己流政治判断はあっても、原子力予算を強行成立させ、「札束」と三原則付きで原子力開発に科学者たちを引き込んだのは、掛け値なしの中曽根流自慢話と見るべきだろう。1955 年 1 月 14 日『毎日新聞』連載「第 3 の火」第 3 回「予算の落とし子」で中曽根は、「米国の原子力関係者とは会わなかった。ペンタゴン（米国防省）でも原子力の話は一切出なかった」と明言している。また大井篤は「米国で同君から権威者に原子力の話を聞きにゆこうと誘われたことがあるが、ひまがないので断った」という。上丸洋一『原発とメディア』朝日新聞出版、2012 年は、CIC コールトンとの関係や佐野眞一『巨怪伝』に依拠して訪米時に「水面下で何らかの働きかけを受けたとみる方が自然だ」とするが（66－67 頁）、米国側の工作があったとすれば、ビキニ第五福竜丸被爆発覚後と思われる。なお、日本国際政治学会は 1957 年夏期特集第 2 号『日本外交の分析』で、大井篤に「原水爆時代における日本の戦略的地位」、中曽根康弘に「日本における原子力政策」を語らせ、当時の旧海軍出身者の原子力への関心を浮き彫りにしている。中曽根予算はちょうどアメリカ海軍で 1954 年 1 月に原子力潜水艦ノーチラス号の進水式があったばかりであったが、中曽根も大井も具体的には触れていない。改進党内での原子力予算誕生の経緯については、最も具体的な「舞台裏の原子力予算」の記述（『原子力開発十年史』24 頁）、1954 年 2 月 20 日改進党秋田県連大会後の斉藤憲三・稲葉修らによる原子力予算発議（当初 9 億円）、それを受けた同党予算委員中曽根康弘による 3 党折衝への提案という史実が検証されるべきである。

33　中曽根康弘「原子力開発への準備」『原子力開発十年史』1965 年、26 頁。

34　山際晃・立花誠逸編『資料　マンハッタン計画』大月書店、1993 年、607、613－614 頁。

35　アメリカでの原爆論争は、ジョン・ハーシー『ヒロシマ』法政大学出版局、2003 年、木村朗＝ピーター・カズニック『広島・長崎への原爆投下再考』法律文化社、2010 年、R・J・リフトン＝G・ミッチェル『アメリカの中のヒロシマ』上、岩波書店、1995 年、ハワード・ジン『爆撃』岩波書店、2010 年。「原爆ヒステリー」について、De Seversky, Alexander P, “Atomic Bomb Hysteria,” *Reader's Digest,* Feb. 1946, Patrick B.

Sharp, From Yellow Peril to Japanese Wasteland: John Hersey's “Hiroshima”, *Twentieth Century Literature,* Winter 2000（後に、ナチス・ドイツではなく日本への原爆投下に人種差別を見る、Patrick B.Sharp, *Savage Perils: Racial Fronties and Nuclear Apocalypse in American Culture,* University of Oklahoma Press, 2007、所収）。映画で言えば、原爆による対日勝利を唱いあげる The Buchanan Brothers, “Atomic Power” と、人類と文明への破滅的効果を表象する Atomic Scare Film,“One World or None” が、1946 年当時のアメリカ社会の両極での受け止め方を象徴する（you tube に映像）。

36　欧州鉄鋼石炭共同体（ECSC）の設立に貢献したシューマン仏外相は、「経済分野にはマーシャル・プラン、政治・軍事の分野には北大西洋条約、精神生活には道徳再武装」と MRA（道徳再武装運動）を推進した。『毎日新聞』1950 年 6 月 10 日、宮本百合子「再武装するのは何か」『平和をわれらに』宮本百合子文庫、岩崎書店、1951 年、フランク・ブックマン『世界を改造する』MRA ハウス、1958 年、参照。

37　志野靖史『1950 年の世界一周——知られざる日本人使節団派遣の大プロジェクト 1950.6.12－1950.8.15』ネコ・パブリッシング、2004 年、は最年少参加者中曽根康弘の当時のメモや写真（国立国会図書館蔵）をもとにしたもので、事実関係については信頼できる。中曽根康弘『政治と人生』第 4 章、中曽根康弘・伊藤隆・佐藤誠三郎『天地有情』67 頁。財団法人 MRA ハウス HP。

38　中曽根康弘『政治と人生』132－134 頁。

39　浜井信三『原爆市長　よみがえった都市——復興への軌跡』復刻版、2011 年。

40　より正確に言うと、選挙区である地元『上毛新聞』に「欧米たより」を連載し、7 月 14 日号で MRA を「原子力時代、人類の危機をさけるため」の運動、8 月 13 日号に「新聞記者会見を行ったが話題は朝鮮の問題と広島、長崎のその後のことに集中、浜井広島、大橋長崎両市長はつぎつぎに質問の矢面に立たされる」と書いているという（遠山正文氏のご教示による）。

41　国会議事録で検索すると、中曽根が原発の「安全」に言及するのは、1959 年科学技術庁長官として初入閣し、主務大臣になってからである。

42　原爆報道の検閲については、モニカ・ブラウ『検閲　1945－1949——禁じられた原爆報道』（時事通信社、1988 年）、堀部清子『原爆表現と検閲——日本人はどう対応したか』（朝日選書、1995 年）、笹本征男『米軍占領下の原爆調査——原爆加害国になった日本』（新幹社、1995 年）、高橋博子『封印されたヒロシマ・ナガサキ——米核実験と民間防衛計画』（凱風社、2008 年）、繁沢敦子『原爆と検閲——アメリカ人記者たちが見た広島・長崎』（中公新書、2010 年）など参照。

43　加藤哲郎「占領下日本の情報宇宙と『原爆』『原子力』——プランゲ文庫のもうひとつの読み方」、20 世紀メディア研究所『インテリジェンス』第 12 号（文生書院）、加藤哲郎「占領下日本の『原子力』イメージ——原爆と原発にあこがれた両義的心性」、歴史学研究会編『震災・核被害の時代と歴史学』青木書店、2012 年。なお、山本昭宏前掲書、福間良明『焦土の記憶』新曜社、2011 年、福間良明／吉村和真／山口誠『複数の「ヒロシマ」――記憶の戦後史とメディアの力学』青弓社 、2012 年、吉見俊哉前掲書、安藤裕子『反核都市の論理』三重大学出版会、2011 年をも参照。

44　1951 年 7 月 14 日からの京都大学同学会「総合原爆展」が先駆で、講和後の『アサヒグラフ』1952 年 8 月 6 日号特集が「原爆被害の初公開」と銘打ち広く読まれた。

45　以下の広島市についての記述は、主に中国新聞 HP、広島市 HP のデータベースの他、中国新聞社編『ヒロシマの記録　年表・資料編』未来社、1966 年、による。布川弘「核拡散と日本」（吉村慎太郎・飯塚央子編『核拡散問題とアジア――核抑止論を超えて』国際書店、2009 年、所収）、本書第 4 章布川論文、前掲福間良明『焦土の記憶』、NHK 出版編『ヒロシマはどう記録されたか』NHK 出版、2003 年、をも参照。

46　この点は、木村＝カズニック前掲書、荒井信一『原爆投下への道』東京大学出版会、1985 年、参照。木村は原爆投下を合理化する「早期終戦・人命救済」「原爆『天佑』」説などの根拠を一つひとつ歴史的に検証し、軍事的には不要だった原爆をソ連参戦前に使おうとした「ソ連抑止」「人体実験」説を述べている。

47　浜井前掲書、201 頁。このすぐ後に「過ちは繰返しませぬ」論争が出てくる。

48　山崎正勝前掲書、第 2 部 9、174 頁以下。

49　加藤哲郎「原爆と原発から見直す現代史」『エコノミスト臨時増刊　戦後世界史』2012 年 10 月 8 日号。

50　山崎正勝前掲書、178 頁以下。以後の科学者たちの動きと原子力三法成立、CIA の意を受けた読売新聞正力松太郎のキャンペーン等については、同書と佐野眞一、有馬哲夫、土屋由香、井川充雄「原子力平和利用博覧会と新聞社」（津金澤聰廣編『戦後日本のメディア・イベント』世界思想社、2002 年、所収）、田中利幸＝ピーター・カズニック（『原発とヒロシマ――「原子力平和利用」の真相』岩波ブックレット、2011 年）らの研究参照。

51　「被爆国の原発導入背景、米文書が裏付け」（『中国新聞』2011 年 7 月 23 日）、太田昌克「3.11 ――日米核同盟の“帰結”」（『世界』2012 年 6 月）、「列島覆う反核世論――シリーズ日米同盟と原発 4 」（『東京新聞』2012 年 12 月 25 日）、参照。

52　以下の事実関係は、法政大学大原社会問題研究所 HP にデータベース化されている『日本労働年鑑』各年版の資料紹介・記述より。なお、『武谷三男著作集』全 6 巻（勁草書房、1968－70 年）、『武谷三男現代論集』全 7 巻（勁草書房、1974－77 年）は、左派の同時代の証言として貴重である。社会党、特に松前重義の役割については後藤茂「原子力論争を繰り広げた旧社会党の原子力史」（*EIT Journal*, 58, July 2008）参照。

53　松前重義『赤い歯車――ソ連・中共の産業を見る』読売新聞社、1954 年、中曽根康弘（ソ連中共視察帰朝講演会、憲法調査会主催に於ける速記）「目で視たソ連・中共」1954 年 9 月。後藤茂『憂国の原子力誕生秘話』エネルギーフォーラム新書、2012 年、によると、中曽根と松前は、54 年 3 月予算提出以前から、原子力について「頻繁に連絡」していたという（61 頁）。

54　これはもちろん中曽根の単独行動ではなく、ストックホルム平和大会に出席した国会議員団が世界平和評議会の仲介で帰路にソ連・中国に訪れた視察団の一員としてである。この旅行については、松前重義前掲書に詳しいが、そこに中曽根は出てこない。

55　「国内冷戦」の意味については、加藤哲郎「戦後の国際的枠組みの確立と崩壊」(『シリーズ　日本近現代史　第4巻　戦後改革と現代社会の形成』岩波書店、1994年）参照。

56　ただし当時の左右社会党統一問題の中で、「原子力の平和利用」が重要イシューだったことを意味するものではない。むしろ対立点にならなかった点が重要である。この期の社会党の外交政策を詳細に追ったJ・A・ストックウィン『日本社会党と中立外交』福村出版、1969年、でも原発イシューはでてこない。同時代の米国政治学者による日本原発導入事情の実証的な研究Daniel Wit, *op.cit.*, p.526には、中曽根も正力も出てこないが、当時の社会党国会対策委員長勝間田清一のインタビュー（1955年10月）があり、戦前松前と同じ革新官僚で企画院出身の勝間田は「国民経済にとって原子力は大変有益」と答えている。なお、後藤茂前掲書、参照。

57　中曽根『政治と人生』169頁。この時国会の渡航費は一人1万円だったので、松前重義が東京電力とかけあい400万円の寄付を受け、4人で分けたという（松前『わが昭和史』朝日新聞社、1987年、224−225頁)。

58　新原昭治『日米「密約」外交と人民のたたかい』新日本出版社、2011年、128−129頁。

59　永田博「原子力問題について」『前衛』1956年7月。なお「原子力の平和利用」の理論化にあたっては、占領期の武谷三男と日本共産党の「反ファッショ原爆」「社会主義の原子力」「原子力時代」という主張の役割がきわめて大きかった。この側面についての資料は、2011年度同時代史学会報告「日本マルクス主義はなぜ『原子力』にあこがれたのか」として、ウェブ上の筆者のHP「ネチズンカレッジ」にデータベースとして公開している。

60　国務省極東局大統領宛極秘覚書（1954年5月）「被爆国の原発導入背景、米文書が裏付け」『中国新聞』2011年7月23日。太田昌克「3.11——日米核同盟の“帰結”」(『世界』2012年6月）151頁参照。

61　有馬『原発・正力・CIA』177−178頁。

62　マッカーサー駐日大使の発言（1957年1月14日、太田昌克前掲論文152頁)。

63　森瀧市郎『核絶対否定への歩み』渓水社、1994年、同『反核三〇年』日本評論社、1976年。中国新聞社編『ヒロシマ40年——森瀧日記の証言』平凡社、1985年。なお、占領期から「原子力の平和利用」の解説・推進者だった武谷三男は、ビキニ水爆のエネルギーと「死の灰」が「予想以上」(『日教組教育情報』1954年3月30日）だったのに衝撃を受け、ソ連の水爆実験とスターリン批判、ハンガリー事件を見て、現代は「原子力時代」ではなく未だ「原水爆時代」であるとして、日本での原発推進を批判する側にまわり、放射能や安全性の研究に入る。

第2章　アイゼンハワー政権期におけるアメリカ民間企業の原子力発電事業への参入

土屋　由香

1　はじめに

本章は、原子力発電技術の萌芽期におけるアメリカ産業界と政府との関係について実証的に検討することにより、日本・アジアにおける原発導入の前史としてのアメリカの経験を論じようとするものである。アイゼンハワー政権が原子力発電事業への民間企業の参入に積極的であったことは広く知られているが、その理由と経緯について一次史料に基づいて精査した研究は管見の限りほとんど見当たらない。また、科学技術と国家・文化との関係についての先行研究は豊富にあるが、民間企業が科学技術をめぐって国家とどのような相互関係を取り結んだかという点については、史料的制約もあり多くは語られてこなかった[1]。本章では、アイゼンハワー文書や国家安全保障会議（NSC）文書、議会議事録、原子力委員会（AEC）文書、広報文化交流庁（USIA）文書などを用いて、1954年の原子力法改正とその後の具体的適用の過程において、民間企業の原子力発電事業への参入が、どのように議論され実行されたのかを考察する。これにより、冷戦初期における民間企業とアメリカ政府との関係に光を当てるとともに、アメリカにおける原子力発電事業の政治的背景を描き出すことができると考える。「原発先進国」アメリカの経験は、アジアにおける原発導入と官民の関係についても有効な分析視角を提供するであろう。

国家による原子力技術の実質的独占を定めていた1946年の原子力法（マクマホン法）が1954年に改正されたことにより、民間企業による原子力関連施設の所有・運営が可能となり、それまで機密であった技術情報の公開も進んだ。法改正が実現した背景には産業界からの強い要請があったことも確かであるが、いっぽうで民間企業は原子力発電への本格的投資には二の足を踏んでいた。原子力発電という新しい技術には、採算性や技術的限界、事故が起きた場合の補償などについて不透明な部分が多く、経営上のリスクが大きすぎたのである。しかしアイゼンハワー政権は、企業の積極的参入と海外進出を促し、企業は政府への協力と引き換えに法律面や税制面での優遇措置を引き出そうとした。なぜ国家の側から民間企業の参入を強く求めることが必要だったのであろうか。本章は企業の利潤追求という自明の理由のほかに(あるいはそうした理由と連動して)、どのような国内外の政治的・イデオロギー的背景が企業の原子力発電への参入を促す要素として作用したのかを検討する。

とくに本章では、① 1952年と56年の二度の大統領選挙をめぐる国内政治、②ニューディールと自由経済とのイデオロギー的せめぎあい、③冷戦の武器としての原子力発電と民間企業、という三つの要素に着目し、これらが民間企業の原子力発電への参入に重要な役割を果たしていたことを明らかにする。

第一の点に関して、1952年の大統領選挙は20年間（1933−1953年）続いた民主党政治に終止符を打ち、ニューディールの残滓を一掃するという期待を共和党支持者と産業界に与えた。1946年の原子力法が第一次アイゼンハワー政権の成立直後に改訂されたのは、アイゼンハワー自身の「小さな政府」志向に加えて選挙戦における大企業からの支持とも無関係ではない。二期目をめざす1956年の選挙では、より明示的な形で原子力関連の諸問題が争点となった。このように大統領選挙に絡む政治と原子力とは不可分の関係にあった。

第二の点は、電力事業がテネシー川流域開発公社（TVA）に代表されるニューディール期の公共事業が色濃く反映された分野であったことと関係する。民主党のTVA支持者と電力民営化論者とのせめぎあいは、「電力は公と私のいずれに属するべきか？」という論争を喚起し、共和党および電力産業の代表者たちは電力の「社会主義化」「アトミックTVA」を激しく攻撃した。

第三に、原子力発電はグローバルなエネルギー需要の増大に対応することで世界の諸地域の「共産化」を防ぐ手段であるとともに、自由世界の盟主であるアメリカの地位と威厳を象徴するシンボリックな意味も兼ね備えていた。また民間企業の原子力発電への参入は、アメリカの自由経済を世界に宣伝する広報外交の手段でもあった。以上のような三つの要素が、アメリカ政府と民間企業との関係、そして原子力政策の行方に大きな影響を与えて行ったのである。

2　アイゼンハワー政権と原子力法の改正

民間企業が原子力発電に本格的に従事するためには、1946年原子力法——法案を提出したブライエン・マクマホン上院議員の名前を取ってマクマホン法と呼ばれた——の改正が必要であった。1946年の原子力法によって、原子力委員会（AEC）は核燃料物資およびそれを使用する施設、そして原子力技術にかんする情報を独占的に扱う権限を与えられていた。またAECは政府機関に適用される様々な規制を免除されていたために、運営やスタッフの任用にあたって例外的な自由裁量権を持っていた上、原子力の軍事利用のための莫大な予算も配分されていた。しかし産業界の原子力ビジネスへの関心と、政府機能を縮小するというアイゼンハワー政権の決意の下で、このような特権的な地位を維持することは困難になった[2]。1954年、原子力法が改訂されて民間企業の参入が可能になり、1955年3月には国家安全保障会議（NSC）がこれに基づいた新政策NSC5507/2「原子力の平和利用」を起草したが[3]、これにはアイゼンハワー政権の民間企業に対する考え方が大きく影響していた。

1952年11月の大統領選挙の数日後、次期大統領に決まったアイゼンハワーは、原子力政策についてAECから極秘のブリーフィングを受けた。アイゼンハワーはAECの担当官が話を始めるよりも先に自ら、民間企業を原子力発電に参入させるべきだという持論を述べたという。彼は、「商業用電力と核兵器製造のためのプルトニウムを同時生産できるデュアル・パーパス原子炉を民間企業が建設する」というモンサント化学会社（Monsanto Chemical Company）チャールズ・トーマス社長の提案に言及し、AEC担当官にその実現可能性について尋ねた[4]。

アイゼンハワーが政権発足前から既に民間企業の原子力発電事業への参入に熱心であったことには、理由があった。第二次世界大戦でヨーロッパ戦線を指揮した英雄として国民的人気のあったアイゼンハワーに対して、民主党・共和党の双方から出馬要請があった。最終的に共和党から立候補することが決まると、産業界は「ニューディール体制」に終止符を打つ機会としてこれを歓迎した。多くの大企業がアイゼンハワーの選挙戦を支援し、その見返りとして新政権下での優遇措置を期待した。アイゼンハワー自身はいかなる「利益団体」にも与することを嫌い、経済階層や人種の差異を越えた社会の宥和を重んじたので、大資本偏重の政治を意図していたわけではない。しかし、連邦政府の役割を抑制し、国民の「自主性」を重んじて社会の安定と発展を図るという彼の考え方は、産業界の絶大な支持を招きよせた。大統領就任後、多くの重要ポストに民間企業出身者を登用したのも、幅広い視野から国益を追求するという趣旨に基づいていたが、結果的にそれは民間企業との政権との太いパイプを構築・維持することにつながった[5]。

大統領選挙戦のさなかの1952年夏ごろには既に、原子力発電に関心のある複数の企業がアイゼンハワーにアプローチしていた。前出のチャールズ・トーマスはそれ以前からアイゼンハワーの友人で、このころアイゼンハワーの自宅で原子力発電の可能性について話し合ったり、アイゼンハワー宛に原子力法改正の必要性を訴える手紙を送ったりしていた。「AECも我々企業の多くも、技術上の主たる問題は解決されたと感じており、パイロット・プラントを建設する準備が整っている。ここから先は政治の問題だ」。トーマスはこのように述べて、新政権が原子力法改正に着手することへの期待を表明した。また彼は、「戦争になれば、企業は原子力プログラムに組み込まれる」必要があるので、普段から企業が原子力発電とプルトニウム生産の技術に習熟しておくことは「国家安全保障の点からも」推奨されると主張した[6]。

翌月に大統領選を控えた1952年10月には、国民産業会議（National Industrial Conference Board, Inc.）というニューヨークを本拠地とする企業団体が、「産業界における原子力」と題するシンポジウムを開催した。「原子力分野における商業機会について」「原子力法改正の可能性について」などと題するパネル報告が行われ、民間企業の原子力産業参入への期待感を盛り上げた[7]。11月にアイゼンハワーが当選するや否や、「アメリカの民主主義と自由競争経済の良き伝統に則って原子力の開発と利用を促進・奨励」することを第一目的とする非営利団体アトミック・インダストリアル・フォーラム（Atomic Industrial Forum）の設立が考案され、政権発足後の1953年4月に活動を開始した。電力関連企業各社の代表が役員を務め、実業家・教育者・科学者・政府関係者間での情報交換や、一般市民に対する啓蒙活動を行った[8]。この頃はまだ業界内でも、原子力発電の経済性について楽観的な空気が支配的であった。

またアイゼンハワーは、第二次世界大戦から凱旋した後、陸軍参謀総長および北大西洋条約機構（NATO）軍最高司令官を歴任する間にも、軍需産業を中心とする多くの企業人と交友関係を結んでいた。たとえば鉄鋼・造船業界の重鎮で、戦前にスティーブ・ベクテルとともにベクテル・マコーン社を設立したジョン・マコーン（John A. McCone）もその一人であった。彼は終戦後、フォレスタル国防長官の顧問や空軍省次官を務めたことからアイゼンハワーと親しく交友するようになり、アイゼンハワーが大統領選出馬を決めるとすぐに選挙活動を支援した[9]。後に述べるように、マコーンは第二次アイゼンハワー政権下でAEC議長に任命される。

ただし、官・民の結びつきの強化が、アイゼンハワー政権発足以前にすでに始まっていたことも指摘しておかなくてはならない。1950年に始まった朝鮮戦争は、敵の攻撃に対して即時に反撃態勢を整えられる軍事力、またそれを支える科学技術への強い要請を生み出した。あらゆる研究開発が安全保障に結びつけられ、軍は多額の研究開発費を大学や民間の研究機関に注ぎ込んだ。オークリッジ、アルゴンヌ、ブルックヘブンなどの原子力関連国立研究所も大学や企業との共同研究体制を強化し、「軍産官学複合体」の基礎が築かれたのである。またAECは、トルーマン政権下ですでにデュポン、ジェネラル・エレクトリック（GE）、ユニオン・カーバイド、ウェスティングハウスなどの各社と提携して原子力発電の経済性についての研究を実施していた。原子炉の建設・運営にかかわる人員のうち、1952年にはAEC職員6600人に対して、契約企業の職員数は13万7000人であったという[10]。

しかし、AECもまた20年間続いた民主党政権の下で肥大した政府機構の一部であることに間違いはなく、議長のディーン（Gordon Dean）も民主党政権の下で活躍した法律家であった[11]。したがってイデオロギー的には、AECの巨大な官僚組織と民間企業の役割拡大とは、逆のベクトルを示していたといえよう。

アイゼンハワー政権発足直後には、原子力法改正への流れはすでに確実となっていた。1953年3月、AECは「実用的な原子力発電に関するAECからNSCへの報告書」（NSC145）を起草した。その骨子は、「AEC以外の団体に原子力関連施設の所有と運転を許可すること」「国家安全保障を守る範囲内において、核物質のリースや販売を認めること」「公共の安全を脅かさない範囲内において、原子炉所有者がAECが買い上げない核分裂物質やその副産物を、使用したり転売したりすることを許可すること」等で、原子力法の改正が不可避であることを示していた。報告書はNSCで討議されたが、アイゼンハワーはその席上ふたたびチャールズ・トーマス社長との会話に言及し、プルトニウムの買い取り等によって企業の参入を積極的に促す必要性を指摘した。NSC内部で企業の参入とそのための法改正に反対する者は無かった[12]。

続いて議会の両院合同原子力委員会（JCAE）は、政府内外からのヒアリングを実施した。6月24日から14日間行われた公開ヒアリングでは、産業・科学・政府を代表する87人が意見陳述を行ったほか、28人が意見書を提出した。ディーンの後任としてAEC議長に就任したルイス・ストローズ（Lewis L. Strauss）は、このヒアリングから産業界が採算性のある原子力発電を行うにはまだ道のりが遠く政府による支援を必要としていることを感じ取ったが、ストローズ自身は原子力発電を完全に民営化するべきだという固い信念の持ち主であった。またアメリカ政府は朝鮮戦争に莫大な軍費を費やした上、小さな政府への移行を迫られていたため、原子炉開発に莫大な予算を割く余裕は無かった。アイゼンハワー大統領も企業に原子力発電の主導権を取らせる決意が固かった[13]。原子力法改正はこのように、産業界は政府による支援を必要とし、政府は産業界の主導を期待するという微妙な不一致の下で進められた。

1953年12月にアイゼンハワー大統領が国連総会で行った「アトムズ・

フォー・ピース」演説は、ソ連の平和攻勢に対抗して核燃料物質の国際管理を提言し原子力におけるアメリカのリーダーシップを宣言するものであったが、国内的文脈で見れば、それは原子力法を改正して民間企業の参入を促す宣言とも解釈できた。すなわちアメリカが原子力技術において国際的な指導力を発揮するためには、国内の原子力産業を育成して国力を増強する必要があり、そのためには原子力法の改正が必要なのであった。国連演説から約2ヵ月後の1954年2月17日、アイゼンハワー大統領は、原子力法改正の必要性を訴えるメッセージを下院に送った。「国際協力の必要性」、「セキュリティ基準の見直しの必要性」、「民間企業の参入を促すための条件整備」の三項目に分けて、大統領は議会の協力を呼びかけた[14]。国内産業の育成と対外政策とは、緊密に連動していたのである。

大統領が議会に原子力法改正を求めた同じ日、AECは非公式な法改正案を両院合同原子力委員長のコール下院議員（W. Sterling Cole）に手渡した。両院合同原子力委員会はこれを慎重に審議し、議会によるチェック機能をより強化した独自の法案を起草した[15]。法改正の必要性については概ね政府関係部局間での合意があったものの、核燃料物質の保有を民間企業にどこまで認めるべきか、民間企業によるパテント申請を認めるかどうか、原子力技術にかんする情報をどこまで他国と共有するか、などの諸点で意見の相違があった。

1954年5月10日に始まった公開ヒアリングの冒頭、両院合同原子力委員会のメンバーで民主党のホリフィールド下院議員（Chet Holifield）は、大資本による独占の禁止、シビリアン・コントロールの徹底、労働者の権利と安全の確保など、原子力を民間に開放するにはさまざまなセーフガードが必要であることを訴え、社会・経済的影響を慎重に検討することを求めた。いっぽう民間企業の代表者たちは圧倒的に、自由な経済活動を拡大する方向の法改正を主張した。例えば原子炉のみならず核燃料物質についても完全な民間保有を認めることを求める意見や、民間の研究開発意欲を促進するためにより自由なパテント権を求める意見が数多く出された[16]。

ヒアリングの結果を受けてAECおよび両院合同原子力委員会でさらに議論が行われ、最終的に1954年6月に両院合同原子力委員会から議会に提出された新原子力法案は、民間の原子力分野への参入を拡大しつつも、無制限な自由化は抑制されていた。すなわち民間企業による原子力施設の所有・建設・運用は認めるものの、核燃料物質は国家によって管理されなくてはならないことになっていた。また、民間企業のパテントについても、5年間はAECとの間にライセンス契約を結ばなくてはならないことが定められていた[17]。次節で述べる通り、議会では電力を「公共」のものと考えるか否かをめぐって共和党と民主党の間で激しい攻防が繰り広げられた。法案は改訂を重ねた後、1954年8月30日、新原子力法として成立した。全般的に見れば、新原子力法は民間企業の参入と国際協力を可能にしたという点で、大統領および共和党側の目標が達成された形であったが、AECとの強制ライセンス契約などいくつかの点においては政府の権限を留保していた。

1956年のアイゼンハワー二期目の大統領選挙では、前回よりも目に見える形で原子力関連の諸問題が焦点となった。民主党対立候補のスティーブンソン（Adlai Stevenson）は水爆実験禁止を提案した。これに対して前回の選挙でもアイゼンハワーを支援した企業家でカリフォルニア工科大学の理事でもあったジョン・マコーンは、スティーブンソンの提案を支持した同大学の科学者たちを公然と批判した。第二次アイゼンハワー政権成立後の1958年、マコーンは第AEC議長に任命されることになる。カリフォルニア工科大学の科学者への介入の件はマコーンの任命にあたって議会で問題となったが、彼の任命を妨げるには至らなかった[18]。

民主党は水爆実験には批判的であったものの、原子力発電についてはその問題点を指摘するのではなく、政府が十分なイニシアティブを発揮せず民間企業に研究開発を委ねようとしていることを批判の焦点にした。大統領選挙戦の争点は、原子力発電を推進するか否かではなく、いかに速く推進するか、そして企業と政府のどちらが主導権を握るかという問題になって行った。1956年8月に発表された民主党の綱領は、アイゼンハワー政権が原子力を党派政治の道具にしたと批判し、国際競争でアメリカが優位に立つために「原子力平和利用を名ばかりではなく内実のあるものにしなくてはならない。我々は言葉を行動に変える」と謳っていた[19]。1956年6月末、ゴア上院議員（Albert Gore、クリントン政権のゴア副大統領の父）とホリフィールド下院議員によって提出されたゴア＝ホリフィールド法案は、AEC が政府予算で大規模な原子力発電施設および小規模な実験用原子炉の両方を建設し、外国に対しても発電用原子炉の開発を支援するというものであった。AEC はこれに反対して廃案に持ち込んだが、修正された法案がふたたび 1957 年に提出され成立した。このように民主党は民間企業の参入に真っ向から反対するのではなく、政府による支援と管理を強める路線を明瞭にした[20]。

大統領選挙の結果は、好景気と大統領の個人的な人気によってアイゼンハワーの圧倒的勝利に終わったものの、「大統領の党」である共和党は上下両院において少数派に転落し民主党議員の発言力がますます強まった[21]。しかし民主党は選挙戦を通して「核実験には反対」「原子力発電は政府主導で強力に推進」という政策を打ち出していたため、アイゼンハワー政権二期目には、官民一体となった原子力発電の推進にブレーキをかける勢力はほとんど無くなった。情報や燃料の管理を含む主導権を企業と政府のどちらが握るかという点のみが、政治的争点になったのである。それと同時に、当初の期待とは裏腹に採算のとれる原子力発電への道のりが遠いことが明らかになって来ると、民間企業も AEC の支援を完全に断ることは現実的ではないと判断するようになった。

結局、二度の大統領選挙をめぐるアメリカの国内政治は、民間企業の原子力発電事業への参入を促すとともに、官民の協力体制を一層推進する方向に作用した。しかし、国家による支援の必要性が徐々に明らかになったにもかかわらず、原子力発電を全面的に民間企業の手に明け渡すことを主張する意見は政府の内外に引き続き存在した。このような意見は、AEC 主導の原子力開発はニューディールの「大きな政府」の延長であるという政治イデオロギーに裏付けられていた。次節では、アメリカ国内におけるイデオロギーの戦いが、原子力発電をめぐる政府と企業の関係にどのような影響を及ぼしたかを探究する。

3　電力は誰のものか？——ニューディール対資本主義の原理

原子力発電事業への民間企業の参入に関連して、電力は政府や公共機関が供給すべきものか、それとも自由競争の下で「商品」として扱われるべきかという、根本的な思想対立が顕在化した。アイゼンハワー政権の発足によって長きにわたる民主党政権が終焉し、共和党のリーダーたちは肥大化した政府官僚機構を切り崩す機会がついに巡ってきたと感じた。電力民営化も、小さな政府への転換という流れの中に位置付けられるものであった。いっぽう民間企業も、アイゼンハワー大統領がジェネラル・モーターズ会長のチャールズ・ウィルソンを国防長官に抜擢し、彼の下に企業出身者が多数集められたことや、原子力問題担当大統領補佐官に国際投資銀行出身のストローズが任命されたことなどから、産業界の声が新政権に届くことを確信した[22]。

しかし、アメリカにはニューディール期のテネシー川流域開発公社（TVA）に代表されるように、電力を公共財と見なし国家管理によって独占や格差を無くすという考え方も伝統的に存在した。このため原子力法改正は表面的な意見対立を超えた深いイデオロギー対立を伴った。例えば共和党保守派の有力政治家で1964年の大統領候補にも選ばれたバリー・ゴールドウォーター上院議員（Barry Goldwater）は、TVAを「社会主義」と呼んで批判し、そもそもアイゼンハワー政権は「20年もニューディールとフェアディールの下で強大な連邦政府の触手にからめ取られてきた権利を州に返還するという約束の下に」発足したはずだと述べた。思想的にリバタリアンに近い彼は、連邦政府の役割は最低限の「必要悪」であるべきだとし、神が与えた電力という資源を人々に分配するには「神の方法と目的に応じたやり方」——すなわち権力の中枢たる連邦政府ではなく民間の人々の手で——行うべきだと主張した[23]。同じく共和党のヴァン・ザント下院議員（James. E. Van Zandt）も「アトミックTVA」を阻止するべきだと発言した[24]。

いっぽう、イデオロギー的にこれらの対局に位置する産業別組合会議（CIO）は、原子力発電の拙速な改正は、政府による統制力（power to control）を放棄することに外ならないとして、改正の延期を求めた。原子力発電の設備や技術を民間に明け渡せば、原子力委員会（AEC）の下で既に研究開発を行ってきた少数の大企業による独占が生じると警告したのである[25]。

折しもTVAの新たな発電所建設をめぐる問題が浮上し、原子力法案の審議を一層先鋭化させる結果となった。1953年末から1954年春にかけて、テネシー州メンフィス市周辺の電力需要拡大に対応するためTVAが新たな火力発電所の建設予算を求めた時、アイゼンハワー政権はこれを却下した。アイゼンハワーはもともと、TVAは民間企業の発展を阻害していると考えており、記者会見の席上で「忍び寄る社会主義の一例」とまで呼んだ。また彼は、連邦政府が運営するTVAが一部地域のみに電力を提供するのは間違いであるとも主張していた。AEC議長・大統領補佐官（原子力問題担当）を兼任していたストローズも、大統領と同じ考えであった。

AEC内部での合意のないまま、ストローズはAECが民間企業ディクソン・イェーツ（Dixon-Yates Group）と契約して発電所を建設し、メンフィス地域に電力を供給するという計画を立てた。両院合同原子力委員会のメンバーである民主党のホリフィールド下院議員やゴア上院議員らは、この政府案がTVAの公共電力事業を崩壊させる意図をもつものだとして強く反対した。結局、TVAの発電所建設は認められなかったが、後にメンフィス市は、民間企業から電力を購入することを潔しとせず自前の電力供給システムを開発し、ディクソン・イェーツとAECとの契約も議会の強い抵抗に遭い頓挫した[26]。

1954年6月に始まった上下院での原子力法案の審議は、このメンフィスの案件のあおりを受けて白熱した。この時、共和党はかろうじて上下院で過半数（下院では4名、上院では1名の差）を占めている状態であった。上院においては、テネシー州選出のゴアに代表される「TVA議員」のほか、消費者団体・農業団体・労働団体などの権益を代表する議員たちによる「リベラル・コアリション」が形成され、フィリバスター（長い演説を行うことによる議事妨害）にうったえて電力の民営化を阻止しようとした。180時間を超える昼夜を問わぬ討議の結果、原子力法改正案に国家（AEC）の権限を強める方向の修正がいくつか加えられることになった。例えばAECが電力を製造・販売する権限をもつこと、またAECからの電力供給においては公共電力団体（public utilities and cooperatives）が優先権を認められることになった[27]。

しかし下院では共和党の力は手堅く、上院のような修正案を通さないばかりか、逆に民間企業のパテントについてAECとのライセンス契約を要求する項目は、法案からはずされた。両院協議会（conference committee）で上下院の差異が調整された結果、上院で民主党議員が辛くも勝ち取った「AECが電力を製造・販売する権限をもつこと」という修正案は削除された。また、AECとの強制的ライセンス契約に関する条項もはずされ、原子力技術に関する企業のパテント権が認められることになった。ところがこの両院協議会案は上院で却下され、再度の調整と妥協の結果、AECとの契約事業におけるパテント権（共和党案）と、5年間の強制ライセンス契約（民主党案）の両方が生かされることになった[28]。議会での複雑な審議過程からは、電力を公・私のいずれが司るかという問題が、いかに深い政治的亀裂を生むものであったかが伝わってくる。

1954年の新原子力法が成立した後も、原子力発電をめぐる公と私のせめぎあいは続いた。新原子力法第202条は、議会の会期ごとに両院合同原子力委員会によるヒアリングを実施することを定めていたが、この「202条ヒアリング」においても公か私かの問題がしばしば浮上した。1957年2月のヒアリングにおいてAEC委員のマレー（Thomas E. Murray）は、電力供給は基本的には民間企業の役割であるものの、核兵器と世界規模の電力不足という二重の安全保障上の脅威に対応するために、政府主導で原子炉開発を行うことが必要であると述べた。民間企業はまだ「国益上求められる」レベルの技術には達しておらず、また原子力発電のコストが簡単には下がらないことも明白である。それにもかかわらず「アトミックTVA」の到来を恐れる余り、産業界の一部は政府主導の原子炉建設に反対している[29]。マレーはこのように述べて、「公」の役割拡大に対する根強い不信感が存在することを指摘した。

いっぽうAEC議長ストローズは、原子力発電事業を全面的に民間企業に任せるべきであるという断固たる考えをもっており、しばしばマレーと衝突した。国際金融会社クーン・ローブ協会出身のストローズと財界との関係は深く、1958年6月にAEC議長を引退した後には、在任中にクーン・ローブ系列のウラニウム関連企業に便宜をはかったという疑惑が浮上し、議会による証人喚問やFBIの捜査を伴うスキャンダルにまで発展した[30]。マレーとストローズの対立は、AEC内部においてさえ公と私のバランスをめぐる激しい対立があったことを物語っている。

マレーが指摘した通り、産業界における「アトミックTVA」への恐れは根強いものがあった。例えばアイオワ・イリノイ・ガス電気会社（Iowa-Illinois Gas and Electric Company）社長のチャールズ・ホイットモアは、原子力発電事業の「社会主義化」を防ぐために、1954年改正原子力法に含まれる「優先条項」をなくす方向で再度の法改正を行うべきであると主張した。原子力発電所の建設と電力販売において「公共機関や共同組合」が優先する仕組みになっている限り、民間企業は太刀打ちできず「最後には絶滅してしまう」だろうと警告したのである。彼は、「いわゆるリベラル派」が電力事業への政府介入を支持する理由は､社会主義者が好む｢統制（コントロール)」の要素に魅力を感じているからだと述べて、電力事業における「公共」の優先が、危険な社会主義への道であると警告した[31]。

公共電力（あるいは公共目的での電力使用）を「優先」（preference）するという考えには、長い歴史があった。電力は「商品」ではなく福祉国家の下で人々が享受すべき基本的インフラストラクチャーであるという思想が世紀転換期から徐々に発達し､すでに1906年の開拓法（Reclamation Act）は、内務省の事業によって生産された電力は「公共の（municipal）目的を優先して」供給されなくてはならないと規定していた。この場合の公共の目的とは、街灯や水道など市民生活に必須の基盤設備を意味していた。

1920年の電力法でも、水力発電ライセンス契約の入札において、州や市町村からの応募が優先されることが定められた。その後フーヴァー政権期に、「民間企業との電力契約は、優先される顧客（すなわち市町村や公共団体）が要求した場合には、2年前の事前通告で打ち切ることができる」という法案が議会を通過し、いったんフーヴァー大統領の拒否権で廃案になったものの、ローズヴェルト政権下でTVA法（1933年)、公共電力会社法（1935年、Public Utility Holding Company Act）として実現した。TVA法は以前の法案よりは穏健な5年の事前通告を定めていた。さらに1939年の新開拓法では、「優先」する対象を街灯や水道などの「公共の目的」から、「市町村その他の組織や……協同組合その他の公金によって財政支援を受けている非営利団体」に変更した。すなわち公金によって運営されている「電力販売者（組織）」が優先されることになったのである[32]。

このような歴史を背景として1954年原子力法にも、政府による原子力発電施設を建設を認め、そこで生産された電力を公共団体や協同組合に「優先」供給することが定められていた。ホイットモアをはじめとする企業家たちが問題視したのは、まさにこのような「公共優先」の概念であった。

以上のように、原子力発電への民間企業参入をめぐる議論の背景には、アメリカにおける福祉国家の発達とともに育ちニューディール期に成熟した「公共」の概念と、その対極に位置するリバタリアン的な自由主義との深い思想的対立が存在した。原子力法の改正による民間企業の原子力発電事業への参入は、ニューディール思想の完全な敗北とは言えないまでも、自由資本主義の方向への重要なシフトであったといえよう。

4　冷戦の論理と資本主義の原理

民間企業の原子力発電事業への参入を促した三つ目の要素は、自由な企業活動による原子力開発こそが、共産圏とは対照的なアメリカの「強さ」の象徴であるという冷戦思考である。このような考えは、1956年のスエズ危機やハンガリー動乱などの一連の危機を経て一層強まって行ったが、イデオロギーと経済・技術が「冷戦の武器」として分かちがたい関係にあるという認識は、それ以前にも政府内で共有されていた。特にスターリンの死後、ソ連の攻勢が「軍事的武器から経済の武器へとシフトしている」という認識が、このような政府の考えに影響を与えていた[33]。原子力法改正が政府内で検討され始めたばかりの1953年6月にはすでに国務省が、「原子力開発においてリーダーシップを維持・向上させることは、米国の対外関係にとって非常な重要性を持つ」として、法改正を支持するステートメントを発表していた[34]。1955年12月には、国連経済社会理事会（ECOSOC）アメリカ代表のベイカー（John C. Baker）が、国際機関担当国務次官のウィルコックス（Francis O. Wilcox）宛の書簡の中で次のように述べて、イデオロギーと経済・技術援助がともに対外政策の重要な柱であることを強調した。

> 今の時期、我々は東西の闘争における新たな時代に入りつつある。我々には二種類の武器がある。一つは理念や理想、もう一つは経済・技術援助である。これらの両方が用いられなくてはならない[35]。

アイゼンハワー大統領も、イデオロギーと経済・技術援助の不可分な関係に大いに関心を持っていた。彼は、「諸外国と長期的に計画された協力関係」を結ばなければ、ソ連は「とても魅力的な提案を持って入り込み、我々がソ連が創り出す影響に対抗するのが非常に難しいような状況」が生まれるだろうと分析した。根っからの軍人である大統領は、このような状況を軍事作戦に例えて説明した。自由な経済活動による高い生産性はアメリカが誇りとするところであるから、一見、ソ連はアメリカのもっとも強い分野を攻めているように見える。しかし、軍事作戦において守勢に立つ者が全方位的な防禦を余儀なくされる一方、攻勢をかける者は特定の分野を選択的に柔軟に攻め込むことができるのと同じく、経済システムにおいて「守勢」に立つアメリカよりも、「攻勢」をかけるソ連のほうが有利である。このように大統領は、冷戦に勝つために諸外国との経済協力が不可欠であり、そのためにアメリカ企業の協力が必要だと考えたのである[36]。

また、1953 年 12 月に大統領が国際社会に華々しく発信した「アトムズ・フォー・ピース」国連演説以後、これを具体化する「実績」作りがなかなか進まずアメリカ政府が困惑していたことも、民間企業への依存度を高めた。国際原子力機関（IAEA）の設立も核軍縮交渉もなかなか進展しない中、民間企業による「原子力平和利用」の推進というシナリオは、アメリカが人類普遍の利益に貢献しているというイメージを国際発信するための格好の宣伝材料になると考えられたのである。

国家安全保障会議（NSC）が 1954 年 8 月に起草した「原子力平和利用における他国との協力」（NSC5431/1）は、このような事情の中で成立したものであった。アメリカは、最終的には国際原子力機関（IAEA）の設立による多国間協力を目指しつつも、当面は二国間協定に基づいて友好国に対する実験用原子炉および核燃料物質の提供を行うことが、この文書には謳われていた。また民間企業の何社かはすでに、二国間協定に基づいて「実験用および発電用原子炉の建設、設計、コンサルティング・サーヴィス」を行う十分な能力を備えていることも指摘されていた。NSC5431/1をめぐるNSC会議の中で、軍縮問題担当大統領補佐官のスタッセン（Harold Stassen）は、アメリカが外国での原子力平和利用を積極的に推進しなければ「ある日目覚めたら、ソ連がイタリアかインドに発電用原子炉建設を申し出ているかもしれない」と発言した。このような危機感が、民間企業を巻き込んだ二国間協定を推進する原動力となっていたと考えられる[37]。

その数週間後、54年9月6日（労働者の日　Labor Day）のテレビ／ラジオ演説において、アイゼンハワーは実験用原子炉輸出にかんする二国間交渉を推進すること、そしてペンシルヴァニア州シッピングポートに本格的な発電用原子炉の建設が官民協力の下に進んでいることを併せて公表した[38]。さらに彼は1955年6月11日、ペンシルヴァニア州立大学での講演において、「自由陣営諸国のすべての人々に実験用原子炉を提供する」用意があり、アメリカ製原子炉の輸入・設置費用の半額をアメリカ政府が負担すると発表した。また原子炉の運転に必要な核燃料物質と、発電用原子炉の開発に必要な技術情報も提供することを申し出た。これ以後、トルコを初めとして1961年までに37ヵ国との二国間原子炉交渉が行われた[39]。

原子力関連の民間企業もまた、海外への事業進出が国益の面から重要であると認識していた。1956年10月31日の大統領宛メモランダムは、「アメリカが国際社会で指導的地位を維持するために、民間企業が原子力分野でより活発な経済活動を行うべきである」という、ある有力企業家の意見を紹介している。この企業家は、「政府だけでは急速に拡大・多様化する原子力の商業利用に対応できない」こと、また「ソ連は経済的な影響力を諸外国に浸透させることの重要性に着目しており、ソ連傘下の強力な貿易圏が形成されれば社会主義圏以外の国々も取り込まれる可能性がある」ことを挙げて、官民協力の下に「アメリカ国際原子力投資開発会社」を設立することを提案していた[40]。

「冷戦の武器」としての原子炉と原子力技術の輸出はグローバルに推進されたが、対ヨーロッパと対発展途上国とでは、アメリカ政府のアプローチはかなり異なっていた。ヨーロッパに関しては、スエズ危機によって引き起こされたエネルギー資源不足を、アイゼンハワー政権は西側同盟にとっての深刻な危機と受け止めた。このためアイゼンハワー政権は1956年以降、フランス、西ドイツ、イタリア、オランダ、ベルギー、ルクセンブルグの６ヵ国から成る欧州原子力共同体（EURATOM）の設立を強く支援した。アメリカの技術援助の下に原子力発電産業を育成し、西側ブロックの強化を図るとともに、アメリカ産業界との太いパイプを樹立することを目指したのである。ヨーロッパ諸国にはアメリカ主導の原子力開発に対する強い反発があったが、EURATOMは1958年１月に発足した[41]。このように対ヨーロッパの原子力政策は、同盟国へのエネルギー供給という側面が強かった。

いっぽう発展途上国、特にアジアの新興国に対しては、資本主義の原理を移植することによって共産主義の浸透を防ぐというニュアンスが強かった。資本主義を「教育」する役割を担うのは政府よりも企業のほうが適切であり、民間企業の進出は、経済的利益を超越して外国の人々に自由競争や消費経済の原理を教える「資本主義の学校」として機能すると考えられたのである。「冷戦の武器」としての民間投資の重要性は、NSCでも取り上げられた。1955年１月21日に採択されたNSC文書「将来的な合衆国からアジアへの経済援助」（NSC5506）の中では、アジア（この場合、韓国・台湾・インドシナ・日本・フィリピン・インドネシア・タイ・マラヤ・ビルマ・セイロン・ネパール・インド・パキスタン・アフガニスタンがその範疇に含まれていた）への援助において「国内外における民間資本の活用」を促進し「民間投資を促すための法律や政策」を整備することが謳われていた。文書中、特に「日本」と小見出しの付いた項目が設けられ、アメリカの財政負担を軽減するべく、「日本の財政基盤と貿易力を強めるために、あらゆる努力がなされなければならない」と謳われていた[42]。

1956年７月から大統領の対外経済政策担当特別補佐官を務めたランドール（Clarence B. Randall）は、対アジア経済・技術援助を一層強力に推し進めた。彼のアジア視察報告書によれば、新興諸国の経済発展のためにはアメリカ企業の投資が必要であるが、新興諸国は海外からの投資を新たな植民地主義と見なす傾向がある。投資環境を改善するために、アジアの人々の

「外国からの民間投資に対する態度を変化」させ、必要な法制を整えるとともに、「資本（equity）の概念を育てそのメリットを教える十分な教育」を行うことが必要である。新興諸国はしばしば他国の政府から指図されることを嫌うが、民間人からの助言にはそれほど反発しないであろう。アメリカ政府は、民間企業の投資を促すためのインフラストラクチャー整備等の支援に徹するべきである。ランドールはこのように述べて、新興国への民間投資の重要性を強調した[43]。こうした方針を反映してNSC5506の見直しが行われ、「よりアジアの地域的経済協力への努力を拡大すべきである」という理由から、1958年1月にこの政策文書は「キャンセル」された。アジア諸国に対する経済・技術援助はランドールの指導の下、すでに1956年頃から拡大されてきており、そうした方針はNSC5602/1「基本的国家安全保障政策」（1956年3月15日）、NSC5707/8「基本的国家安全保障政策」（1957年7月3日）などの文書に反映されていた[44]。

このように冷戦イデオロギーに裏打ちされた対外経済政策が打ち出される中、両院合同原子力委員会の「202条ヒアリング」でも、冷戦に対応するために官民一体となって原子力発電を推進すべきであるという意見が聞かれるようになった。

例えば民主党のパスター上院議員（John O. Pastore）は、アトミック・インダストリアル・フォーラム代表（デトロイト・エディソン社社長）のシスラー（Walker L. Cisler）に対するヒアリングの中で、アメリカが「世界の他の国々との競争の中に居る」ことを強調し、「我々は世界の人々の心を勝ち取ろうとしているのではないのですか？〔中略〕我々は、その競争に勝っているでしょうか？」と問いかけた。原子力発電を世界の人々の「心」を勝ち取る競争ととらえ、官民一体となって取り組むべきだと主張したのである。

政府関係者以外にも、このような考えは共有されていた。例えば中小企業や農業従事者の権益を代表するアメリカ協同組合連盟（Cooperative League of the United States of America）のヴーリス代表（Jerry Voorhis）も「202条ヒアリング」の中で、大資本による原子力発電の独占を厳しく批判するいっぽう、アメリカが原子力平和利用を世界の人々によく分かる形で推進していないことが「我々の世界における道義的リーダーシップを曇らせている」と指摘した。世界の平和と安定は「自由世界が、専制的世界よりも質の高い生活を達成すること」にかかっており、そのために原子力は重要な役割を果たすことができるとして、彼は原子力発電のより一層の推進を求めた[45]。

この当時、国内の電力需要はすでに満たされており、必ずしも原子力発電を急ぐ必要は無かったことを考えると、冷戦イデオロギーが電力の必要性とは無関係に原子力発電の推進をあおっていた側面があったことがわかる。

アメリカ政府や中小零細ビジネスの代表者が原子力発電を「冷戦の武器」として重要視していたのに対して、実際に原子力発電事業に関わっていた大企業は、採算の見通しが立たない中で本格的な投資に踏み切ることには躊躇していた。まだ原子力発電のコストについて楽観的な観測が支配していた1953年6−7月の両院合同原子力委員会ヒアリングの席でさえも、民間企業から慎重な意見が出されたことが、原子力関連企業の業界誌であるNECLEONICSに記されている。すなわち「民事用の原子力開発を強力に推進すべきであるという基本路線」は全ヒアリングを通して一貫していたが、これは電力供給の必要性からではなく「アメリカが原子炉技術において国際的な優位を維持することの必要性から」であった。民間企業は「原子力発電事業に投資できるような位置づけを得る」ことを求めていたものの、「原子力法が改正されたら大規模な投資を行うと明言している企業」は皆無であった。また民間企業の中でも、電力産業はもっとも原子力法改正に積極的であったのに対し、施設関連の製造業はそれほど熱心ではないという温度差があった[46]。

原子力発電の経済性についての厳しい現実が次第に明らかになるにつれて、企業はますます投資に慎重になって行った。1955年はじめの「202条ヒアリング」において両院合同原子力委員会のホリフィールド下院議員は、「これまでドラムを打ち鳴らし、全国雑誌に記事を掲載して、民間企業が参入して仕事をする時が来たと大プロパガンダ・キャンペーンを打っていた企業グループが、突然大人しくなったのは興味深いことだ」と、企業の消極的姿勢を皮肉った。民間企業は「水につま先を浸けてみて、飛び込むにはちょっと冷たいので、もう少し政府によるインセンティブを与えてもらえないだろうかと言っている」ようなものだと、彼は企業だけに任せておくと原子力開発は進まないことを指摘した[47]。

1957年の夏から翌年の春にかけては、急激な景気後退によってアメリカ企業の収益は25%も落ち込み、原子力への投資意欲はさらに冷え込んだ。またアイゼンハワー大統領が十分な景気対策を取ろうとしなかったことで、大統領への信頼感も低下した[48]。原子力発電への投資はほとんど政府から課された「義務」のようになり、アトミック・インダストリアル・フォーラムの会合においてさえ、一部の企業から「もう原子力から撤退したい」という声が聞かれる有様であった[49]。

1957年末に原子力委員会（AEC）がアイゼンハワー政権二期目における原子力政策の指針を定めるために民間企業の代表者を対象に行った一連の非公式ヒアリングにおいても、投資リスクを強調する意見が目立った。企業幹部たちの間でほぼ共通していたのは、国際競争に打ち勝つために一刻も早く低コストの発電用原子炉を完成させる必要あるが、そのような研究開発プロジェクトへの投資には大きなリスクが伴うので政府による財政的保証が必要であるという点であった。例えば、ボルティモア・ガス&エレクトリック社の代表は、民間企業が大金を出して「最初から経済的でないとわかっている原子炉に出資するだろうか？」と疑問を呈し、コンソリデーテッド・エディソン社の代表は、燃料開発などの面でAECからの持続的サポートの必要性を強調した。またアメリカン&フォーリン・パワー社の代表は、外国で原子力発電所を建設する場合の保険が必要であると訴えた。最も原子力発電事業に熱心なアメリカン・ガス&エレクトリック社の代表は、多くの電力会社は原子力発電のコストを引き受ける用意があるだろうと述べたが、同時に損失を低く抑えるために元々燃料コストの高い地域に原子力発電所を建設するなどの工夫が必要であると提案した[50]。

ジェネラル・エレクトリック社のような大資本でさえ、原子炉建設にかかる経費をAECがどこまで肩代わりするかという点について、AECと激しい攻防を繰り広げた。ジェネラル・エレクトリック社側の主張は、AECとの契約工場で発生するコストだけではなく、本社で発生するコストもAECが肩代わりすべきだというものであった。本社が長年蓄積してきたノウハウや人材を割いてAECに協力しているのだから、本社のコストもAECがカヴァーして当然だという論理である。ジェネラル・エレクトリック社からAEC宛の書簡は、「新技術を習得してもビジネス上の大きな利益があるわけではなく、むしろ逆に、政府の要請に応えるために希少な人材を転用しているのだ」と、政府への義務から原子炉開発を行っていることを強調していた[51]。むろんAECとの交渉術として「義務」の部分を強調したレトリックを用いていた可能性はあるにしても、そのような論理が成り立つほど政府側からの協力要請が強かったことの証左と言えるだろう。

実際、AECの側から企業の積極的投資を呼びかけていたことは、史料からも裏付けられる。AEC委員のヴァンス（Harold S. Vance）が、あるシンポジウムの席上で「アメリカの産業界が海外で原子力ビジネスにアグレッシブに取り組む」ように奨励するのを聞いて、アトミック・インターナショナル社代表のチョーンシー・スター博士は、民間企業の海外進出をもっとサポートすることを要請する書簡をヴァンス宛に送った。スウェーデンを足掛かりにヨーロッパ進出を計画中であったアトミック・インターナショナル社は、AECからの技術援助や重水のローンを必要としていた。スター博士は、イギリス政府が民間企業の海外展開を強力に支援し、「アメリカでは民間企業の活動の一部とみなされるような海外での責任まで政府が引き受けている」ことを引き合いに出して、AECによる支援拡大を求めた[52]。

AECだけではなく広報文化交流庁（USIA）も、アトムズ・フォー・ピース・キャンペーンの様々な催しへの協力要請を通じて、民間企業を政府の原子力政策に動員していた。中でもアトミック・インダストリアル・フォーラムは、しばしばUSIAの広報活動のスポンサーとなった。例えば1954年1月には国内外のメディア関係者を集めて、原子力技術開発の現状についてカクテル・パーティー付きの大規模な記者会見を開催した。フォーラムはまた、USIAの要請に応じて様々な企業団体や女性団体などを対象とする展示会や講演会を開催した。1954年末には、ニューヨークのハンター・カレッジで、フォーラムをスポンサーとするUSIAの原子力平和利用博覧会が開催された。会場には「USIA原子力平和利用博覧会」と大きく表示されたトレイラーが置かれ、博覧会が終了すると原子炉のモデルを含む展示品一式はこのトレイラーに載せられ、インド、パキスタンから中東諸国への巡回博覧会に送られた。展示物は発展途上国での使用にあわせて屋内・屋外のどちらでも対応できるようになっており、説明文は取り外し式で異なる言語に入れ替えられる仕組みになっていた[53]。政府主導のグローバルなキャンペーンに民間企業が動員されていた形である。

1957年10月の「スプートニク・ショック」は、官民一体となって原子力開発にまい進すべきであるという認識を、決定的に政府内外の関係者に植え付けた。10月4日、ソ連が世界初の人工衛星スプートニクの打ち上げに成功したというニュースで、アメリカ国民はソ連の科学技術の進歩が政府の予想をはるかに上回っていたことを知った。アイゼンハワー政権は、科学技術でソ連に追い抜かれた失態を厳しく追及されることになった[54]。ちょうどこの頃NSCは、1955年3月に起草したNSC5507/2「原子力の平和利用」の見直し作業を行っていた。NSC5507/2は新原子力法を受けて起草されたが、その後、二国間原子炉交渉の開始、国際原子力機関（IAEA）や欧州原子力共同体（EURATOM）の発足など、国内外の事情の変化を反映させて改訂する必要が生じたのである。その最中に起きた「スプートニク・ショック」は、この見直し作業にも大きな影響を与えた。新しく起草されたNSC 5725/1「原子力の平和利用」（1957年12月13日）には、原子力開発において指導的地位を失うことは、アメリカの名声だけではなく西側の安全保障も脅かすものであるという強い危機感がにじんでいた。

特に二つの項目（第24項と第33項）は、アメリカの国際社会における指導的地位と原子力開発が直結しており、国を挙げて研究開発に取り組む決意が述べられていたが、この二つの項目をめぐってNSCとAEC（正確にはAEC議長のストローズ）が激しく対立する場面があった。NSCの原案には、民間企業が政府の支援なしに原子力発電に投資することは困難であるという趣旨の表現が含まれていたが、常々完全な民営化を唱えていたストローズがこれに強く反発し、アイゼンハワーもストローズに同調したため、その表現が削除されたのであった。最終的な文面はそれぞれ以下のようになった。

24　世界の人々は発電用原子炉技術の優秀さを、原子力の平和利用におけるリーダーシップと同義であると考えている。したがってアメリカが発電用原子炉技術における優秀性を維持する手段を開発することが、今後も引き続き課題であり最大の重要点である。

……

33　原子力平和利用におけるアメリカのリーダーシップを維持するために、アメリカ製原子炉技術とフル・スケールのモデル原子力発電所を海外に設置する手段を開発する[55]。

ストローズの反対で、企業だけでは無理なので官民一体となって推進するというニュアンスは消えたものの、同じ文書の別の部分にはアメリカ政府が「民間の産業や団体が海外での原子力事業に関与するように奨励する」と明記されており、官民一体となった動員体制が既成方針となっていたことが読み取れる。ストローズのように原子力発電を完全に民間に任せるという考え方は政府内でも少数派であり、孤立したストローズは翌年６月に辞任することになる。

以上のように、必ずしも前向きではない民間企業をアメリカ政府が強力に原子力発電事業に参入させていった背景には、民間企業による経済活動が「冷戦の武器」として有効であるという認識があった。「原子力発電を制する者が世界の覇権を握る」という考え方は、アメリカの対外政策の根幹にまで浸透し、官民一体となった「動員体制」が敷かれて行った。原子力発電をめぐる冷戦は、まさに総力戦であったと言うことができよう。

5　おわりに

本章では、アメリカの民間企業が原子力産業に参入して行った経緯を三つの視角から分析した。その結果、企業の利潤追求という単純明快な理由も確かに存在したものの、大きな経営リスクを乗り越えて原子力炉開発に投資し、あるいは海外に進出した背景には、利潤以外の何層ものプッシュ要因があったことが明らかになった。アメリカ国内政治の文脈では、20 年ぶりの共和党政権に対する期待と、それに応えるアイゼンハワー個人の「小さな政府」

への信念とが、二度の大統領選挙を通して原子力を民間に開放する方向への潮流を作った。また電力を「公共材」と見るか「商品」と見るかという論争は、ニューディールの福祉国家思想と自由主義・リバタリアン思想との苛烈な対立の中に原子力発電問題を投げ込んだ。歴史に残る激しい議会討論の末に妥協が成立したが、企業の自由な経済活動を原子力発電に適用したことで、ニューディールの切り崩しが一歩進んだ。

さらに、これらの国内事情を大きく包み込む国際政治的背景として、冷戦があった。経済・技術援助とイデオロギー戦との不可分な関係が論じられるようになるにつれ、アメリカが原子力技術においてトップの座を譲り渡すことは、西側の安全保障に穴をあけることと同義に解釈されるようになって行った。世界のエネルギー需要にアメリカが応えるため、また西側世界の優位性とアメリカの国際的地位を守るため、官民一体となった「動員体制」が推進されたのである。また企業の自由な経済活動を諸外国、とくにアジアの発展途上国に対して披露することは、共産主義の浸透に対する予防措置として重要視された。このような冷戦思想を背景に、アメリカ政府は民間企業を原子力発電事業にコミットさせて行ったのである。

1959年に入ると石炭輸送コストの下落、天然ガス資源の開発、中東地域における新たな石油資源の発見などによって世界的なエネルギー不足は解消に向かい、原子力発電の緊急性は低下した。アメリカの原子力発電事業はその存在意義の見直しを迫られ、将来的な国内需要の増加に備えるという方向に軌道修正した。またソ連との技術開発競争も、ケネディ政権下で航空宇宙開発へとシフトして行った。しかし、アイゼンハワー政権下で築かれた原子力発電政策の基盤は、1979年のスリーマイル島原発事故によって転換を迫られるまで継続した。

また科学技術を媒介した官と民との密接な結びつきは、さらに長期的な影響をもたらしたと見ることができる。アイゼンハワーは大統領離任演説において、「軍産複合体」の弊害について警告を発した。

> 巨大な軍と大規模な軍需産業の結びつきは、アメリカがはじめて経験する事態である。経済面・政治面・そして精神面においてさえ、その影

> 響の総体はあらゆる都市、州政府、連邦政府の部局において感じられる。我々はこのような発展が必要不可欠であることは理解している。しかし、我々はまた、その深刻な影響についても把握しなくてはならない。〔中略〕我々は政府の様々な審議において、政府の側から求めたものか否かは別として、「軍産複合体」の不当な影響に対して警戒しなくてはならない。不適切な権力の破壊的膨張の可能性が現に存在するし、今後も存在し続けるであろう。この複合体の重圧が、我々の自由や民主主義的手続きを危険に陥れることを、断じて許してはならない[56]。

アイゼンハワーはこのように述べて、軍と産業界との結びつきが巨大な権力を生み出し民主主義を脅かしていることを指摘したが、ここで示唆されている大資本の多くは原子力発電事業に携わる企業と重なっていた。後に「軍産官学複合体」と呼ばれるようになる権力構造は、当のアイゼンハワー大統領の下で強化され、その後のアメリカ政治に大きな影響力をもたらすのである。本章で論じたような民間企業の原子力発電事業への参入は、まさに「軍官産学複合体」が強化されて行く過程の一断面を切り取ったものといえよう。

以上のようなアメリカの経験は、少し時をずらしてアジア各国が経験して行った原発導入の過程とどのように比較対照できるだろうか。政治的・イデオロギー的背景は大きく異なるにしても、電力をめぐる官民のせめぎあいと軍産学複合体の形成、原子力を制するものが冷戦を制するという思想は、普遍的な重みをもっていたように思われる。

最後に、本章がカヴァーした時期には、原子力に関連して非常に多くの懸案が同時進行で議論されていた。本章は民間企業の参入という側面に焦点を当て、あえて三つの背景に絞って論を進めたことにより、同時期に起こっていたその他の重要な出来事に触れることが出来なかったことに言及しておきたい。たとえば国連における核軍縮交渉やIAEA設立に関する話し合い、1954年３月１日に起きた第五福竜丸事件を契機とする放射性降下物に関する国際的な懸念の高まりなども、アメリカにおける原子力発電の発展と密接に関係していた。しかし、これらの事象をすべて民間企業の参入に結びつけて論じることは史料面でも論述面でも筆者の力量を越えるため、今回はあえて踏み込まなかったことを申し添えたい。

註

1　科学技術と文化との関係については、例えば James Spiller, "Radiant Cuisine: The Commercial Fate of Food Irradiation in the United States," *Technology and Culture*, vol. 45, no. 4 (October 2004): 740-763; Robert Pool, *Beyond Engineering: How Society Shapes Technology* (Oxford University Press, 1997). 科学技術と国家との関係については、例えば Dan Kelves, "Cold War and Hot Physics: Science, Security, and the American State, 1945-56," *Historical Studies in the Physical and Biological Sciences,* vol. 20, no. 2 (1990): 239-264. 民間企業と国家の関係については、ジェームズ・S・アレン『原爆帝国主義——国家・独占・爆弾』(大月書店、1953年、英語版は1952年);Peter Pringle & James Spigelman, *The Nuclear Barons* (Holt, Rinehart and Winston, 1981); Laton McCartney, *Friends in High Places, The Bechtel Story: The Most Secret Corporation and How It Engineered the World* (Simon and Schuster, 1988) などがあるが、いずれも研究書というよりは一般書であり実証的研究とはいえない。また特定の大学・研究機関における「軍産学複合体」の形成にかんする事例研究としては、Stuart W. Leslie, *The Cold War and American Science: The Military-Industrial-Academic Complex at MIT and Stanford* (Columbia University Press, 1993) が挙げられる。

2　Richard G. Hewlett and Jack M. Holl, *A History of the United States Atomic Energy Commission 1952-1960,* Volume III, The Energy Citation Database (ECD) by U.S. Department of Energy (DE), Chapter V, p. 1.

3　NSC 5507/2, "Peaceful Uses of Atomic Energy," March 12, 1955, Digital Security Archives, No. PD00444.

4　Hewlett and Holl, Chapter I, pp. 1-2.

5　Chester J. Pach, Jr. and Elmo Richardson, *The Presidency of Dwight D. Eisenhower,* Revised Edition, (University Press of Kansas, 1991), pp. 31-33.

6　From Charles Allen Thomas to Eisenhower, August 7, 1952; "Excerpt from Commencement Address, Hobart and William Smith Colleges," June 11, 1950, Papers of Dwight D. Eisenhower, Records as President, White House Central Files（以下DDEと略記）, box 523, マイクロフィッシュ1712、国立国会図書館。(原資料はアイゼンハワー大統領図書館所蔵。以下同様。)

7　"Atomic Energy in Industry," October 16-17, 1952, DDE, box 524, マイクロフィッシュ1720、国立国会図書館。

8　"General Information and Membership Application Forms, ATOMIC INDUSTRIAL FORUM, INC." RG306, Entry A1 56, box 1, National Archives at College Park（以下NACPと略記）。会長はThe Detroit Edison Company社長の

Walker L. Cisler、副会長はThe Babcock & Wilscox Company社長のAlfred IddlesとPurdue University学長のDr. Frederick L. Hovdeが務め、役員にはGeneral Electric Company, The Dow Chemical Company, Bechtel Corporationなどの企業幹部が名前を連ねた。

9　McCartney, pp. 15, 97-100, 108; Interview with John McCone by Thomas Soapes, July 26, 1976, アイゼンハワー大統領図書館。

10　Robert W. Seidel, "The National Laboratories of the Atomic Energy Commission in the Early Cold War," *Historical Studies in the Physical and Biological Sciences,* vol. 32, no. 1 (2001):160-161; Kelves, 249-251, 257.

11　Hewlett and Holl, Chapter I, p. 4; Chapter II, pp. 4-5.

12　Document 76, "Report to the National Council by the Atomic Energy Commission" (NSC145), March 6, 1953; Document 77, "Memorandum by R. Gordon Arneson to the Secretary of State," March 10, 1953; Document 78, "Memorandum of Discussion at the 136th Meeting of the National Security Council," March 11, 1953, *Foreign Relations of the United States*（以下*FRUS*と略記）, 1952-54, National Security Affairs, Vol. II, Part 2, pp. 1121-1133.

13　Atomic Power Development and Private Enterprise: Hearings Before the Joint Committee on Atomic Energy (83rd Congress, 1st Session), June 24 to July 31, 1953, Congressional Records, HGR-1953-AEJ-0002, 米国議会図書館; Hewlett and Holl, Chapter II, pp. 12-13; "A FORUM Report: The Meaning of the Congressional Hearings on Atomic Energy," January 1954, RG306, Entry A1 56, box 1, NACP.

14　"To the Congress of the United States," February 17, 1954, DDE, box 524, マイクロフィッシュ1718、国立国会図書館。

15　"H. R. 8862, to Amend the Atomic Energy Act," April 28, 1954, DDE, box 524, マイクロフィッシュ1719、国立国会図書館。

16　S. 3323 and H.R. 8862, To Amend the Atomic Energy Act of 1946: Hearings Before the Joint Committee on Atomic Energy (83rd Congress, 2nd Session), Part I, May 10 to 18, 1954, Congressional Records, HGR-1954-AEJ-0002, pp. 17-23, 45-46, 76-77, 242-247, 336-388, 米国立議会図書館。Hewlett and Holl, Chapter V, pp. 2-7, 10-11.

17　A Bill To Amend the Atomic Act of 1946, as Amended, and for Other Purposes, June 30, 1954, Congressional Records, 83-HR9757-000ih-19540630, 米国議会図書館。Hewlett and Holl, Chapter V, p. 17.

18　McCartney, pp. 109-110; Interview with John McCone. マコーンはケネディ政権下の1961年にアレン・ダレスの後をついでCIA長官に就任した。

19　*New York Times,* August 16, 1956; Hewlett and Holl, Chapter XIII, p. 7.

20 Hewlett and Holl, Chapter XII, pp. 14-15.

21 Pach and Richardson, pp. 105-106.

22 Hewlett and Holl, Chapter II, pp. 1, 3.

23 Congressional Record, - Senate, (83rd Congress, 2nd Session), July 13, 1954, pp. 10370-10374, CR-1954-0713-PL83-703-S, 米国議会図書館。

24 Hewlett and Holl, Chapter II, p. 8.

25 S. 3323 and H.R. 8862, To Amend the Atomic Energy Act of 1946: Hearing before the Joint Committee on Atomic Energy (83rd Congress, 2nd Session) Part I, May 10 to 18, 1954, Congressional Records, HGR-1954-AEJ-0002, pp. 499-514, 米国議会図書館。

26 Pach and Richardson, pp. 57-58; Hewlett and Holl, Chapter V, pp. 12-16; Chapter IX, pp. 8-9. Dixon-Yates 事件の全貌については Aaron Wildavsky, *Dixon-Yates: A Study in Power Politics* (Yale University Press, 1962) を参照のこと。

27 Congressional Records, - Senate, (83rd Congress, 2nd Session), July 19-27, 1954, CR-1954-0719-PL83-703-S; CR-1954-0720-PL83-703-S; CR-1954-0721-PL83-703-S, CR-1954-0722-PL83-703-S; CR-1954-0723-PL83-703-S, CR-1954-0724-PL83-703-S, CR-1954-0726-PL83-703-S; CR-1954-0727-PL83-703-S, 米国議会図書館；Hewlett and Holl, Chapter V, pp. 19-20. 共和党議員が「民主党はフィリバスターを仕掛けている」と激しく攻撃し始めた 7 月 19 日から 27 日まで合計 8 日間の上院議事録は 586 頁に及ぶ。ただし民主党側は、共和党が法案を強行突破させようとしたため、これを阻止して十分な審議を尽くそうとしているだけである（フィリバスターではない）と主張していた。

28 Congressional Records, - Senate (83rd Congress, 2nd Session), August 13 and 16, 1954, CR-1954-0813-PL83-703-S; CR-1954-0816-PL83-703-S; Congressional Records, - House (83rd Congress, 2nd Session), July 22, 23, 26 and August 17, CR-1954-0722-PL83-703-H; CR-1954-0723-PL83-703-H; CR-1954-0726-PL83-703-H; CR-1954-0817-PL83-703-H; Hewlett and Holl, Chapter V, pp. 21-22.

29 "Statement of Commissioner Thomas E. Murray at Hearing Before the Joint Committee on Atomic Energy Held Pursuant to Section 202, Atomic Energy Act of 1954," February 19, 1957, DDE, box 525, マイクロフィッシュ 1732、国立国会図書館。

30 Drew Pearson, "Strauss Faces Cross Examination," March 17, 1959; From FBI to Sherman Adams, August 27, 1958, DDE, box 525, マイクロフィッシュ 1734、国立国会図書館。

31 Charles H. Whitmore, "The Public-Private Power Issue and the Development of Atomic Power Reactors," November 22, 1957, RG326, Entry 81-A, box 2, NACP.

32 Ibid.

33 Document 2, "Letter From C.D. Jackson to the President's Special Assistant (Rockefeller)," November 10, 1955, *FRUS*, 1955-1957, Vol. IX, Foreign Economic Policy; Foreign Information Program, pp. 8-10.

34 Document 96, "Statement by the Under Secretary of State (Smith)," June 25, 1953, *FRUS*, 1952-54, National Security Affairs, Vol. II, Part 2, pp. 1180-1183.

35 Document 135, "Letter from the Representative to the Economic and Social Council (Baker) to the Assistant Secretary of State for International Organization Affairs (Wilcox)," December 7, 1955, *FRUS* 1955-1957, Vol. IX, Foreign Economic Policy; Foreign Information Program, p. 345.

36 Document 3, "Letter from the President to the Secretary of State," December 5, 1955, *FRUS* 1955-1957, Vol. IX, Foreign Economic Policy; Foreign Information Program, pp. 10-12.

37 Document 236, "Memorandum of Discussion at the 210th Meeting of the National Security Council," August 12, 1954; Document 237, "National Security Report (NSC 5431/1): Note by the Executive Secretary to the National Security Council on Cooperation with Other Nations in the Peaceful Uses of Atomic Energy," August 13, 1954, *FRUS* 1952-1954, Vol. II, National Security Affairs, pp. 1482-1499.

38 Hewlett and Holl, Chapter VIII, pp. 13-14, 21-22.

39 Lewis Strauss, "Memorandum for the President," July 25, 1955, DDE, box 524, マイクロフィッシュ 1729、国立国会図書館。

40 "Memorandum; General Outline of a Project for the Formation of a U.S.A.-International Nuclear Investment and Development Corporation: Representative of American Private Enterprise," October 31, 1956, DDE, box 525, マイクロフィッシュ 1732、国立国会図書館。

41 Hewlett and Holl, Chapter XI, p. 12.

42 Document 7, "National Security Council Report (NSC5506), Future U.S. Economic Assistance to Asia," January 24, 1955, *FRUS*, 1955-1957, Vol. XXI, East Asian Security; Cambodia; Laos, pp. 16-21.

43 Document 8, "Report by the Chairman of the Council on Foreign Economic Policy," December 1956, *FRUS* 1955-1957, vol. IX, pp. 37, 40-41. ランドールは 1953 年 8 月、対外経済政策委員会（Council on Foreign Economic Policy）を設立しその委員長を務めた。

44 Document 1, "Memorandum from the Chairman of the Council on Foreign Economic Policy (Randall) to the President's Special Assistant for National Security Affairs (Cutler)," January 21, 1958, *FRUS*, 1958-1960, Vol. XVI, East

Asia-Pacific Region; Cambodia; Laos, pp. 1-5; Document 66, "National Security Council Report (NSC 5602/1), Basic National Security Policy," March 15, 1956, *FRUS*, 1955-1957, Vol. XIX, National Security Policy, pp. 242-268; Document 120, "National Security Council Report (NSC 5707/8) , Basic National Security Policy," June 3, 1957, *FRUS*, 1955-1957, Vol. XIX, National Security Policy, pp. 507-524.

45 Development, Growth, and State of the Atomic Energy Industry; Hearing before the Joint Committee on Atomic Energy (84th Congress, 1st Session), Part 2, February 7, 8, 9 and 10, 1955, Congressional Records, pp.254, 338-339, 米国議会図書館。Hewlett and Holl, Chapter VII, p. 17.

46 "Should the Atomic Energy Act Be Revised?: It's in the Lap of Congress," *A NUCLEONICS,* vol. 11, no. 9 (September 1953), 9-16, DDE, box 523, マイクロフィッシュ 1714、国立国会図書館。

47 Joint Committee on Atomic Energy, Hearings on Development, Growth, and State of the Atomic Energy Industry (84th Congress, 1st Session), Part 1 of Three Parts, January 31, February 1, 3, and 4, 1955, Congressional Records, p. 69, 米国議会図書館。

48 Pach and Richardson, pp. 175-176.

49 Hewlett and Holl, Chapter XV, p. 12.

50 John F. Floberg, "Notes of Meeting: AEC and Utility Industry Representatives" December 3, 1957; "Notes of Meeting: AEC and Equipment Manufacturers Representatives," December 4, 1957; "Notes of Meeting: AEC and Consultants & Engineers," December 5, 1957; "Memorandum prepared by John F. Floberg," December 9, 1957, RG326, Entry 81-A, box 2, NACP.

51 From Herald A. Stricklund to R. W. Cook, Deputy General Manager, AEC Washington, March 31, 1958, RG326, Entry 81-A, box 2, NACP.

52 From Dr. Chauncey Starr to Commissioner Harold S. Vance, May 8 & May 10, 1957, RG326, Entry A1 81-A, box 1, NACP.

53 From Ethel Schroeder to John M. Begg, December 6, 1954; Atomic Industrial Forum Inc. News, December 5, 1954;From Brecker to Thompson, October 28, 1954, RG306, Entry A1 56, box 1, NACP. 本来フォーラムはUSIAの要請に応じて、ハンター・カレッジではなくウォルドルフ・ホテルで大規模なシンポジウムと展示会を同時開催する予定だった。その直前に国連アメリカ代表部がスポンサーとなってニューヨークの国連本部で開催した原子力平和利用博覧会の展示物をフォーラムが引き継ぎ、ウォルドルフに移動させることになっていたのだ。ところがフォーラムはこのシンポジウムを直前にキャンセルし、かわりに展示だけがハンター・カレッジで開催されることになった。キャンセルの理由はUSIAの文書には明記されていないが、USIAからの度重なる協力要請に対して、フォーラムを構成する企業の一部に不満があった可能性も否定できない。

54 Pach and Richardson, p. 170.

55 Document 314, "Memorandum of Discussion at the 348th Meeting of the National Security Council," December 12, 1957; Document 315, "National Security Council Report (NSC 5725/1), Peaceful Uses of Atomic Energy," December 13, 1957, *FRUS*, 1955-1957, Vol. XX, Regulation of Armaments and Atomic Energy, pp. 764-780.

56 "The Farewell Address: Reading copy of the speech," January 17, 1961, DDE's Papers as President, Speech Series, box 38, Dwight D. Eisenhower Presidential Library & Museum, http://www.eisenhower.archives.gov/research/online_documents/farewell_addrss.html.

[本章は平成 24 ～ 26 年度日本学術振興会科研費基盤研究（C)「冷戦初期米国の東アジア広報文化外交――「原子力平和利用映画」に焦点を当てて」の支援を受けた研究の一部である。]

第３章　戦後日本の原子力に関する世論調査

井川　充雄

1　はじめに

戦後、日本の人々は、原子力に対してどのような意識を持ってきたのであろうか。本章は、そうした原子力に対する世論の変遷を明らかにしようとするものである。

ただ、世論動向の解明には、方法論的には多くの困難が伴う。そこで、これまで多くの論者がさまざまな方法を駆使して、それに取り組んできた。それは、質的な方法と量的な方法の二つに大別することができよう。

世論の質的な解明とは、さまざまな言説の分析をとおして、世論が奈辺にあるかを探ろうとするものである。例えば、新聞の論調を分析して、それをもって世論の分析とすることが長く行われてきた。これは、新聞が「社会の木鐸」として人々を啓蒙し、指導するものであると前提とすれば、新聞の論調＝世論という図式も成り立ちうるであろう。

新聞の論調のみならず、さまざまな出版物から人々が原子力について発言したものを集成して、そこから人々の意識や世論のありかを明らかにしようとする方法もある。例えば、本書の編者でもある加藤哲郎は、占領下の検閲記録であるプランゲ文庫に収められた膨大な文献の中から、知識人の論考から広告のキャッチフレーズに至るまでのさまざまな言説を取りあげ、「原爆」「原子力」という言葉に対して当時の日本人が持っていた多義性を明らかにしている[1]。山本昭宏も、中央メディアから地方のサークル誌にいたるさまざまな活字媒体から原爆と原子力についての言説を丹念に集め、分析を行っている[2]。

さらに、マンガやテレビ、映画といった大衆文化から、原子力に対する意識の変遷を探ろうとする試みもある。例えば、武田徹の『「核」論――鉄腕アトムと原発事故のあいだ』は、戦後日本の知識人の言説とともに、ゴジラやアトムといったフィクションの作品、万博の展示なども俎上にあげながら、日本の戦後復興と豊かさの実現のなかで、日本がどのように原子力を受容していったのかを明らかにした先駆的な著作である[3]。川村湊は、さらに『風の谷のナウシカ』や『AKIRA』といったアニメやマンガ、その他の文学作品を加え、「核」をめぐる戦後日本の精神史を描き出している[4]。また、吉見俊哉もさまざまな文献を駆使しながら、戦後日本社会が原子力に抱いた夢の変遷を明らかにしている[5]。

これらは、文学作品やマンガやテレビ、映画といった大衆文化には、同時期に生きる人々の渇望や欲求が反映しているとするカルチュラル・スタディーズ的な立場からすれば、これらを分析することでそのオーディエンスである人々の意識や世論が分析できるということになろう。

他方で、世論を量的に測定しようとする考え方もある。世論調査、すなわち質問紙を用いて大量のサンプルから回答を集め、集計することで世論を測定し、その時々の世論を数値として表そうとする立場である。後述のように日本では本格的な世論調査が戦後に始まったこともあり、今日までに大量の世論調査のデータが存在する。そこで、本章は、そうした原子力に関する世論調査を通時的に検討することにより、日本における原子力に対する世論の変遷を明らかにしようとするものである。

ただ、世論調査が広く実施され、その影響力が増すにつれて、世論調査そのものに多く批判がなされてきたのも事実である。批判の一つのタイプは、世論調査におけるサンプリングの偏りや、質問文、選択肢におけるワーディングの問題（いわゆる誘導的な設問の存在）など方法論的な問題の指摘をすることで、数値の信憑性を問題とする立場である。

もう一つのタイプは、世論調査に対するより根源的な批判である。例えば、アメリカの社会学者ブルーマーは、世論調査の結果は、ばらばらの個人の意見を寄せ集めたものでしかないと批判する[6]。また、フランスの社会学者ブルデューは、「世論なんてない」という挑発的な言葉で、設問を作るものが、その回答をも規定し、「世論」が構築されているという指摘を行った[7]。また、同じくフランスのシャンパーニュも、ブルデューの議論を引き継いで、世論調査は、世論調査機関や、それを用いて記事を書いたり、コメントを発したりする記者、政治評論家たち、そしてプレスの協働によるものだと批判的に述べている[8]。

本章では、こうした世論調査に対する批判的な視角をふまえつつ、日本の原子力に対する世論調査の変遷をたどっていく。したがって、たんに数値を羅列することが目的ではない。むしろ、そもそも世論調査が行われたのか行われなかったのか、あるいは行われたとすれば、そこでは、一体誰が、何を問い何を問わなかったのかを問題にすることにより、1950 年代から 70 年代までの原子力と世論調査の歴史的位置関係を明らかにしたい。

2　1950 〜 60 年代における世論調査の不在

詳細は別稿に譲るが、占領期に本格的な世論調査がアメリカから導入され、日本に定着した。GHQ/SCAP 内の CIE（Civil Information and Education、民間情報教育局）が日本側に対しての世論調査の指導や助言を行い、それに応える形で、日本の主要新聞社に世論調査部門が設置されたり、民間の世論調査会社が設立された[9]。

例えば、朝日新聞社の場合、1945（昭和 20）年 11 月 1 日という、戦後間もない時期に輿論調査室を設けている。翌 46 年 3 月には「支持政党調査」を行った。ただし、これは紙面には掲載されなかった。紙面に掲載された初の輿論調査は、46 年 8 月 5 日の吉田内閣に対する支持を問う輿論調査である。こうして、今では毎月のように実施される国民の政治意識の調査に乗り出している。その後、調査の主題は、政党支持や内閣支持といった政治意識だけでなく、労働問題、暮らし向き、夏時間制、再軍備の是非など、そのときどきの時勢を反映した多種多彩なものを含むようになっていった。

こうした中、原子力や核についてはじめて問うたのは、1954（昭和 29）年 5 月 20 日の夕刊に掲載された「原・水爆をどう思う？」と題する世論調査結果である。これは、もちろん、同年 3 月 1 日にアメリカが太平洋ビキニ環礁で実施した水爆実験で、日本の漁船・第五福竜丸が被曝したことなどを受けて行われたものである。

記事は、以下のような書き出しで始まる。

> なんと言っても、原子爆弾や水素爆弾には国民の感情がピンと響く「ビキニの水爆実験や原子マグロのことを知っているか」ときけば、百人のうち九十一人までが「知っている」と答える。「日本人はこれからさき、原爆や水爆の被害を受ける心配があるか」と問えば百人のうち七十人が「心配がある」といい、水爆実験に協力するといった岡崎外相の発言には、百人のうち五十五人が「反対」とのべた。〔中略〕この結果は「国民は原爆・水爆の恐怖におののいており、水爆事件に協力するなどもってのほか」ということが国民の世論であることを示している。

このように、世論調査の結果に基づいて、原爆や水爆について国民の間に恐怖心があると述べている。さらに、「そうした心配に対してどうしてほしいか」という質問の答えとして「原子兵器の製造使用禁止」20%、「原爆水爆の実験禁止」14%、「原爆水爆の国際管理」6%などとなっている。この質問には「原子力の平和的利用を」という選択肢もあったが、それはたった2%に過ぎなかった。そして、この記事は、岡崎外相の発言への賛否と、再軍備の是非を問う質問をクロスさせて、「岡崎発言に賛成するものは再軍備の構想と結びついていることを、はっきりと示している」と結んでいる。

その後、『朝日新聞』が世論調査で再び、原子力を扱うのは、1957（昭和32）年7月26日までない。しかも、質問は「『原水爆実験』をどう思うか」というテーマに限られている。すなわち、「政府は原水爆の製造や実験の禁止を世界にうったえています。これはよいことと思いますか。そうは思いませんか。」という問いに「よいことだ」が89%、「原水爆の実験はやりたい国が自由にやればよいと思いますか」との問いに「そうは思わない」が同じく89%、「原水爆の実験は禁止すべきだと思いますか」に対しては「禁止する」が87%などであった。記事では、こうしたデータを紹介した上で、原水爆の実験禁止は国民の悲願であると述べている。ただ、この時期にはすでに後述の原子力平和利用が喧伝されていたのにも関わらず、そうした動向を踏まえた上で原子力の利用そのものの是非を問うような質問項目は設けられていない。そのため、「原水爆実験禁止」の主張のみを後押しする内容となっている。

しかも、その後、同種の内容の調査は継続されることはなかった。次に、『朝日新聞』の世論調査で、原子力や核の問題が扱われるのは、詳細は後述するが、1975（昭和50）年まで飛ぶことになる。したがって、1950年代半ばから60年代後半に至るまでの20年近くにわたり、原子力に関する世論調査はなされず、いわば原子力に関する世論調査の「真空地帯」となっているのである。

こうした世論調査の推移は、紙面で展開される論調を反映したものであった。

『朝日新聞』の社説の分析から、原子力に関する「メディア・フレーム」の抽出を試みた大山七穂によれば、1960年代までは原子力に関する明るい展望と期待が語られていたのに対し、70年代に入るとそうした主張は陰をひそめ、安全性や地域・住民の問題などにテーマが拡大し、80年代には原発への批判がみられたとする。それとともに、1980年代になって、住民・国民の声を代弁するという視点になってきたという。「これまでにも『国民の理解』『国民の納得』といった文言は用いられていたが、国民の姿がもう一つ見えてこなかった。それが、スウェーデンの国民投票についての記事（80年３月25日）を初めとして、新聞社も世論調査を始めるようになり、新聞が世論を代弁するような姿勢が見受けられるようになった」[10]という。つまり、1950−60年代までは、原子力が日本で争点となることがなかったのである。

また、伊藤宏は、議題設定の観点から、より詳細に『朝日新聞』の社説の分析を行っている。そこでも、1950年代には『朝日新聞』の社説は、原子力の「軍事利用」と「平和利用」を完全に切り離して価値判断を下してきたが、1970年代以降、原子力船や原発の事故を契機に、それまでの「積極的肯定・推進」から「条件付肯定・推進」、いわゆる「YES・BUT」へと次第に姿勢を転換し、90年代に入ると、事実上の否定・反対の議題設定を行うに至ったという[11]。伊藤は、世論についてはあまり言及していないが、1950～60

年代、新聞社にとって、原子力についての国民の意識が問題となることはなかったという点では、大山と変わらない。

こうした状況は、『朝日新聞』に特有のことではなく、日本の言論界全般に共通するものであった。柴田鉄治は、「当時の新聞は、ほとんど一致して『平和利用は大いにやるべし』と筆をそろえていた」[12]と述べているが、原子力に関しては、ある時期、全く争点となることはなく、したがって、新聞社もそれについての「議題設定」を行わなかった。それゆえ、原子力についての国民の意識を問う必要性が認識されず、世論調査の調査項目となることもなかったのである。

3　読売新聞社による原子力平和利用キャンペーンと世論調査

そうした日本の新聞界の中で、独自の動きを見せたのが、1950年代に原子力平和利用を推進するキャンペーンを積極的に行った『読売新聞』である。

すでに多くの論者が取り上げているが、日本の新聞界で原子力の旗振り役を務めたのは、読売新聞社社主の正力松太郎であった。正力は、1955（昭和30）年2月の総選挙で、無所属から立候補し初当選を果たしたが、その際の公約の一つが原子力の平和利用だった。

実際には、正力には原子力についての知識がほとんどなかったとされる。正力が手がけた職業野球やテレビ放送などと同様、そこには参謀役の「影武者」がいた。原子力について正力の「影武者」となったのは柴田秀利（元読売新聞社員、NHK解説委員）らである。しかし、当時、柴田らはほとんど表面に出ず、もっぱら正力のみが、日本での原子力の実用化に邁進した。正力・柴田らは、アメリカから、ゼネラル・ダイナミック社会長兼社長のジョン・J・ホプキンスらからなる原子力平和使節団を招く一方、国内では財界・学界に呼びかけ、その受け皿となる原子力平和利用懇談会を結成した。正力は1955年11月に発足した第三次鳩山一郎内閣では国務大臣（原子力担当）として入閣し、翌56年1月、新設の原子力委員会の委員長に就任した。正力は、就任早々に5年以内に原子力発電所を建設すると独断で発表するなど、その強腕ぶりを発揮した。その年の5月に科学技術庁が新設されると、初代長官にも就任し、鳩山が首相を退陣する同年12月23日まで務めた。なお、正力は、1957年7月10日から1958年6月12日までの1年弱、第1次岸信介内閣（改造内閣）でも国務大臣として入閣し、国家公安委員会委員長、科学技術庁長官、原子力委員会委員長を務めた。こうして正力は、原子力を梃子として、自らの政治的野心を現実のものとしていったのである[13]。

その正力の『読売新聞』は、1954年1月から「ついに太陽をとらえた」の連載を開始し、徹底的な原子力平和利用のキャンペーンを繰り広げた。また、紙面と連動したイベントもたびたび開催した。1954年8月には新宿・伊勢丹で「だれにもわかる原子力展」を開催。さらに、翌55年5月13日には日比谷公会堂で「原子力平和利用大講演会」を開催し、それを系列の日本テレビでも中継した。

こうした原子力平和利用キャンペーンの集大成ともいえるのが、「原子力平和利用博覧会」であった。東京における「原子力平和利用博覧会」は、1955年11月1日から12月12日まで、日比谷公園で開催された。アメリカから、実物の原子炉や各種の模型を持ち込んで展示して、「マジックハンド」などが大きな反響を得たという。総入場者数は、36万7669名で、『読売新聞』1955年12月13日の記事で「博覧会の出品物はすべて高度の科学的なものだけに理解がむずかしいという批判もあったが科学的な理論はわからないまでも原子力の平和利用がいかに人類の福祉の向上に役立ち、われわれの生活に大きな福音をもたらすものかという認識を一般国民層に拡大した功績は大きく、本社のアンケートも原子力平和利用の強力な推進こそ日本を救いうる最大の道だという声が圧倒的だった」と博覧会の成功を自画自賛した。その後、「原子力平和利用博覧会」は、各地の有力紙の主催により、全国を巡回し、1957年8月18日、正力の出身地で選挙区でもあった富山県高岡市での「北陸三県合同原子力平和利用大博覧会」で幕を閉じた[14]。

『読売新聞』は、紙面で原子力平和利用のキャンペーンを積極的に繰り広げていた1955年7月30日～31日に実施した世論調査で、原子力平和利用も扱っている。その結果は、『読売新聞』1955年8月15日の紙面に掲載された。折からの保守合同や社会党の統一などの政治的主題とあわせて実施されたので、原子力に関する設問は四つにすぎないが、大変興味深いものなので、以下にその設問と結果をあげる。

第1問　最近原子力の平和利用ということがよくいわれておりますが、あなたはそのことに関心をお持ちですか、どうですか。

答	関心を持つ	51%
	関心を持たない	23%
	わからない	26%

第2問　（関心をもつと答えた人にきく）あなたは原子力平和利用のなかでも特にどのような点に興味をお持ちですか。

答	発電、動力原（ママ）	44%
	平和産業	16%
	医療面への利用	7%
	農業への利用	4%
	その他	9%
	わからない	20%

第3問　あなたは原子力の平和利用は、政府機関だけでやったらよいと思いますか、民間でもやったらよいと思いますか。

答	政府機関だけでやれ	18%
	民間でもやれ	45%
	政府はやめて民間だけでやれ	3%
	わからない	34%

第4問　あなたは原子力の平和利用を進めることに何か不安なことや、注意してもらいたいことがありますか。あったらお答え下さい。

答	戦争に利用されぬようにせよ	20%
	管理取扱いに注意	10%
	外国のヒモつきになるな	2%
	秘密主義になるな	2%

その他	7%
なし、わからない	59%

設問からわかるように、これは、原子力の利用の是非を問うようなものではない。むしろ、読売新聞社が強力なキャンペーンを張っていた原子力平和利用についての関心や認識の度合いを測ろうとするものである。調査結果を解説する記事の冒頭で「"原子力平和利用"は今世界の合言葉になっている」と述べていることが端的に示すように、この調査は、原子力の平和利用を所与の前提としている。

しかも、この調査が行われたのが、1954年4月の原子力予算の成立を受けて、翌55年4月には経済団体連合会（経団連）が原子力平和利用懇談会を設置するなど、産業界で原子力発電への気運が高まっていた[15]ことを踏まえれば、この世論調査の背後には、民間での利用、すなわち商業原発の開発を促進しようという『読売新聞』の意向が見え隠れする。

さらに重要なのは、この世論調査結果が掲載されたのは、1955年8月15日であったということである。「終戦」から10回目の節目の日の紙面に掲載されたことは象徴的な意味を持っていたと言えよう。記事の中でも「わが国では原子力といえば広島、長崎の体験やビキニの灰など災害的な面の印象ばかりが強かったが積極的な利用面——つまり平和利用についても最近急速に関心が高まってきた」と述べ、軍事利用から平和利用へという転換を強調した内容になっている。

4　「原子力ヒステリー」——アメリカによる日本の世論分析

ここまで、『朝日新聞』と『読売新聞』による世論調査結果に基づき、日本の新聞社が戦後実施した原子力に関する世論調査の変遷をたどってきた。繰り返しになるが、『朝日新聞』をはじめとする日本の主要新聞社は、1950年代から60年代に、原子力の利用に関してほとんど世論調査を行ってこなかった。原子力についてほとんど争点化されず、それゆえ世論調査が存在しない「空白地帯」である。

しかしながら、実はこの期間にも日本において原子力に関する世論調査が実施されていた。それは、アメリカの「広報外交」を所掌した米国広報文化交流庁（United States Information Agency, USIA）とその出先機関のUSIS東京（United States Information Service）によるものである。これらの調査はほとんど公開されることがないため、これまでその存在すら知られていなかったものである。そこで、USIAおよびUSIS東京が実施した世論調査の中から三つを取りあげ、その内容を詳しく検討したい。

まず第一に取り上げるのは、1953年末に実施されたものである。これはその年の12月8日にアイゼンハワーが国連総会で行った「アトムズ・フォー・ピース」（原子力の平和利用）に関する演説に対する各国での受け止め方を分析し、より効果の高いキャンペーンを実施するために、ドイツ、ベルギー、ブラジル、フランス、イタリア、そして日本の6ヵ国において実施された。調査は、アメリカの国際世論調査社（International Public Opinion Research Inc.）の監督の下、その提携する各国の調査会社によって実施された。日本では時事通信社が行った。

その主な結果は、**表1**および**表2**である。なお、USIAの英文資料より翻訳したため、日本で実施された際の実際の質問文、選択肢の表現とは異なる。**表1**からわかるように、日本では、アイゼンハワーの「アトムズ・フォー・ピース」に関する演説について見聞したことがある人は4割を割っており、ヨーロッパ諸国ほどには、知られていなかったことがわかる。そして、アイゼンハワーが提唱した原子力利用に関する国際機関の創設についても、「5年以内に、平和時の原子力利用に関する機関が創設される」と考える人は2割程度しかなく、ヨーロッパ諸国に比べ悲観的な見方をしていた（**表2**）。総じて、原子力の平和利用についての関心の低さを物語る調査結果であった。

次に取り上げるのは、USIS東京が行った「世論バロメーター」調査の結果である。「世論バロメーター」調査とは世界各国の世論の動向を調査するために行われた調査である。日本では1956年1月から半年ないし1年おきに繰り返し実施された。各回の調査は、日米関係などに関する毎回共通の質問項目と、その時々の国際問題に対応した個別の質問項目から構成されていた。日本での調査は、中央調査社に委託して実施された[16]。

表1　アイゼンハワー演説に対する6ヵ国での反応（1953年12月）その1
「あなたは、アイゼンハワー大統領が最近国連総会で行った演説について、聞いたり読んだりしたことがありますか」

%

	はい	いいえ
ドイツ	43	57
フランス	42	58
イタリア	41	59
日本	37	63
ベルギー	32	68
ブラジル	14	86

出典） "Impact of President Eisenhower's "Atoms-for-Peace" Proposal (preliminary)", 1954, RG306, Special ("S") Reports of the Office of Research, 1953-63, NACP.

表2　アイゼンハワー演説に対する6ヵ国での反応（1953年12月）その2
「5年以内に、平和時の原子力利用に関する機関が創設されると思いますか」

%

	はい	いいえ	わからない
ドイツ	39	38	23
ベルギー	30	26	44
ブラジル	26	21	53
フランス	22	31	47
日本	21	25	54
イタリア	18	34	48

出典） 表1に同じ。

まず、1956年1月の第1回調査結果であるが、原子力に関する主なものは、**表3～表6**の通りである。これによれば、まず、原子力の平和利用について知っている人が7割を超え、ヨーロッパ4ヵ国平均を上回ったことがわかる（**表3**）。表1と単純に比較はできないものの、1953年末の時点で

表3　第1回世論バロメーター調査（1956年1月）の結果　その1
「あなたは、原子力の平和利用について、聞いたり読んだりしたことがありますか」

%

	日本（1956年1月）	ヨーロッパ4ヵ国平均（1955年8月）
はい	71	64
いいえ	29	36

出典） "FE-3 Japanese Opinion on Problems of Atomic Energy and Nuclear Weapons," 1956, RG306, Public Opinion Barometer Reports of the Office of Research, 1952-62, NACP.

表4　第1回世論バロメーター調査（1956年1月）の結果　その2

「原子力の平和利用を発展させるのはどの国だと思いますか。」（複数回答）

%

	日本	ヨーロッパ4ヵ国平均
アメリカ	52	44
ソ連	33	18
イギリス	23	27
日本	7	−
フランス	3	11
イタリア	−	3
他の国	2	2
すべての国	1	−
1カ国もない	1	−
わからない	11	11
計	133	116

出典）　表3に同じ。

表5　第1回世論バロメーター調査（日本、1956年1月）の結果　その3

（前々問（表3）で「はい」の方（日本人）に対して）「あなたは、生きている間に、原子力の平和利用から何か個人的に恩恵が得られると思いますか、そうは思いませんか。」

%

得られる	42
得られない	13
わからない	16
計	71

出典）　表3に同じ。

表6　第1回世論バロメーター調査（日本、1956年1月）の結果　その4

（前々々問（表3）で「はい」の方（日本人）に対して）「原子力の軍事利用と平和利用の進展を考えたとき、あなたは、アメリカ、ソ連は、過去数年間と比べ、平和利用に重点を移していると思いますか、それとも軍事利用に重点を移していると思いますか、それとも変わりがないと思いますか。」

%

	アメリカ	ソ連
平和利用に重点	16	11
軍事利用に重点	25	28
変化はない	16	14
わからない	14	18
計	71	71

出典）　表3に同じ。

アイゼンハワー演説の認知度が低かったのに比べれば、大きな変化がみられる。また、「原子力の平和利用を発展させる国」としてアメリカをあげる人が半数を超え、これもヨーロッパ４ヵ国平均を上回っている。ただし、同じ質問でソ連をあげる人も３分の１に達している点は興味深い(**表４**)。また、１問目の枝問で、「原子力の平和利用から個人的に恩恵が得られる」と考える人は４割に達しており、「得られない」と考える人を大きく引き離している（**表５**）。その意味で、原子力の平和利用に関して一定程度の期待感を抱いていたことがうかがわれる。

しかし、アメリカが原子力の平和利用と軍事利用のどちらに重点を移しているかを問う質問への回答をみると、「平和利用へ移している」が16％なのに対し、「軍事利用へ移している」はそれをはるかに上回る25％と高い。この結果は、ソ連に対する回答とほぼ同じであり、必ずしもアメリカの原子力の平和利用キャンペーンを鵜呑みにしていないことがわかる（**表６**）。

続いて、およそ半年後の1956年６月に行われた第２回の調査を見てみよう（**表７～表８**）。この調査では、核実験に対する日本人の反応が調査されている。また、第１回調査につづいて「あなたは、原子力は人類にとって、恩恵（boon）をもたらすものだと思いますか、災い（curse）をもたらすものだと思いますか」という二者択一の質問をすることにより、原子力についての意識を鮮明にしようとしている。

ここで特筆すべきなのは、分析に際して、「政治経済レベルの高い層」と「大卒」を抜き出して集計を行っているということである。これについて、USIAの報告書は、「日本では、諸外国と同様に政治経済的に高い階層が、より大きな力と影響力を持っている。他方、学歴の高い階層は、諸外国以上に日本では重要である。というのはこのグループは、保守が支配する日本の権力構造に大きな影響を与えているし、左翼の反対勢力にも影響を与えている。ここでの右翼とは大企業、財界や政界を指し、左翼とは、社会党のリーダー、重要な知識人、労働組合のリーダーなどである」[17]と述べている。すなわち、一般国民以上に、社会的に影響力の大きいエリート層に注目した分析を試みているのである。

それを踏まえて集計結果を見ると、アメリカの行う核実験に対して、「国

表7　第2回世論バロメーター調査（1956年6月）　その1

「現在の状況で、あなたはアメリカが原爆やその他の核兵器の実験を行うことを認めますか、認めませんか。」

%

	日本			ヨーロッパ4ヵ国の平均（1956年4月）
	国民一般	政治経済レベルの高い層	大卒	
認める	5	5	3	26
認めない	86	92	94	48
不明	9	3	3	26

出典）"FE-11 Japanese Reactions to US Nuclear Tests", 1956, RG306, Public Opinion Barometer Reports of the Office of Research, 1952-62, NACP.

表8　第2回世論バロメーター調査（1956年1月／6月）その2

「いろいろ考え合わせ、あなたの原子力についての今のお気持ちをお聞かせください。あなたは、原子力は人類にとって、恩恵（boon）をもたらすものだと思いますか、災い（curse）をもたらすものだと思いますか。」

%

	日本（1956年）						ヨーロッパ4ヵ国の平均	
	国民一般		政治経済レベルの高い層		大卒			
調査時点	1月	6月	1月	6月	1月	6月	1955年8月	1956年4月
恩恵	15	13	20	15	27	31	38	36
災い	58	71	59	70	54	62	29	38
どちらとも言えない	4	-	5	-	10	-	-	-
不明	23	16	16	15	9	7	33	26

出典）表7に同じ。

民一般」以上に、「政治経済レベルの高い層」や「大卒」の反発が大きいことがわかる（**表7**）。また、原子力は人類にとって、「恩恵をもたらすか、災いをもたらすか」については、「政治経済レベルの高い層」や「大卒」は、「国民一般」に比べ「恩恵をもたらす」と考える人の割合は多いものの、どのカテゴリーにおいても「災いをもたらす」と考える人は全体の6割から7割に達しており、しかも半年前に比べ10ポイント前後増加していた。また、ヨーロッパ4ヵ国と比較しても、それを大きく上回っていた（**表8**）。

こうした調査結果について、USIAの報告書は、「日本の世論は、一連のパラドックスによって特徴づけられる。アメリカ人から見ると、いくぶん"一貫性を欠き”、矛盾しているように見える。」[18]と戸惑いを見せている。というのは、「日本人は、原子力の問題については、かなり敏感である。実際、日本人は一般的に、原子力分野の発展それ自体について悲観的である。10分の７は、原子力の平和利用について聞いたことがあり、その半数は、自分が生きている間に原子力から利益を得られると考えている。しかし、10分の６は、原子力は人類にとって恩恵（boon）をもたらすより、災い（curse）をもたらすものだと思っている」[19]からである。

また、この調査結果に基づいて執筆された別の報告書も、「西ヨーロッパに比べ、日本では原子力の未来について悲観論がかなり大きい。ここからわかることは、人類が原子力を利用することによってもたらされる『災い』の程度を、日本人が非常に直接的な経験から学んだということである」と述べ、日本人の意識の根底に、広島・長崎での被爆があるとしている。その上で、「他方、日本への原子力の平和利用の潜在的な利点は、まだ、比較的わずかな産業界、財界、政界以外では、ほとんど評価されていない」と結んでいる[20]。このように、アメリカ人から見れば、原子力の威力やその平和利用からもたらされる利益について認識しながら、災いをもたらすものと嫌悪する日本人の態度は矛盾に満ちたものであった。

こうしたUSIAによる日本の世論分析を踏まえ、1956年６月27日のアメリカの国家安全保障会議に報告された作戦調整委員会（Operations Coordinating Board）の報告書「日本に対する合衆国の政策」は、以下のように記している。

> 大統領の原子力平和利用プログラムとUSIAによる集中的なキャンペーンや博覧会のおかげで、1955年の終わりまでに原子力ヒステリー（atom hysteria）は日本の人々の考えから除去された。しかし、原子力ヒステリーは、太平洋上での新たな核実験とともに再び起き始めている[21]。

ここでは、先ほどの矛盾に満ちた日本人の態度は、USIAの原子力平和利用キャンペーン、とりわけ原子力平和利用博覧会によっていったんは収まったものの、アメリカが太平洋上でたびたび核実験を行った結果、再び高まったとしている。しかも、そうした日本人の態度を「ヒステリー」として捉えている。つまり、アメリカの当局者たちには、日本人の矛盾した態度は、理性では原子力の平和利用の必要性やその恩恵を認識しているにも関わらず、感情的にはそれについての反感や敵意を抑えられない、理解不能な神経症的な反応のように映っていたということであろうか。

5　1968年以降の世論調査の氾濫

さて、話を原子力に関する世論調査に戻すと、再びそれが主題になるのは、佐藤栄作首相が、沖縄返還交渉の過程で「非核三原則」をつくる中で用いた「核アレルギーの解消」が言われるようになる1968（昭和43）年頃になってからのことであった。同年3月、および翌69年3月の2回にわたって、当時の総理府が「原子力平和利用に関する世論調査」を実施している。詳細は省くが、1968年の調査では「原子力の平和利用を積極的に進めることに賛成ですか、反対ですか。」という問いに対して、「賛成」という答えは57.5%で、「反対」の3.2%を大きく上回ってはいるが、「一概に言えない」が13.6%もあった。しかし、「もしかりに、お宅から歩いて20分か30分ぐらいの所に、原子力発電所ができることになったら、あなたは賛成しますか、反対しますか。」という問いには、「賛成する」が13.5%、「反対する」が41.1%と賛否が逆転し、ここでも原子力の平和利用の意義は認めつつも、原子力発電所に対する不安感を示していた[22]。翌年の調査もほぼ同じ傾向を示していた。

また、日本の各新聞社も自社の世論調査の中で、原子力についての質問を設けるようになっていった。『読売新聞』は、先の総理府調査と同時期の1968年3月から4月にかけて、安保や防衛に関する世論調査（全国パネル調査）を行っている。この調査では、日本の防衛問題について、自衛隊や安保条約のあり方、沖縄の返還、核兵器の日本への持ち込みの是非などを尋ねたあとで、原子力の平和利用について1問だけ質問をしている。すなわち、「『原子力を発電や船の動力、病気治療などの平和目的に利用するため、どんどん研究すべきだ』という意見があります。あなたはこの意見に賛成ですか、反対ですか。」という問いで、84%が賛成としている（『読売新聞』1968年4月22日）。

『朝日新聞』も同種の調査を行っているが、中でも注目に値するのは、ややあとの時期になるが、1975（昭和50）年6月に実施した「国民の核意識」に関する全国調査である。『朝日新聞』1975年7月23日朝刊は、「生きつづける原爆体験　大半が非核三原則支持」「原子力開発、複雑な反応」といった見出しの下で、調査結果を詳しく報じている。それによれば、広島、長崎の原爆投下について、24%が「忘れることができない」、59%が「忘れてはならない」としている。また非核三原則については77%が賛成であり、原子力開発については、「不安感あり」が48%で、「心配がない」とする37%を上回っていた。これらの調査結果から、記事は、「原子力開発には、不安を感じている人が多いが、かといって明確な開発反対の態度をとる人は少なく、複雑な意識をのぞかせている」と分析している。ここにも、アメリカの当局者には理解し難い、一貫性を欠いた矛盾した態度、すなわち「原子力ヒステリー」が連綿として続いているのを見ることができる。

その後、『朝日新聞』は、1978（昭和53）年12月以降、「あなたは、これからのエネルギー源として原子力発電を推進することに賛成ですか。反対ですか」という同じ質問をし、国民意識の経年変化を探るようになる。これについては、朝日新聞社の科学部長経験者である柴田鉄治と友清裕昭による著作が詳しく述べているので詳細はそれに譲るが[23]、それによれば、しばらくは「原発推進に賛成」が「原発推進に反対」を上回っていたが、1986（昭和61）年8月の調査で、はじめて賛否が逆転した。これは言うまでもなく、同年4月26日にソ連（当時）のチェルノブイリ原子力発電所で起きた深刻な事故の影響によるものであった。

世論調査史的に見て興味深いのは、この頃になると、電力会社やその依頼を受けた民間の調査会社も、頻繁に原子力に関する世論調査を実施するようになったということである。一例を挙げれば、1976（昭和51）年3月、財団法人政策科学研究所が『原子力安全性に関する総合調査研究』と題する報告書をまとめている。政策科学研究所とは、1971（昭和46）年に財界の肝いりで設立されたシンクタンクで、この研究は日本原子力研究所の委託を受けて行ったものである。報告書は、6部、1000ページを超す大部に渡るもので、そのうちの第5部が「暮しと電力に関する世論調査」、第6部が「核・原子力問題に関する三つの世論調査」となっている。

全体として原子力の安全性について技術的な分析よりも、人文社会科学的な見地からの分析に重点を置いた内容となっている。すなわち、報告書の冒頭では、「どうしたら原子力発電が日本の社会に広く受け入れられるようになるか」という問題意識が述べられ、各種の世論調査の結果や新聞社の実情等について説明をした上で、国民は原子力について十分な知識を持たず、きわめてムード的に反対をしていると考察している。そして、原子力発電所について国民の理解を取りつけるためには、人気タレントを利用するなどイメージアップ作戦が効き目があると提言している[24]。

この報告書について、同じ年に反原発小説『原子力戦争』を著した田原総一朗は「はっきりしているのは、この報告書の作成者たちは、原発を、安全にあやまりなく推進するのではなく、〈うまく〉推進することだけを考えて」おり、原子力について徹底した議論を避けようとする危険なものだと痛烈に批判している[25]。

この報告書が出されたのは、原子力船むつの放射線漏れ事故（1974年9月）などの結果、国民の理解を得る必要性が高まっていた時期であった。国民の理解、とりわけ原子力発電所予定地の近隣住民の理解を得ることの必要性は、「パブリック・アクセプタンス」という用語とともに次第に認識されていった[26]。

つまり、1970年代後半には、政府にとっても、事業者にとっても、国民の「世論」を無視して原子力行政を行うことができない段階に突入していた。そこでは、国民が原子力についてどう考えているのかを調査し、あるいは原子力発電を普及させるためのキャンペーンをより効果的に行うために、積極的に世論調査を活用していくという構図である。その意味で、政策科学研究所の『原子力安全性に関する総合調査研究』は、その先鞭をなすものであり、露骨なまでに原子力発電の普及のための世論対策の必要性を示したものであった。実際、その後の原子力行政は、多額の広報予算をつぎ込んで世論を懐柔し、論争をさけつつイメージアップをはかろうとするものであり、まさに政策科学研究所の報告書が指し示した道筋を辿っていくことになったのである。

こうした電力事業者が行う調査は、おそらくその後も継続的に実施されているが、公開されていないものも多数あるものと推測される。

いずれにせよ1950年代半ばから60年代後半に至るまでの20年近くが、原子力に関する世論調査がほとんど存在しない「真空地帯」であったとすれば、1970年代以降は、さまざまな主体が、それぞれの目的にしたがって原子力に関する世論調査を実施する時代、すなわち原子力に関する世論調査が「氾濫」する時代になったのである。

6　むすび

本章のむすびとして、以下の三点を指摘したい。

第一に1950年代から60年代にかけて、日本の主要な新聞社は、原子力の平和利用に両手を挙げて賛成し、バラ色の未来像を喧伝した。つまり、原子力は、「啓蒙」の時代にあったと言える。そこでは、原子力は理解されるべきものであり、国民の世論をはかりながら合意を形成していくようなものではなかったのである。したがって、原子力は社会的な論争の的にはなり得ず、したがって世論調査の対象となることもなかったのである。1955年の『読売新聞』の調査でも、原子力の平和利用に関心を持っているか否かが問われるだけで、その是非が問われるようなことはなかった。

第二は米国広報文化交流庁（USIA）の調査についてであるが、原子力に関する世論調査の「真空地帯」の時期にあって、その穴を埋めるかのように独自に世論調査を進めていたことが、USIAの資料から明らかになった。それは、「原子力平和利用」を旗頭とした外交政策の実施のためにアメリカ政府が必要としたものであった。「広報外交」（パブリック・ディプロマシー）、すなわち国際的な宣伝とセットになり、その効果を測定し、より効果の高い宣伝をするためのデータを提供するものである。そこには、一種の政治的道具として、権力に奉仕する世論調査の姿が浮かび上がってくる。その意味で、H・シラーが、「『冷たい戦争』への世論調査の加担ぶりは，一通りのものではなかった」[27]と述べているのは、全くその通りであると言えよう。

ただ、そうした世論調査から明らかになったのは、原子力平和利用についてバラ色の未来像が喧伝されていた時代にあっても、人類が原子力を用いることにたいする根深い不安や疑いの意識が日本国民の中にあったということであった。そうした日本人の心性は、アメリカ人には「原子力ヒステリー」としか形容できない理解しがたいものであった。おそらくこうした認識が、日本の「非核三原則」を尊重する建前を取りながら、核持ち込みについての密約を結ぶという外交的選択肢を日米両政府に取らせる下地となったのであろう。

そして第三の点であるが、1970年代後半になると、一転、原子力に関する世論調査が氾濫する時代になったということである。原子力船むつの事故をはじめ、スリーマイル島、そしてチェルノブイリ等々、内外で事故が起こるたびに原子力の「安全神話」は揺らぎ、それに対する“夢”は色あせていった。原子力が社会的争点となり、新聞社は積極的に世論調査を実施する必要が出てきた。同時に、「啓蒙」の時代から国民の理解を「調達」する時代になったことで、政府にとっても原子力に関する世論には敏感にならざるを得ない。事業者にとってはより切実で、反原発運動に対抗し、「パブリック・アクセプタンス」を獲得するためには、膨大な広報予算をつぎ込む必要が生じた。それをより効率的に行うためには世論調査を頻繁に行って効果測定をしなければならなくなる。USIAの「広報外交」で世論調査が果たした機能と同じである。こうして政府も事業者もマス・メディアも、それぞれの立場から原子力についての世論を探しつづける、世論調査の「氾濫」の時代へと推移したのである。

註

1　加藤哲郎「占領下日本の情報宇宙と『原爆』『原子力』――プランゲ文庫のもうひとつの読み方」『インテリジェンス』第12号、文生書院、2012年、および同「占領下日本の『原子力』イメージ――原爆と原発にあこがれた両義的心性」、歴史学研究会編『震災・核災害の時代と歴史学』青木書店、2012年。

2　山本昭宏『核エネルギー言説の戦後史1945−1960――「被爆の記憶」と「原子力の夢」』人文書院、2012年。

3　武田徹『「核」論――鉄腕アトムと原発事故のあいだ』勁草書房、2002 年。

4　川村湊『原発と原爆――「核」の戦後精神史』河出書房新社、2011 年。

5　吉見俊哉『夢の原子力―― Atoms for Dream』筑摩書房、2012 年。

6　Herbert I. Blumer, *Symbolic interactionism : perspective and method,* 1969. 後藤将之訳『シンボリック相互作用論』勁草書房、1991 年。

7　Pierre Bourdieu, *Questions de sociologie,* 1980. 田原音和監訳『社会学の社会学』藤原書店、1991 年。

8　Patrick Champagne, *Faire l'opinion : le nouveau jeu politique,* 1990. 宮島喬訳『世論をつくる――象徴闘争と民主主義』藤原書店、2004 年。

9　拙稿「日本における世論調査の確立過程―― GHQ 世論・社会調査課のレポートを中心に」、新原道信・奥山眞知・伊藤守編『地球情報社会と社会運動――同時代のリフレクシブ・ソシオロジー』ハーベスト社、2006 年。

10　大山七穂「原子力報道にみるメディア・フレームの変遷」『東海大学紀要　文学部』72 号、1999 年、87 頁。ただし、後述のように 70 年代後半には、新聞社も原子力についての世論調査を始めている。

11　伊藤宏「原子力開発・利用をめぐるメディア議題――朝日新聞社説の分析（上）」『プール学院大学研究紀要』44 号、2004 年、同「原子力開発・利用をめぐるメディア議題――朝日新聞社説の分析（中）」『プール学院大学研究紀要』45 号、2005 年、および同「原子力開発・利用をめぐるメディア議題――朝日新聞社説の分析（下）」『プール学院大学研究紀要』49 号、2009 年。

12　柴田鉄治『科学事件』岩波書店、2000 年、102 頁。

13　正力松太郎と原子力の関係については、佐野眞一『巨怪伝――正力松太郎と影武者たちの一世紀』文藝春秋、1994 年、有馬哲夫『原発・正力・CIA ――機密文書で読む昭和裏面史』新潮社、2008 年 2 月、および拙稿「正力松太郎」、土屋礼子編『近代日本メディア人物誌　創始者・経営者編』ミネルヴァ書房、2009 年などを参照。

14　拙稿「原子力平和利用博覧会と新聞社」津金澤聰廣編『戦後日本のメディア・イベント――一九四五－六〇年』世界思想社、2002 年。また、吉見俊哉は、各地で開催された「原子力平和利用博覧会」に関する各新聞社の論調の分析を行っている。吉見俊哉「もう一つのメディアとしての博覧会」、土屋由香・吉見俊哉編『占領する眼・占領する声―― CIE ／ USIS 映画と VOA ラジオ』東京大学出版会、2012 年。

15　吉岡斉『新版　原子力の社会史――その日本的展開』朝日新聞出版、2011 年、83 頁。

16　拙稿「もう一つの世論調査史――アメリカの「広報外交」と世論調査」『マス・コミュニケーション研究』77 号、日本マス・コミュニケーション学会、2010 年、および藤田文子「1950 年代アメリカの対日文化政策の効果」『津田塾大学紀要』41 号、2009 年。

17　"Japanese Public Opinion on International Issues," 1956, RG306, Special ("S") Reports of the Office of Research, 1953-63, National Archives at College Park, Maryland (hereafter NACP).

18　Ibid.

19　Ibid.

20　"Japanese Public Opinion, Mid-1956," 1956, RG306, Special ("S") Reports of the Office of Research, 1953-63, NACP.

21　"National Security Council Progress Report on Policy Toward Japan, June 27, " 1956, National Security Council Staff, Papers, 1948-1961, Disaster File Series, Papers of Dwight D. Eisenhower as President of the United States. なお、原史料はアイゼンハワー大統領図書館が所蔵するものだが、ここでは、沖縄県公文書館が収集したものを用いた。

22　総理府広報室編『原子力平和利用に関する世論調査』内閣総理大臣官房広報室、1968年。

23　柴田鐵治・友清裕昭『原発国民世論　世論調査にみる原子力意識の変遷』ERC出版、1999年。

24　政策科学研究所編『原子力安全性に関する総合調査研究』政策科学研究所、1976年。

25　田原総一朗「世論操作はここまでいきている――政策科学研の「報告書」をめぐって」『朝日ジャーナル』18(52)、朝日新聞社、1976年12月17日、26−31頁。

26　ちなみに、国立国会図書館の蔵書検索システム（NDL OPAC）によると、「パブリック・アクセプタンス」をはじめてタイトルに用いた論文は、菊池正士「原子力発電の安全性とパブリック・アクセプタンス」『日本原子力学会誌』15(4)で1973年4月の発行である。また、日刊工業新聞社が発行する『原子力工業』誌は、1977年7月に「原子力パブリック・アクセプタンスを求めて」と題する特集を組んでいる。こうしたことから、1970年代後半には、原子力関係者の間では「パブリック・アクセプタンス」の必要性が認識されるようになっていたと推測される。

27　Herbert. I. Schiller, *The Mind Managers,* 1973. 斎藤文男訳『世論操作』青木書店、1979年、138頁。

［本章は、日本学術振興会・平成21～24年度科学研究費補助金基盤研究（B）「冷戦期における米国の『広報外交』の実態とその評価法の解明」（研究代表者・井川充雄）の成果の一部である。］

第4章　広島における「平和」理念の形成と「平和利用」の是認

布川　弘

1　はじめに――フクシマがヒロシマに提起したもの

東京電力福島第一原子力発電所の事故は、ヒロシマの体験の中で見過ごされてきたものの意味を、はっきりと浮かび上がらせた。具体的には、飛散した放射性物質がもたらす低線量・内部被曝[1]の問題である。原発事故はメルトダウンを惹き起したほどの深刻なものであった。その深刻さが明らかになり、放射線量の測定が各地で繰り返されるにつれ、低線量・内部被曝に対する人々の警戒感は､極めて強くなったのである。「自主避難」を選択する人々があらわれ、東京から西日本に移動する人々も見受けられるようになった。また、福島をはじめとする東北諸県産品、あるいは東北という地域に対する過剰とも言える拒絶反応が目立つようになった。震災で発生・蓄積した瓦礫の受け入れに応じた自治体は、現在のところ東京都をはじめ、一部に限られている。放射性物質で汚染された稲藁や土壌など、その処分の仕方は依然として明確になっていない。さらに、放射性物質に対する強い警戒は、それらの様々な「風評被害」を誘発した。

「風評被害」をもたらした原因の一つに、被曝線量と人体との関係について、明確なデータが全くと言っていいほどないことがあげられる。即死にいたるような線量についてははっきりしているが、それ以外については皆目わからないのである。かなりの線量でも全く問題ないという考えがあるかと思えば、「放射能ゼロをめざそう」というスローガンのもとに、住民運動が展開されたりしている。

筆者をはじめ多くの人々は、原爆が投下された広島や長崎で、そうした低線量・内部被曝についての研究が行われているであろうと思っていたのではないだろうか。ところが、原子爆弾の爆発によって生じた放射線に体外被爆した人々への影響は、軍事機密扱いという極めて厳重な情報統制下にはあったものの、ある程度調査・研究されてきたが、爆発後に飛散した放射性物質がもたらす内部被曝については、地道な研究がないのである。例えば、「黒い雨」が降下した範囲については、いまだに議論があり、それの人体への影響について明確なデータがないという理由で、その影響下にあった人々に対する被爆認定がなされない事態が現在でも続いているのである。

その結果、内部被曝を受けた人々は放射線被害問題では蚊帳の外に置かれることになった。広島に原爆が投下されて以来、多数の原爆症患者を治療してきた肥田舜太郎医師は、臨床医学の立場から、長年内部被曝について強い警告を発してきた。肥田は内部被曝者が蚊帳の外におかれて理由として、以下の三つをあげている。第一に現在の医学が放射線の人体に対する影響については、生理学的にも病理学的にまだ殆どが不明のままで、体外被爆、内部被曝を問わず、治療はおろか、診断さえ十分にできない状態にあること、第二には、原爆を投下したアメリカ政府及び軍部が広島・長崎の被爆者の受けた医学的な被害をも軍事機密に指定し、本人には被爆に関する全てに沈黙を命じ、日本の医学、医療関係者には診療以外、核被害に関する調査、研究、学会活動を禁止し、人類史上、初めて発生した大量の放射線被害者集団に対する、専門的、組織的な対応を放棄させたこと、第三に、イギリスのICRP（国際放射線防護委員会）が、BEIR（合衆国国立アカデミー・国立諮問委員会）の報告を通じて、「一定しきい値以下の放射線の内部被曝は微量ゆえに人体に無害」という主張を流し続けてきたこと[2]。第三の理由については、福島第一原発事故に対する政府や原子力関係者の対応がその通りに行われていることは、一目瞭然である。

それにしても、広島・長崎の経験が全くと言っていいほど生かされていない現実に、唖然とせざるを得ない。換言するならば、すさまじい犠牲を伴いながら、福島の原発事故が、広島・長崎への原爆投下がもたらした影響について、重要な視点を切り拓いてくれたのである。例えば、原爆投下がもたらした放射性物質は、土壌や水を汚染したであろうことは明らかであり、広島や長崎で生活していた人々は、大きな影響を蒙った筈である。原爆症の発症は言うまでもなく、その後長期間にわたって、はかりしれない影響を与え続けたことが予想される。直接的な被爆ではないそうした被曝で苦しんだ人々が膨大に存在し、被爆の認定を受けるともなく亡くなっていったことを思うと、改めてその事実の重さに圧倒される。

残念ながら、広島や長崎でそうした低線量・内部被曝の影響について、地道な研究に取り組める可能性は少なくなっている。しかし、幸いにしてというべきか、チェルノブイリ原発事故から25年が経過し、その本格的な検証結果が世に出た[3]。今まで知られていなかったウクライナ語やロシア語の文献を中心に、5千を超える論文の医学データを集約し、WHO（世界保健機関）やIAEA（国際原子力機関）の公式発表をはるかに上回る深刻な影響が明らかになった。それによれば、チェルノブイリの事故で飛散し放射性物質の影響で死亡した人は、2004年段階で約100万人にのぼり、現在でもそれは増え続けているとのことである。“One nuclear reactor can pollute half the globe”（原子炉一基で世界の半分が汚染されうる）という指摘は[4]、きわめて衝撃的なもので、福島原発事故の影響の根本的な再評価を迫っている。人類のみならず他の動植物の絶滅に繋がる可能性を持つ放射性物質の影響は、生命そのものに対峙しており、本論文はそのような認識を前提として考察したものであることを、あらかじめ述べておきたい。

2　「アトミック・サンシャイン」

ホイットニー発言の意味するもの

広島と長崎に原爆が投下された後、人々は原子力というものをどのように捉えていたのか。武田徹は、それを考える上で、重要なエピソードに注目している[5]。

1946（昭和21）年2月13日、GHQ民政局長ホイットニーは2人の部下を引き連れて外務大臣官邸にむかい、吉田茂外相、松本烝治憲法担当国務大臣、白州次郎外務大臣秘書官、長谷川元吉翻訳官に対して、日本国憲法に関わるマッカーサー草案を提示した。日本側に検討時間をあたえ、ホイットニーらは一時退席して、隣のベランダに移動した。その際、米軍機が1機、家の上空を飛去った。間もなく、白州が呼びに来て、ホイットニー一行は部屋に戻ったが、その際、ホイットニーは、「原子力的な日光（アトミック・サンシャイン）の中で陽なたぼっこをしていましたよ（We've just been basking in the warmth of the atomic sunshine)」と言った。

これは、日本国憲法の骨格がまさに成立した瞬間であった。最初にこの事実に注目したのは江藤淳であり[6]、江藤はそこに日本国憲法が押し付けられたことの証を確認し、それを殊更に隠蔽して自主的に憲法を制定したかのように装う行為に、日本が国家としての体をなしていない根本的な原因を見ようとした。江藤が提起した日本という国家の根幹についての問題は、3.11をめぐる様々な政治的な動きを見ると、改めて重要な問題提起であったことを気づかせてくれる。

また、加藤典洋は、戦争放棄の条項を含む憲法が、「原爆という当時最大の『武力による威嚇』」の下に押し付けられていることに、戦後日本の「ねじれ」を見る[7]。江藤が「ねじれ」の矯正をもとめたのに対して、加藤は「ねじれ」を自覚して、それを受け取ることの重要性を指摘した点で、両者の立場は全く異なるが、「アトミック・サンシャイン」を、原子爆弾＝最強の武力として理解した点では同一である。それは、3.11を経験していない段階では、当然の解釈であった。しかし、3.11を経て、武田徹は全く違う解釈を与えた。すなわち、「技術としての核」、「原子力＝核エネルギー」としての「アトミック・サンシャイン」という側面である[8]。それは20世紀を切り拓く最先端科学として、プラス・イメージでとらえられていたのである。

「平和利用」という考え方

広島・長崎への原爆投下は、その凄まじい破壊力を世界に示すことによって、兵器として用いられることに対する恐怖心を人々に植え付けた。そして、「原子力＝核エネルギー」をどのように管理するかということが、大きな国際問題となった。それと同時に注目すべきことは、「原子力＝核エネルギー」が人類の文明に多く貢献するという期待感が、恐怖感と同じぐらい膨れ上がっていたことである。

ここでは、敗戦直後のオーストラリアの新聞記事を参考にしながら[9]、その期待感を確認してみたい。敗戦直後、広島・呉を含む中国・四国地方を占領したBCOF（British Commonwealth Occupation Force、英連邦占領軍）の主力はオーストラリア軍であり、GHQの指揮下にありながらも、アメリカとは若干異なるスタンスで日本占領に関わった。本国の世論もアメリカの直接の影響下にない国際世論の動向を知ることができる。

1945年9月18日、バーミンガム・ロータリークラブにおいて、原爆開発に重要な役割を果たしたマーク・オリファント教授は[10]、「10年以内に発電所が、原子力＝核エネルギーによって動くようになるであろうことを確信している」という衝撃的な演説を行った[11]。そして、そのオリファント教授が中心となって、原子力＝核エネルギーの“the peaceful and constructive use”（平和的・建設的利用）として、1947年にイギリスで原子力発電所を作る実験が始まったと報じられ、その記事の表題が、「アトムズ・フォー・ピース」となっている[12]。もちろん、原子力発電所が実用化の段階に入るまでにはしばらく時間がかかったのであるが、原爆投下から間もなく、「平和利用（the peaceful use）」に対する期待が高まっていたことは注目される。

原子爆弾の開発が進められている時期から、「原子力＝核エネルギー」の解放が膨大な威力をもつということは認識されており、開発後の管理の仕方について、様々な議論があった。原爆投下後、遠くない時期にソ連がその開発に成功するであろうことは誰もが予想できたことなので、原子爆弾の国際管理は大きな議題となった。1945年12月26日には、アメリカ・イギリス・ソ連三ヵ国の外相会議がモスクワで開催され、原子力エネルギーについて、四点にわたる合意が成立した。

ここで注目したいのは、その中の一つが、「原子力エネルギーを平和利用のために使用することを保証すること」であったことである[13]。冷戦が深刻化する中で、核兵器をめぐる米ソの対立は激しくなるが、「平和利用」の推進ついては合意が維持され、ソ連の国連代表であったグロムイコも、その合意を維持しようとしている[14]。冷戦構造は、原子力の「平和利用」に関する合意を前提として成立しており、それに異を唱える議論は見られなかったと言っても過言ではない。「原子力＝核エネルギー」に対する人々の捉え方は、

「火と同じく、召し使いとしてはよいが、主人としては悪い」(Like fire it may be a good servant and but a bad master) というものであり[15]、プロメテウスから火をもらったことと同様であると理解していたのである。こうした認識は、現在も根強く残っている。

「平和利用」と原爆被害

「平和利用」に対する楽観的な見方は、原爆の影響に対する過少評価と表裏一体の関係にあると考えられる。前述したように、原子爆弾に対する恐怖は広がっていたが、それは必ずしも放射能に対する恐怖ではなく、その熱線と爆風による破壊力に対する恐怖であったと思われる。

原爆の影響、とりわけ放射能の影響に対する過少評価は、占領軍の政策によってもたらされた面が大きい。椎名麻紗枝が明らかにしたように、アメリカ政府は、原爆が国際法で禁止されている不必要に苦痛を与える兵器であることが明らかになることを恐れ、放射能の影響によって、原爆投下後も多くの人が亡くなっていることを隠そうとした[16]。1945年9月6日、マンハッタン計画の副責任者の地位にあったトーマス・ファーレル准将は、東京の帝国ホテルで声明を発表し、「広島・長崎では、死ぬべきものは死んでしまい、9月上旬現在において、原爆放射能のために苦しんでいるものは皆無だ」と言明したのである。これによって、原爆報道は厳しく制限されることになり、占領軍は非軍事化・民主化を掲げながら、プレスコードをはじめとした厳しい検閲制度を確立していった[17]。

一方、アメリカ政府は、その後の核戦略の展開を円滑に進めるために、原子爆弾の人体への影響を広島・長崎のデータに基づいて、つぶさに調査しようとした。原爆投下直後、日本政府は原爆の非人道性をアピールし、連合軍に対する交渉を有利に進めるため、大本営、陸海軍や帝国大学を中心に原爆の調査班を組織して、広島・長崎の調査を開始していたが、占領軍の進駐後、それらの調査に携わった人々は、アメリカ政府の調査に全面的に協力していった。笹本征男は、この日本側の協力という事実の重みを強調しつつ、日米合同の被爆者調査の具体的有様を、アメリカ側の資料を活用しながら、詳細に明らかにしている[18]。

とりわけ注目すべきなのは、1947 年１月、アメリカの国家研究評議会に原子力障害調査委員会（Committee on Atomic Casualties, CAC）が設置され、その日本での調査機関として原爆障害調査委員会（Atomic Bomb Casualty Commission, ABCC）が設立されると、予防衛生研究所を中心とした日本側メンバー、地元の医師・看護師、そして産婆たちの全面的な協力を得て、原爆が生殖に与えた影響などについての精密な調査が計画されたことである[19]。その調査は、20 年以上にわたる追跡を想定して実施され、戸籍や母子手帳の制度を利用して、妊娠・出産を把握し、奇形児の誕生や早産などの異常を、被爆状況と照らし合わせながら調査できる仕組みを構築していたのである。そのことから、ABCC が「ありとあらゆる原爆の影響の可能性を探」ろうとしながらも[20]、当時のアメリカ政府の関心が、原爆投下直後の放射線被爆が遺伝にどのような影響を与えるかという問題に注がれていたことを明らかにしている。笹本が指摘するように、被爆者に対する治療や救護という観点が全くなく、日本側の積極的な協力の下に、このような調査が行われていたことは極めて問題であるが、その調査結果は、放射線障害という視点から見た場合、極めて重大な成果をもたらしたことは間違いない。

一方、ABCC 全国調査委員会（National Research Committee）の記録を見ると、1946 年 12 月８日、長崎の西山貯水池地区の残留放射能が高いことが話題になっている[21]。そして、ガイガー・カウンターを用いて、放射能調査を実施した。しかし、調査はそこで止まっており、それ以上深められることはなかった。おそらく、西山貯水池地区はホットスポットであった可能性が高いが、原爆投下から一年以上経った段階での残留放射能には、あまり関心がなかったと見られる。事実は把握していたが、低線量・内部被曝問題のさらなる研究など念頭になかったことは明らかであり、それは、アメリカ政府の検閲や占領政策と言ったレベルの問題ではなく、冷戦期における「アトミック・サンシャイン」に対する共通理解の枠組みのあり方に問題があったと言わざるを得ない。

3　占領下広島に見る「平和理念」と「平和利用」

「軍都」から「平和都市」へ

1946年4月4日、木原七郎広島市長は、「『軍都』は破壊され、消滅した。軍国主義は日本から消え去った。広島にとって平和主義に転換する好機である」と述べた[22]。これは大変興味深い論理である。広島市当局は、原子爆弾が平和をもたらしたと理解していた。そして、戦前の都市広島を、「平和」の名の下に、軍国主義の象徴として全面否定したのである。木原市長を引き継いだ浜井信三市長も、1947年8月6日の平和宣言で、「これ〔原爆〕が戦争の継続を断念させ、不幸な戦いを終結に導く一因となったことは不幸中の幸であった。この意味に於いて8月6日は世界平和を招来せしめる機縁を作ったものとして世界人類に記憶されなければならない」と述べたのである[23]。

こうした原爆を平和の象徴としてとらえる見方は、市民団体にも受け入れられ、占領軍にも歓迎された。そして、そうした市民団体の建議をうけて、1946年8月5日に、広島で平和復興祭が開催され、6日には慰霊行事が行われた。宇吹暁は、こうした動きが、1946年4月17日に日本国憲法草案の全文が発表されたことを受け、その平和主義の精神にのっとったものであると指摘している[24]。平和復興祭に参加したオーストラリアの一兵士は、原爆投下から一年目のことでもあり、沈痛で悲しく、原爆に対する怒りが感じられるような式典を予想していた。ところが、若い女性たちは美しい着物に着飾って参加し、若い男性たちは白いシャツとショーツ〔白の法被姿〕を身にまとって神輿を担いだ。人々は、歌い、笑い、踊り、あたかも平和をもたらした原爆を受け入れ、祝うかのような様相を呈したのである[25]。占領下であるという点は考慮しなければならないにせよ、「アトミック・サンシャイン」を肯定的に受け止める雰囲気は、広島の市民にも広がっていた。それは、復興のあり方にも大きな影響を与えていった。

復興への歩み

2009年、広島平和記念都市建設法[26]が1949年に制定・施行されて60

周年を迎える中で、もう一度その意味を考えるための企画が取り組まれた[27]。しかし、60年という歳月は、その記憶を薄めていく上で、十分な時間でもある。現在、この平和記念都市法に対する認知度はいかほどのものであろうか。

広島市の戦後復興にとって、平和記念都市法が歴史的に果してきた役割は極めて大きい。平和のモニュメントの中心となる平和公園と平和記念資料館の建設、平和大通りをはじめてとする道路や橋梁の整備などは平和記念都市法の賜であり、それによって広島という現代都市の骨格が作られたと言っても過言ではない。

平和記念都市法は特別法であり、国家事業として広島の復興を進めるための法律である。いわば、数多くの戦災都市をかかえるなかで、広島は特別扱いされることになったのである。特別扱いを受けるためには、他都市と比べて特別であるという位置づけが必要とされた。そして同時に、特別扱いされたということは、その大きな「代償」を求められることにもなった。その大きな「代償」は、一地方都市が担うには重すぎ、また、「アトミック・サンシャイン」に対する憧憬のなかで、重要なものが欠落していった。管見の限りではあるが、その「代償」ということについて、従来あまり議論されてこなかったように思える。ここではその問題に焦点をあて、若干の問題提起をしてみたい。

前述したように，平和記念都市法は、1949年に特別法として制定され、その結果、広島の復興は国家的な事業となった[28]。それを求めていった背景には、復興予算の獲得という切実な財政問題があった。当初、1946年の広島市復興局の試算によれば広島市の復興には23億7700万円の経費が必要だと予想された。しかし、同年度の市の復興予算は5460万円であった。つまり、本格的な復興を成し遂げるためには、単年度予算の40倍を超える資金の調達が求められていたわけである。そのため、広島県や広島市は当初から、復興の財源として、国の特別補助金や、国有財産である旧軍用地の払い下げに期待する面が強く、やがて、そうした願望は広島の復興を国家事業にする運動に発展していったのである。

平和記念都市法によって[29]、「国及び地方公共団体の関係諸機関は、平和記念都市建設事業の促進と完成にできる限りの援助を与えねばならない」(第

3条)、「国は、平和記念都市建設事業の用に供するために必要があると認める場合においては、国有財産法の規定にかかわらず、その事業の執行に要する費用を負担する公共団体に対し、普通財産を譲与することができる」(第4条) と定められ、念願であった特別補助や旧軍用地の払下げの要求が実現した。1952年には、この法律の趣旨に沿って、具体的な計画である広島平和記念都市建設計画が策定された。したがって、平和記念都市法は復興の最大の問題であった財政問題を解決したことになる。この点をまず確認しておきたい。

平和記念都市法の理念について

広島の復興を国家事業として位置付け、平和記念都市法を成立するためには、国会の承認が必要であり、それ以上に、当時は占領下であったからGHQの了解は不可欠であった。したがって、この法律の成否は、GHQをいかに納得させるかにかかっていたのである。

GHQへの働きかけは、かなり早い時期から行われていたようである。1945年11月13日、広島市全員協議会は[30]、戦災復興委員会を結成するとともに、マッカーサー元帥にあてて意見書を提出し、その後陳情団が上京して面会を求めている。面会は拒絶されたが、注目すべきはその意見書であり、原子爆弾の投下が終戦を早め、世界平和の第一歩を築いたという認識を披露し、その点で他の戦災都市とは異なって、優先的に復興すべきであるとしている[31]。これは明らかにGHQ＝アメリカの意向にそう形の意見書であり、アメリカが原爆によって世界平和を築いたとして、アメリカの歴史的役割を称揚し、それを記念する都市として広島を位置付け、広島の復興が特別に重要であるという位置付けにしてもらおうとしている。ここでは、原爆投下＝「世界平和」という図式が、かなり早い時期からはっきり見られ、その図式は、平和記念都市法の成立にも大きく影を落としていると思われる。しかし、この「世界平和」という言葉は、もう一つ違う側面から語られることになる。

1949年1月4日、任都栗(にとぐり)司市会議長は、GHQの公衆衛生福祉局長のサムス准将と会見した際に、「広島のこの犠牲を何と心得るかと、私はこの犠牲をあなたがたに弁償せえというんじゃないと、しかしこの犠牲を二度と再びこの地球上のどの人類の上にも及ぼすことのないような平和都市を建設したいんだ」と述べている[32]。ここには、「恒久平和」の象徴として広島が位置づけられている。また、その翌月に浜井信三市長と任都栗議長の連名で提出された「広島原爆災害復興対策に関する請願書」には、「広島市の戦災があらゆる民族のすべての人々に対する警告として寄与した歴史的意義と、その後の広島市に対する世界人類の輿望にかんがみ、国際的平和の記念都市を建設してこれに応えなければならない責務を感ずるものであります」と述べられている。広島が「世界平和」の象徴となることは、「世界人類の輿望」だという位置付けである。

広島が他の戦災にあった都市と違って特別な意味をもつのであるということを説明するために、原爆投下＝「世界平和」の象徴として位置づけられると同時に、その「世界平和」とは、「世界人類の輿望」としての「恒久平和」なのだという位置付けがなされたのである。ここに、広島は「世界人類の輿望」としての「恒久平和」を象徴する都市という、大変重要で大きな位置付けがされることになったのである。

「代償」

このことに関して、それは所詮復興のためのレトリックだから、それほど重視する必要はないと見ることは簡単である。しかし、例えば現在、世界各地から毎年届けられる膨大な量の折り鶴が蓄積されており、広島市はその「処理」に頭を悩ませている。それは、広島が「世界人類の輿望」を担い、「恒久平和」を象徴する都市なのだと世界の人々が認識しているあらわれであり、一方で、一地方都市として「世界人類の輿望」を担うことの重さを示しているのではないだろうか。

実は、平和記念都市法の成立過程において大変重要な役割を果すことになったGHQの国会担当ジャスティン・ウィリアムズは、広島が「世界人類の輿望」を担うことのそのことの重大さに気づいていた。彼は、1949年5月3日、平和記念都市法案の英訳版がGHQに提出された際、GHQの民政局長ホイットニーにあてて法案を送るとともに、それに付してメモを送っている[33]。その中で、以下のようなことを述べている。重要な内容だと判断するので、原文を引用したい。

> The only question is whether or not it is fitting and proper for Hiroshima City to be permitted to take a step in the name of world peace with the design of attracting national and international support and attention. A High Level policy decision would seem to be all that is needed.

「広島が日本国内の、あるいは国際的な注目を引こうとして、『世界平和』の名のもとにこうした法案を準備することが、果たして広島にとって相応しいのか、好ましいのか、そのことが唯一の疑問だ」、そして、「それには高度な政策判断が求められる」ということが語られている。ウィリアムズは、「世界平和」を単なる方便とは考えていなかった。むろん、アメリカが核戦略をリードしていく上で、原爆投下＝「世界平和」という図式はGHQにとって好ましいという判断はあったのであろうが、それだけではなく、広島が「世界平和」という重荷を背負うことについて、危惧しているのである。

拙稿で問題にした重い「代償」とは、このウィリアムズの危惧したものにほかならない。最初に述べたように、たしかに財源問題は平和記念都市法によって解決した。しかし、管見の限りではあるが、このウィリアムズが危惧した「代償」を問題にした意見は、ウィリアムズ以外には見当たらない。

広島平和記念建設都市法の英文名称は、“Bill for Construction of Hiroshima, Eternal Peace Commemorating City”である。日本語で省かれているが、“Eternal Peace”「恒久平和」という言葉がしっかり入っているのである。そしてその背後には、「世界人類の輿望」が明確に位置づけられているのである。そのことの意味が、果たして今日まで、どれだけ追究されてきたのか、平和記念都市法はそれを私達に絶えず問いかける のである。

「平和」を言祝ぐ都市

平和記念都市法の成立を進めるため、広島市は「日の丸愛国運動」を展開し、全国の都市に賛同を求めた[34]。広島市議会が全国各市議会長に送った趣意書には、以下のような内容が書かれていた。マッカーサー元帥が、昭和24年元旦国旗の自由掲揚を許可するという声明を発したのを契機にして、広島市議会議員一同は「日の丸愛国運動（新愛国運動）」を提唱した。この新愛国運動は､かつての軍国主義的国家主義に通ずるものでは断じてなく､マッカーサー元帥の指摘されたる「国際的国家主義」に則り、「平和と文化」の至上命令に徹した世界への直結をめざすものであり、原爆の洗礼によりかつての軍都の形骸を一掃して、「新文化都市」建設の理想貫徹に邁進しつつある広島より日の丸愛国運動が提唱されたことに、深甚なる御賢慮を賜わりたいとしている[35]。広島は、愛国の念から復興を願うのだとして、全国の都市の賛同を求めたのである。マッカーサーの権威を十二分に利用しながらも、世界平和の象徴となることが、愛国と結びつけられて語られ、他の戦災都市に抜きん出て復興が必要であるという主張に対する他都市の反発を和らげようとしたとも受け取れる動きである。さらに、広島市議会は、8月6日を「平和の日」として国民の祭日に指定するように、政府並びに国会に要望する請願運動に取り組むことを決議した[36]。これもそうした動きの一環であった。

全逓信広島郵便局支部は、1947年9月、それまで『広郵文化』として機関誌の名称を、『アトム』と変更した。その趣旨について、以下のように述べている。

> 一九四五年八月六日午前八時十五分、奇しくも我広島郵便局上空五百米に於てさくれつしたアトムの一弾は、日本の否世界の歴史に一大転廻を与え、今や人類は戦争が如何に憎むべきものであるかを知るに至った。その日から平和への、一つの世界への歴史は始まったのである。運命は広島をして日本民主化の基地、世界平和の基地たらしめた。爆心地として余りにも多くの尊い平和への犠牲者を出した我が広島郵便局は、アトムの一弾が与えた人類の教訓を永遠に紀念すべき義務と責任とをもつものである。日本民主化の先駆たる誇りと責任とを自覚する我が従組〔従業員組合〕は、機関誌をアトムと名附け、その意義の偉大さの認識と、我等の責任の重大さを強調せんとするものである[37]。

労働組合支部が、機関誌名に『アトム』を採用したことは、大変注目すべきであると考える。この場合の「アトム」とは原子爆弾のことに他ならない。それが広島に投下されたことによって、多くの尊い犠牲者を出し、戦争の恐ろしさを知らしめた。しかし、一方でそれは日本民主化と世界平和への転換という意味で歴史的な役割を果たし、そのことを記念するために、あえて「アトム」という名称を採用したと述べている。原爆＝平和という認識は、広島市当局が復興予算を獲得するための方便として用いられただけでなく、このように社会的な基盤をもって語られていたと言える。

また、機関誌『アトム』の記事の中には、次のような文章も見られる。

　私が広島に赴任したのは、未だ広島がアトムの名に値しない以前に属する、即ち昭和廿年五月だった。そして三日目には廃人の如く現役兵として入営した。爾来矛盾と動物的な屈従を甘受した一ヶ年は終戦によって一応ピリオドを打って呉れた。その事は日本の将来に否小さな私の将来にさえ大きな課題と努力と忍従とが横たわっていた。次来諸々の過渡的な諸現象は常に私や日本民族の上に陰に陽につきまとひ且つきまとわんとしている。（その事は敗戦国の当然な義務であり又戦勝国として当然なさるべき事である）[38]

ここで注目すべき点は、「広島がアトムの名に値しない以前」という表現である。この場合の「アトム」こそは、原子爆弾という意味に加え、日本民主化と世界平和の象徴が含まれていると考えられる。原爆＝平和という図式が、「アトム」という言葉で表現されているのである。一方で、「アトムの名に値しない以前」は軍都広島の時代であり、「矛盾と動物的な屈従」の時代であり、マイナス・イメージを付せられて全面否定されるのである。この文章を見ると、全逓信広島郵便局支部が『アトム』という機関誌名を抵抗なく採用した理由がよく理解できる。

広島県立広島第一高等女学校文芸班は、1948年4月に、文芸誌『あけぼの』の復刊第一号を発行した。その中の「随想」には、次のような文章が掲載されている。

> 敗戦時の現実は苦しい。原子爆弾の街広島は不幸だ。戦災学校関係者は気の毒である。然しこの苦しみや不幸はやがて楽しみや幸福を約束しているものと信じたい。敗戦による民族の試練は決して徒爾に終わらないであろう。原爆地広島は国際的平和都市文化都市として更生する日も必ず到来しよう。又我校戦災の打撃も、職員生徒保護者卒業生等学校関係者一致の熱意ある協力により、著しい復興の域にまで進んだ[39]。

この文章では、広島を「原子爆弾の街」と位置づけ、「原爆地広島」と呼んでいて、「アトム」と呼ぶほどの強いプラス・イメージは語られない。他の記事には、「オ母チャン、アソコニハオ墓モナイノニボンボリガ立テテアルヨ」、「オ墓ハ無イガネアノ辺デ死ンダ家族ノ人ガアルノデショウヨ」と言った母子の会話が紹介されており、弔われることのない原爆の犠牲者に触れるものがある[40]。しかし基本的には、「国際的平和都市文化都市」として生まれ変わることを目標にしている点は注目される。ここにも、平和都市建設法の成立を求めた市当局と同一の認識が垣間みれるのである。

これらの文章は占領下に書かれたものであり、そのことを十分考慮しなければならないし、プランゲ文庫の史料をはじめ、占領下の広島でどのような言説が支配的であったのか、充分な検討が必要であると考える。しかし、程度の違いはあっても、原爆が平和をもたらしたのであり、広島が世界平和を象徴する都市にならなければならないという認識では一致していたと言ってよいのではなかろうか。さらに、飛躍を恐れずに述べれば、世界平和を産み出した原爆は、戦争にさえ使用されなければ、20世紀を象徴する科学技術の賜物としてプラス・イメージで受け止められ、「平和利用」という言葉に容易に幻惑される土壌が、敗戦直後から、被爆地広島においてすら形成されていた可能性がある。

4　おわりに

田中利幸の研究によれば[41]、広島においては、核兵器廃絶を求める世論と、原子力の「平和利用」を求める世論とが、矛盾なく共存してきた。1954年1月、ビキニ水爆実験問題が起きる2ヵ月前から、アメリカによる広島に対する「原子力平和利用」宣伝工作が始まり、「最初に原子力の破壊をこうむった広島こそ原子力の平和的恩恵を受ける資格がある」と言われ、広島市に原子力発電炉の建設を求める声すら出始めた[42]。そして、1956年5月27日から6月17日まで3週間、広島で「原子力平和利用博覧会」が開かれた[43]。これは、広島県、広島市、広島大学、アメリカ文化センター、中国新聞の共同開催で、広島平和記念資料館が会場となり、原子炉模型が展示され、アイソトープの医学的な貢献など、「平和利用」をバラ色に描くものであった。広島会場の入場者数は10万9500名にのぼり、世論は「平和利用」推進一色で塗りつぶされた感があった。

その後、1958年4月1日から50日間、広島市みずから「広島復興大博覧会」を開催し、原子力科学館が設置され、広島平和記念資料館を会場に、「原子力平和利用博覧会」と同じものが展示された[44]。そこでは、原爆の被害を物語る展示と、「平和利用」を称揚する展示が並列された。そして、この復興博覧会を訪れた見学者は、91万7000人にのぼったのである。

たしかに、こうしたキャンペーンが果した役割は極めて大きかったと考えられる。しかしながら、「アトム」や「アトミック・サンシャイン」という言葉に象徴されるように、原爆投下直後から、原子力＝核エネルギーを20世紀の先端科学技術ととらえ、その可能性に期待する声が強かったのであり、広島も例外ではなかった。「軍事利用」にさえ転用されなければ、是とされたのである。

3.11以後にそれを批判するのは容易である。しかし、3.11以前に「平和利用」に批判的な見解がどれほどあったのか。「軍事利用」と「平和利用」とを峻別することの問題点を指摘した研究は極めて稀であり、また、その批判の文脈も「軍事利用」への転換が容易であるという点を強調したものであった[45]。チェルノブイリ原発事故の影響に関する包括的な研究成果に触れることの出来る現在、原子力＝核エネルギーの解放という問題について、生命の根源という視点からからもう一度見直さなければならない。

筆者は、浅野敏久がリーダーとなったプロジェクトに参加し、2012年2

月末、宮城県大崎市や石巻市を訪れ、生物多様性を重んじて、環境保護と人間の生活との共生をテーマとする営みを垣間みることができた。渡り鳥の住める環境を保持しながら、安全で健康な生活を実現するための農法に地道に取り組んでいた農家にとって、原発事故と風評被害は、その営みを嘲笑うかのような辛い試練となった。三陸海岸では、豊かな森と水に育まれたワカメの漁場が津波で根こそぎ破壊されたが、森は豊かな佇まいを残し、ワカメの収穫を待っていた。そこに立ちはだかるのは、やはり原発と風評被害であろう。そうした状況を見たとき、私たちが、原子力＝核エネルギーとどの点で対峙しているのか、おぼろげながらわかったような気がした。

チェルノブイリ事故によって放出された放射性物質の量は、現在でも明確にわかっていない。一基の原子炉が、地球半分を汚染するほどの放射性物質を放出し得るとすれば、福島の原発事故によって放出された放射性物質の量も、常識的に考えれば、かなり深刻な量にのぼると考えられる。汚染されているのは福島をはじめとする東北だけではなく、ホットスポットは各地にある可能性が高い。私たち全体が汚染されている可能性があることは言うまでもないことであるが、周辺諸国への影響が懸念され、放射性物質の飛散に関わる大地と海との国際調査と研究が必要であろう。そして、福島の人々だけではなく、私たちがその実験台になり、全国的な体内被曝の調査を立ち上げ、死に臨むまでの間の体内の状況について、疫学的な調査研究のために身体を差出す必要があるのではないだろうか。それは、今求められている次世代にむけて果すべき責任の一つであると考える。

註

1　放射性物質を体内に取り込んでしまうことによって被曝することを言う。放射線量は低くても、甲状腺や心臓、造血機能などに深刻な影響を及ぼすと言われている。

2　肥田舜太郎・鎌仲ひとみ『内部被曝の脅威——原爆から劣化ウラン弾まで』、ちくま新書、2005 年、68 頁。

3　Alexey V. Yablokov, Vassily B. Nesterenko, Alexey V. Nesterenko, and Janette D. Sherman-Nevinger as consulting ed., *Chernobyl – Consequence of the Catastrophe for People and the Environment,* Annals of the New York Academy of Sciences,

Volume 1181, Blackwell Publishing, Boston, 2009.

4　*Ibid.*, pdf file, pp.22.

5　武田徹『私たちはこうして「原発大国」を選んだ――増補版「核」論』、中公新書ラクレ、2011年、19－36頁。

6　江藤淳『一九四六年憲法――その拘束　その他』、文春文庫、1995年、32－38頁。もとになった論文「一九四六年憲法――その拘束」は、『諸君！』（1980年5月号）に掲載された。

7　加藤典洋『敗戦後論』、ちくま文庫、2005年、22－24頁。初出は、講談社から1997年に刊行された。

8　武田前掲書、27頁。なお、核エネルギー言説については、最近、山本昭宏『核エネルギー言説の戦後史　1945－1960――「被爆の記憶」と「原子力の夢」』（人文書院、2012年6月）が刊行された。

9　オーストラリア国立図書館（National Library of Australia）が構築・提供している新聞データベースを利用した。

10　Sir Marcus Laurence Elwin Oliphant. イギリスにおける原爆開発をになったMAUD委員会の重要メンバーで、ウラン濃縮の可能性を見いだし、原子爆弾開発の契機を作った。

11　'Atomic Power "Within Ten Years"', *The Sydney Morning Herald,* Tuesday 18, September, 1945.

12　'ATOMS FOR PEACE,' *The Sydney Morning Herald,* Wednesday 21, May, 1947.

13　椎名麻紗枝『原爆犯罪――被爆者はなぜ放置されたか』、大月書店、106頁。

14　'The Advocate Fair and Impartial, END OF ATOMIC ENERGY COMMISSION,' *Advocate*, Tuesday 2, August, 1949.

15　'ATOMIC ENERGY,' Geraldton Guardian and Express, Saturday 9, Feburary, 1946.

16　椎名前掲書、85頁。

17　Monica Braw, *The Atomic Bomb Suppressed—American Censorship in Occupied Japan,* M. E. Sharpe, Inc., 1991.

18　笹本征男『米軍占領下の原爆調査――原爆加害国になった日本』、新幹社、1995年。

19　同前、98－217頁。

20　同前、205頁。

21　同前、114頁。

22　「第9回復興委員会議事録」、広島市役所、1946年4月4日。

23　宇吹暁「被爆体験と平和運動」、中村政則他編『戦後日本　占領と戦後改革4　戦後民主主義』（岩波書店、2005年）、101－102頁。

24　同前、107頁。

25　Robin Gerster, *Travels in Atomic Sunshine,* Scribe, Melbourne, 2008, pp.252-253.

26　正式名称は広島平和記念都市建設法であるが、本報告では平和記念都市法と略す。

27　原爆遺跡保存運動懇談会、理学部一号館の保存を考える会、「自然の博物館」をつくる会、芸備地方史研究会の4団体は、2009年9月13日、「広島平和記念都市法制定60周年にあたり理学部一号館の保存・活用を考える」と題してシンポジウムを行い、その中で筆者は「広島の復興と広島平和記念都市法」というテーマで報告した。報告内容と本稿で重複する部分があるが、読者諸兄姉の御寛恕を乞う次第である。
28　平和記念都市法の制定過程とその特徴については，石丸紀興編『広島市戦災復興計画関係者の証言　その1』(1979年)、同編『広島市戦災復興計画関係者の証言　その2』(1980年)、石丸紀興「『広島平和記念都市建設法』の制定過程とその特質」(『広島市公文書館紀要』第11号、1988年）などに詳しい。
29　ここで述べた法律の内容と制定過程については，夫津木（ふつき）芳美「広島平和記念都市法の誕生―― 1945 － 1946」(広島大学総合科学部地域科学プログラム卒業論文)、同「占領期被爆地広島における『原爆』――広島市と共産党の事例を中心に」(広島大学大学院総合科学研究科修士論文）を参考とした。
30　当時は多くの市会議員が原爆の犠牲になるなどの事情で市議会が成立していなかったので、それにかわる全員協議会が開催されていた。
31　『中国新聞』1945年12月6日付。
32　石丸紀興編『広島市戦災復興計画関係者の証言　その2』、1980年、24－25頁。
33　ジャスティン・ウィリアムズ文書のJW115-31、メリーランド大学所蔵ゴードン・プランゲ文庫（McKeldin Library)。拙稿では、国立国会図書館所蔵のマイクロフィルム（ジャスティン・ウィリアムズ文書のリール番号11）を参照した。
34　『文化通信』昭和24年1月17日付。
35　同前、1 － 2頁。
36　同前、昭和24年2月7日付。
37　全逓信広島郵便局支部機関誌『アトム』1号、昭和22年9月、1頁（ゴードン・W・プランゲ文庫VH1-A479)。本稿では、国立国会図書館憲政資料室所蔵のマイクロ・フィッシュを利用した。
38　同前『アトム』3号、昭和22年11月。
39　広島県立広島第一高等女学校文芸班『あけぼの』復刊1号、昭和23年4月、1頁（ゴードン・W・プランゲ文庫)。本稿では、国立国会図書館憲政資料室所蔵のマイクロ・フィッシュを利用した。
40　同前、11頁。
41　田中利幸「『原子力平和利用』と広島――宣伝工作のターゲットにされた被爆者たち」、『世界』850号、2011年8月、249 － 260頁。
42　同前、251頁。
43　同前、253 － 257頁。
44　同前、257 － 259頁。
45　拙稿「核拡散と日本」、吉村慎太郎・飯塚央子編『格拡散問題とアジア――核抑止論を超えて』国際書院、2009 年。

第５章　封印されたビキニ水爆被災

高橋　博子

1　広島・長崎への原爆投下への過小評価

2011 年 3 月 11 日の東京電力福島第一原発事故による放射性降下物による人体への影響をさして、「ただちに健康に影響はない」と、日本政府は繰り返し説明してきた。このような説明は、実は広島・長崎に原爆が投下された当時、日本政府によって出された国民向けの説明と酷似している。

当時日本政府は国民に対して、「新型爆弾への防空総本部の注意」を発表した。「新型爆弾に対して退避壕は極めて有効であるからこれを信用し出来るだけ頑丈に整備し、利用すること」、「軍服程度の衣類を着用していれば火傷の心配はない、防空頭巾および手袋を着用していれば手や足を完全に火傷から保護することが出来る」、「前述の退避壕を突嗟の場合に使用し得ない場合は地面に伏せるか堅牢建造物の陰を利用すること」と述べ、「以上のことを実施すれば新型爆弾をさほど恐れることはない」[1]、と、防空総本部の指示通り行動していれば「さほど恐れる必要のない」兵器として、新型爆弾対策、つまり原子爆弾対策を発表していた。

1945 年 9 月、日本占領が開始されると、広島や長崎を海外からのジャーナリストが取材しはじめた。1945 年 9 月 5 日『デイリー・エクスプレス』[2] にはウィルフレッド・バーチェット（Wilfred Burchett）の配信記事が掲載される。「原爆病（The Atomic Plague）　広島では、最初の原子爆弾が都市を破壊し世界を驚かせた 30 日後も、人々は、かの惨禍によってけがを受けていない人々であっても、『原爆病』としか言いようのない未知の理由によって、いまだに不可解かつ悲惨にも亡くなり続けている」。また 1945 年 9 月 5

日『ニューヨーク・タイムズ』のウィリアム・H・ローレンス（William H. Lawrence）は次のように報じていた。「倒壊し瓦礫と化した広島では、原子爆弾はいまだに日に100人の割合で殺している。私はこの歴史的爆撃の場所に着いた最初の数人の外国人の中にいた」[3]と、原爆投下から一ヵ月たったあとも人々を苦しめつづけている事実を報道した。このような報道を危惧したマンハッタン計画副責任者トーマス・ファーレル准将は、1945年9月12日記者会見を開き、次のように説明した。「広島の廃墟に放射線なし（No Radioactivity In Hiroshima Ruin）——陸軍省原爆使節団長のトーマス・ファーレル准将は爆撃された広島の調査後，本日報告を行った。広島：そこでは秘密兵器の破壊的な力は調査者が予想したよりも大きかったが、廃墟の街に危険な残存する放射線を生み出したり爆発時に毒ガスを発生するということを全面的に否定した。」[4]

こうした声明を支えていたのはマンハッタン管区医学部門の責任者で、マンハッタン管区から広島・長崎への調査に送られていたスタッフォード・リーク・ウォレン（Stafford Leak Warren）という科学者だった。彼によれば、「日本の二つの都市で起こったような、上空での原爆の爆発は、爆風によって破壊し、爆風やガンマ線・中性子線の放射によって殺傷する。危険な核分裂物質は亜成層圏にまで上昇し、そこに吹く風によって薄められ消散させられる。都市は危険な物質に汚染されるわけではなくすぐに再居住してもさしつかえない」[5]と後の1948年に書いているように、空中高く爆発した場合は放射線の影響はなくなるという説明を当時も彼はファーレルに行っていた。

放射線によって苦しむ広島・長崎の被爆者からは、残留放射線やそれによって引き起こされる内部被曝の影響を具体的に示す証言が出ていたが、アメリカ政府当局は原爆実験を作戦として実行させるために作られたデータをもとにした科学者の見解に基づいて、「残留放射線の影響はない」という公式声明を出しつづけた。「威力」の面は強調するが、「不必要な苦しみを与え続ける」生物化学兵器を禁じた国際法違反の兵器としての側面を打ち消そうとしたのである。

2　ビキニ水爆被災への過小評価と放射線の人体影響研究

原爆を投下した国であるアメリカでは、1949年にソ連が原爆を保有後は、民間防衛局配布パンフレット『原爆攻撃下の生き残り』（1950年10月）にあるように、「原爆の力は限られているので、原爆攻撃から生き残るチャンスは、あなたが思うよりもはるかにあります。広島市では爆心地から1マイル（約1.6キロ）にいた半分を少し超える人々がいまだに生きています」、「初期放射線による危険は一分強しかありません」、「少量であれば、放射線はほとんど無害です。重度な被曝による深刻な放射線病でも回復の可能性があります」と、きわめて楽観的な説明がされた[6]。

1954年3月1日、アメリカはマーシャル諸島ビキニ環礁での水爆実験（ブラボー・ショット）を実行した。この実験をはじめとする核実験による放射性降下物によって、マーシャル諸島の住民、アメリカ兵、そして第五福竜丸の乗組員をはじめとする漁船の乗組員が被災した。1954年3月16日付『読売新聞』が日本人の漁船乗組員が「ビキニ原爆実験に遭遇　23名が原子病　一名は東大で重症と判断」と報道したことによって、ビキニ核実験による被災が明るみに出ることとなった。

しかし、1954年3月31日、核実験の責任者であるルイス・ストローズ（Lewis L. Strauss）米原子力委員会委員長は「最初の爆発は予定された3月1日に行われ、第2回目は3月26日に行われた。これらはともに成功した」とし、風向きは慎重に研究され、こうした注意にもかかわらず「多くの例があった。この警戒地域への不注意にもとづく侵入の結果おこった事故あるいは事故に近いものがそれである」、「住民236人は私には丈夫で幸福そうに見えた」と述べた。実験が成功であったこと、また第五福竜丸の被災に関しては「警戒地域への不注意にもとづく侵入の結果おこった事故」、そしてマーシャル諸島の住民には影響がなさそうであることを告げたのである。被害を生み出した責任者の言動は時代を超えて共通している[7]。

1954年9月23日には第五福竜丸の久保山愛吉無線長が死亡した。日本側医師は「水爆による最初の犠牲者」、アメリカ側は「輸血による肝炎が死因」

と、彼の死因にたいする見解は分かれた。

1954年11月、日本学術会議主催の「放射性物質の影響と利用に関する日米会議」が東京で開催された。アメリカ側の出席者は、ほとんどが米原子力委員会の科学者で、すべてが米政府に所属していた。会議の前に当時のアメリカ駐日大使であるアリソン大使は、米原子力委員会の科学者ポール・ピアソン、ウィリス・ボス・メリル・アイゼンバッド、モース・ソールズベリを国務省に呼び「広報対策をうまく行わないと3月1日の放射能事件への補償問題を新たな議論でかき回すことになり、日米関係に、また日本の対米世論に対して、予想外の害を与えることになるだろう」と述べ、「科学的な情報交換と核実験問題とのかかわりについては言及してはならない」と指示した[8]。

実際に、同会議の記者会見では、米原子力委員会の科学者たちは、核実験問題について一切言及しなかったが、米原子力委員会生物医学部生物物理課長ワルター・クラウスは、人間の皮膚から汚染を除去する方法として「石鹸と水で充分洗う」と述べ、野菜については「豊富な水で洗う　皮をむいたり、外側の葉を取り除くことによって汚染を取り除くことになる」と説明した。また「1分間に500カウント以下の放射能がある場合は食料として充分安全である」と述べた[9]。

これは、1954年3月から日本厚生省の実施していた1分間に100カウントを計測すれば漁獲マグロ等を破棄する方針が厳しすぎることを示唆していたのである。米原子力委員会生物医学部生物課長ポール・ピアソンの米原子力委員会生物医学部長ジョン・ビューワー宛書簡（1954年11月20日付）によると、「会議の重要な成果の一つは、厚生省が、1分間あたり100カウントという現行の最大安全限度がおそらく厳しいすぎること、この件に関してさらに検討するための会議を招集することを発表したことだ。このことはマグロ産業の損失への賠償金に関して重要な影響がある」と書いている。事実1954年12月31日をもって、日本政府はマグロ調査と破棄を打ち切った[10]。

日本政府がマグロ調査の打ち切りを行う一方で、日米間では次のようなやり取りが行われた。1955年1月4日、アリソン大使は「本使はアメリカ合衆国政府がマーシャル諸島における1954年の原子核実験の結果生じた傷害又は損害に対する補償のため200万ドルの金額を、法律上の責任の問題と関係なく、慰謝料（ex gratia）として、日本政府にここに提供することを閣下に通報します」、「日本国政府が前記の200万ドルの金額を受諾するときは、日本国並びにその国民及び法人が前記の原子核実験から生じた身体又は財産上のすべての傷害損失又は損害についてアメリカ合衆国又はその機関、国民若しくは法人に対して有するすべての請求に対する完全な解決（Full Settlement）として、受諾するものと了解します」と書簡を出し、重光外務大臣はこれを受けた。こうしてアメリカの責任が問われることなく200万ドルが見舞金として日本政府に支払われた。

ビキニ水爆被災問題が日米政府間で「政治決着」させられたあとの1955年2月15日、米原子力委員会は水爆実験「ブラボー・ショット」についての声明を発表し、放射性降下物の影響を初めて認めた。ただし空中爆発した場合は拡散して無害になると説明し、「もしも放射性降下物が皮膚や髪または服に接触した場合、FCDA（連邦民間防衛局）が説明してきたような迅速な汚染除去の予防措置が、危険を大いに減らすであろう。身体が剥き出しになっている部分を洗ったり服を着替えるといった簡単な方法も含む」と、民間防衛の訓練通りに行動すればあまり問題にならないとした。

この通り、1954年のビキニ水爆被災は日米政府間では決着済みの問題にされてしまったが、その一方で原水爆禁止運動が国民規模で広がる大きなきっかけになった。マグロ調査打ち切りで鎮静化がはかられたとはいえ、当時の放射能汚染された食料をめぐる人々の意識の高まりこそが、運動の高まりと広がりにつながった。

しかし、運動としては広がる中で埋もれてしまった問題があり、それこそが、山下正寿高知県太平洋核被災支援センター事務局長たちが取り組んでいる放射性降下物（フォールアウト）による第五福竜丸以外の被災船の問題である。さらに、2011年南海放送の伊藤英明ディレクターが米エネルギー省のサイトから入手した報告書（抜粋版）（三重大学の竹峰誠一郎研究員が削除版を以前に入手）によると、まさしく、太平洋を公開中であった米軍艦も「激しいフォールアウトにさらされた」ことが明記されている。「日々の放射性降下物の地図は、船舶からのデータにはかなりの不確実性があるため、陸地の観測所からのデータのみ記載されている。船舶の位置は完全には把握できず、特に航行の途中、激しいフォールアウトに晒された船では、処理や郵送時のサンプルの二次汚染防止の手順が十分ではなかった」と述べられているように、船舶データは放射性降下物の日々の地図にそのまま反映されてはいない。つまりは米原子力委員会の報告書が放射性降下物の影響を過少評価している可能性と、福竜丸はもちろんのこと、そのほかの被災船が激しいフォールアウトに晒されていた可能性が充分にあることを示している[11]。

福島原発事故による放射性降下物の被害も、これまでの政府・東電・「専門家」・メディアの姿勢からして、ビキニ水爆被災のときと同様の情報操作と調査情報操作が行われる可能性がある。

3　被曝線量推定システムと福島第一原発事故による放射線被曝基準

「個人の被曝線量を推定するシステム」で「科学的権威」とされているものに1986年線量推定方式（DS86）や2002年線量推定方式（DS02）があり、原爆症認定集団訴訟でも国側の論拠とされてきたが、それがもともと核実験に発祥するものであることは、あまり認識されているとは言えない。放射線影響研究所のホームページでは次のように説明されている。

> 個人の被曝線量を推定するシステムとしては、1957年にT57Dという名称で暫定的な推定方式が発表されたのが最初です。T57Dはその後改良されT65Dとなりました。これら二つの暫定システムは、核爆発の実測値に基づく推定式でした。その後、計算機の発達で、建築物や人体そのものの遮蔽を考慮に入れた臓器別被曝線量を、中性子とガンマ線それぞれについて計算できるようになり、1986年にDS86というシステムが導入され、これが最近まで放影研で使用されてきました。ところが、DS86発表後に、広島の場合、特に1.5 km以遠のところで、中性子による放射化物の測定値とDS86による計算値とが合わないという

問題提起がありました。この問題を検討するため、日米両国でいろいろな研究活動が開始されました。

つまり、広島・長崎への原爆投下や米核実験によって積み重ねてきたデータを反映して作られた個人の被曝線量推定システムなのである。原爆を投下し核開発を進めてきた側による核戦争準備のためのデータが元になって作られた、軍事科学的データだといえる。

T57D の基盤となった 1957 年の米核実験では「イチバン計画」という実験が実施された。広島から木造家屋をネヴァダ核実験場に移築してこの被曝線量をはかった。米原子力委員会生物医学部の民間影響実験部（Civil Effects Test Group）が担当であったが、その担当者に向けて、原爆傷害調査委員会（ABCC）で 1950 年代に実施していた広島・長崎における残留放射線とその影響についての調査を反映させようと、ABCC の科学者は研究資料を送っていた。しかし、その研究は具体的には反映されることなく、「イチバン計画」は実施された。同実験に携わった科学者の証言によると、この実験の関係者は、実験についてマスコミにもらしたら「殺す」とストローズ米原子力委員会委員長に言われていた。同実験はそれほど極秘に実行されたのである。

このように極秘で実施された核実験による軍事科学的なデータをもとにして、放射性降下物や内部被曝の問題など、残留放射線を計算にいれない線量推定が実施され、それが基礎となって T57D、T63、DS86、DS02 と、現在も「科学的」とされる線量推定方式が作られてきた。外部被曝に関しては推定するには有効かもしれないが、放射性降下物による食物や水の汚染によって人体にはいってくる内部被曝の影響については、推定することはできない。

したがって ABCC や放影研は包括的・系統的に内部被曝研究をしているとはいえないので、内部被曝問題についての「科学的な基準」そのものは出しようがないのである。また放射性降下物や内部被曝など、核爆発から 1 分後に生じるような残留放射線は計算に入っていない。現在、政府や「専門家」やメディアで基準としている被曝線量推定システムは、もともと広島・長崎への原爆投下や核実験によって得られたデータによる外部被曝のシミュレーションにすぎず、食料や水を通して体内に入って被曝する内部被曝の影響については推し量ることは困難である。それにもかかわらず、原爆症認定集団訴訟の国側の証人として発言した科学者は「科学的データ」として、内部被曝によって被曝したであろう原告側の訴えを否定する道具に利用した。今後福島原発事故による被ばく者の訴えも、原爆症認定集団訴訟の国側の証人となった科学者によって切り捨てられてゆく可能性が高い。

実際、福島の学校で年間被曝線量20mSv（ミリシーベルト）という数値が国際放射線防護委員会（ICRP）の緊急時のうちの最大値からとって適用されているが、内部被曝を軽視するICRPの通常の一般公衆の被曝線量限度でさえ年1mSvなのに、20mSvを放射線への感受性の高い子どもたちに適用するのはとんでもないことである。義務教育として、親の意向では休めさせにくい学校において、子どもたちが原発による被害を少なくみせかけるために今現在「動員」させられている。

さらに、「緊急作業時における被ばく線量」として引き上げられた作業従事者への250mSvは、1946年にビキニ環礁で実施された米核実験、「クロスロード作戦」と同じような数字に近づきつつある数値である。「クロスロード作戦」では「広島・長崎の場合は空中高く爆発したため放射性物質は拡散してなくなる」、「重大もしくは危険な程度の放射線はなかった」とファーレル准将に報告していたような人物、スタッフォード・ウォレンが放射線安全対策の責任者だった。1946年の米核実験のクロスロード作戦の安全対策の責任者であるスタッフォード・ウォレンは「2週間で500mSv－600mSv、もしくは1日100mSv……を受けた人は放射線安全偵察隊に参加しつづけることはできない」としている。

2011（平成23）年3月26日、文部科学省の放射線審議会（会長・丹羽太貫京都大名誉教授）によって出された声明「緊急作業時における被ばく線量限度について」は、緊急作業時における被ばく線量限度を250mSvで妥当とした。その論拠としてICRPの2007年勧告で、500mSvから1000mSvが推奨されていることがあげているが、「緊急時」と「核実験動員」の数値は類似している。ICRPは通常の放射線作業者の被曝線量限度については、1934年年間500mSv、1950年に年間150mSvだったのが第五福竜丸事件をへて放射性降下物など放射線の人体への影響に対する意識が高まった1958年には年間50mSvに変遷している。いずれにしても、250mSvという数値は核実験に従事した兵士や1934年の基準に近いと言える。またICRPの1950年の 基準は年間150 mSvで週3mSvなので、その基準でさえ上回っている（年間150mSv、週3 mSv）。

広島・長崎での被爆者調査がICRP勧告の基本になり、その内部被曝を軽視した放射線防護基準は米原子力委員会のもともと核実験遂行のための発想が色濃く反映された基準であり、こうした基準が福島原発事故でも無批判に「国際的」と称して導入されている。

今は、政府のいう「緊急時」と称してつくられる「被曝体制」に対して緊急に抗議し、「被曝させない体制」を作るときだが、中・長期的な対応も、これから非常に重要になってくる。歯に蓄積されやすいストロンチウム90も検出されているので、子どもたちが乳歯が取れ永久歯に生え変わるときに乳歯を大事にとっておくとよい。そして欧州放射線リスク委員会や内部被曝問題を重視した研究者と連携し、市民の視点に立った、被災者側に寄り添った内部被曝の研究蓄積をしてゆき、実態を明らかにしてゆくことが大事である。

また、すでに遅くなってしまっているが、妊婦・乳幼児の避難のための措置を早急にとらなければいけない。そのための緊急の措置を求めることが重要だ。例えば、産前・産後休暇および育児休暇の年限や制度上の決まりを大幅にゆるめ、育児休業給付金の期間を延ばすことによって、親子が長期的な避難をすることが可能になってくる。

とりわけ妊婦は避難にともなう心身上の負担が大きいことも考慮に入れ、より負担のない形での避難手段・避難先を確保しなければいけないと思う。そうした中、行政上の支えはもちろんだが、このように福島から遠隔地である人々の支えが大事になってくると思う。「安全だ」と言って安心させることではなく、本当に安心な環境を整えることが大事である。

さらには子どもたちを年20mSv被曝させるような方針を早急にやめるよう訴えなければならない。政府や「専門家」にとっては外部被曝だけ考えて「何万人中何人」という切捨ての発想なのだろうが、市民一人ひとりにとっては、自分の子どもに起こることかもしれない事態である。子どもたちを危険な環境におきたくないというあたりまえの発想で、将来にわたって守らなければいけない。「緊急」の意味をはきちがえている政府に対して、子どもたちのために緊急に訴えることが大事である。

4　おわりに

政府の「災害対策本部」・東京電力・メディア・「専門家」が戦時中の「新型爆弾への防空総本部の注意」のように「安全だ」「ただちに影響はない」と一方的な情報を流している状況では、市民の側は複数の情報源から判断する必要がある。広島・長崎への原爆投下、ビキニ水爆被災、チェルノブイリ原発事故では、残留放射線、内部被曝、低線量被曝など、放射線の人体影響を軽視した「国際的科学的知見」をかざした専門家によって、被害者の存在を極端に少なく見積もられてきた。そして東京電力福島第一原発事故による放射線被害も同じように隠蔽されている。

筆者はビキニ米核実験等の調査研究でストロンチウム90が、とりわけ成長の激しい子どもたちに蓄積されやすいことを分析した報告を見ており、証拠を残すためにも乳歯を保存するよう訴え、『京都新聞』等が報道した。その情報に接した福島県議会議員が、県議会にて乳歯の保存を訴えた。ところが、『毎日新聞』2012年12月19日付の報道によると、福島県庁の「県民健康管理調査」検討委員会担当者が、筆者のことをさして「反原発命（いのち）の方の主張だからこの質問には乗る気にならない」という以下のようなメールを「県民健康管理調査」検討委員会あてに送って情報収集していた。

> 各委員様　健康管理調査室○○○○
>
> 明日から開会の9月議会の質問で、自民党柳沼淳子議員から「将来的な、ストロンチウム90の内部被ばくの分析のため、乳歯の保存を県民に呼びかけてはどうか？」という内容があがってきています。このままだと、「専門家の意見も聞きながら検討してまいりたい。」といった答弁になり

そうですが、現在の状況を踏まえると、あまり意味はないといった知見・情報はないでしょうか？　質問議員ではないですが、反原発命の方の主張でもあるようで、あまり乗る気になれない質問です。情報があれば至急お願いいたします[12]。

本章で触れたような、50年代のビキニ水爆被災直後の国務省・米大使館・米原子力委員会との間のやりとりと同じようなやりとりが、福島県庁と「専門家」との間で再現されているのである。しかも福島県庁は原発推進を大前提として考えている「専門家」しか集めていないのである。

ビキニ水爆被災は原水禁運動が高まる大きなきっかけとなり、1963年の米英ソの間で大気中核実験禁止条約が成立が歴史的成果となった。しかし、その原水禁運動とは別に、放射線の人体影響についての危険性を指摘する声を「原子力の平和利用」をレトリックとして覆い隠そうという動きが強まっていったのも同じ時代である。アジアへの原発導入も、その大きな流れの中でとらえる必要がある。1954年11月に日本学術会議で集まった「専門家」の流れを今日までたどり、彼らがいかに原発推進政策にかかわったのかを検証してゆくことは、東京電力福島第一原発事故による被害を過小評価しようとする大きな流れを食い止めるためにも、大事な課題である。

註

1　『朝日新聞大阪本社版』1945年8月10日。

2　*Daily Express,* Sep. 5, 1945.

3　*New York Times,* Sep. 5, 1945.

4　*New York Times,* Sep.13, 1945.

5　*Medical Radiography and Photography* [Eastman Kodak Company Rochester, N.Y. , vol. 24 no. 2, 1948]

6　Federal Civil Defense Administration (FCDA), *Survival under Atomic Attack* (Washington D.C.: USGPO, 1950).

7　Statement by Lewis L. Strauss, Chairman, United States Atomic Energy Commission, March 29, 1954, Press Releases Issued by AEC Headquarters, 1947-1975, File No.598, Record of Atomic Energy Commission, Record Group,

326, National Archives at College Park, College Park, Maryland.

8　Morse Salisbury, Director Division of Information Service, AEC, Meeting with Ambassador Allison on Japanese-American Science Meeting in Japan, November 2, 1954, File:OCB091.Japan(File#2)(8)[October 1954-March 1955], White House Office: National Security Council Staff: Papers, Operation Coordinating Board(OCB) Central File Series, The Eisenhower Presidential Library, Abilene, Kansas. 同資料は国立国会図書館で利用可能である。

9　三宅泰男・檜山義夫・草野信夫監修、第五福竜丸平和協会編集『ビキニ水爆被災資料集』(東京大学出版会、1976 年)455－6 頁。

10　From Paul Person in American Embassy Tokyo, Japan to Dr. John C. Bugher, Director, Division of Biology and Medicine, Atomic Energy Commission , Washington D.C., November 20, 1954, Series Title: Division of Biology and Medicine, Radiation Exposure ("Special Case") Inclusive Date: 1945-1962, Entry 78 Box 2, Record of Atomic Energy Commission, Record Group, 326, National Archives at College Park, College Park, Maryland.

11　NYO-1645 (ex), NYO-1645(DEL2), Department of Energy, Open Net Database, https://www.osti.gov/opennet/index.jsp　なお、核実験関連の資料および Open Net Database は、DOE/NV Nuclear Testing Archives, Las Vegas, State: NV が管理している。

12　『毎日新聞』2012 年 12 月 19 日。

［本章は科研費基盤研究（C）「冷戦初期における米国各政策と被爆者・ヒバクシャ情報」（研究代表・高橋博子）の成果の一部である。］

第２部

原発導入とアジアの冷戦

第6章　ソ連版「平和のための原子」の展開と「東側」諸国、そして中国

市川　浩

1　旧ソ連邦における「平和のための原子」のスタート

ソ連邦科学アカデミーと「平和のための原子」

世界最初の原子力発電所が建設されたモスクワ郊外オブニンスクに立地する物理エネルギー研究所が1994年に編纂した資料集『ソ連邦における原子力平和利用の歴史に寄せて（1944－1951年）――文書と資料』によると、旧ソ連邦においてはじめて「原子力の平和利用」を政府機関にむけて提案したのは、高名な物理学者ピョートル・カピッツア（1894－1984. 1978年、ノーベル物理学賞）であった。1945年10月26日、核開発を担当していた実行官庁＝ソ連邦人民委員会議（1946年2月、「閣僚会議」と改称）附属第一総管理部の技術協議会（のち、科学技術協議会）において「特別委員会（ベリヤ委員会――原爆開発計画の最高機関として第一総管理部の上に置かれ、全般的指導・調整をおこなった。議長は党政治局員・副首相ラヴレンチー・ベリヤ)」が「平和のための原子（Мирный атом)」に関するカピッツアの提案を検討するとの決定が伝えられている[1]。

提案の内容は、カピッツアが1945年12月18日付で党政治局員・副首相ヴィャチスラフ・モロトフ宛に送った書簡からうかがえる。そのなかで、カピッツアは「2. 原子プロセスの技術的利用の主要な意義、それは人類が新しい強力なエネルギー源を手に入れたことにある。〔中略〕 9. 原子力の応用の主要な意義は平和的で文化的な目標のうちに存在しているが、そこではエネルギーやその他の主要な技術の分野を革命的に発展させることになろう」[2]と述べていた。

続いて、のちに「原子力のツァーリ」とも呼ばれるようになる旧ソ連邦核開発計画のリーダー＝イーゴリ・クルチャートフ（1903－1960）の2月12日付スターリン宛報告[3]は、近い将来、原子力が技術、化学、生物学、医学において応用されるであろうことを述べていた。さらに、1946年4月22日、ソ連邦科学アカデミー総裁セルゲイ・ヴァヴィロフは「原子核エネルギー研究の諸問題に関連した科学と技術の様々な分野における研究の組織化についての覚書」を、「特別委員会」事務室長＝ヴァシーリー・マフニョフを通じてベリヤに送った[4]。この「覚書」はクルチャートフの先ほどの2月12日付スターリン宛報告とともに、「平和のための原子」問題に関するソ連邦におけるプログラムの基礎を形づくったものと評価されている[5]。

ここで注目すべきは、「原子力のツァーリ」＝クルチャートフが原子力の平和利用計画を科学アカデミーに管掌させるよう権力側に働きかけていたことである。彼はその2月12日付報告のなかで「これにともなって、ソ連邦科学アカデミーに、第一義的な意義をもつ課題として、原子力と放射性物質の技術、化学、生物学、医学における応用に関する研究を組織し、まだ原子力に取り組んでいない科学者や研究所を引き入れる権限を与える必要がある」〔強調はクルチャートフ〕[6]と述べた。

イギリス、フランスなど西欧近代社会において「科学アカデミー」は最終的には名誉職機関と化していったのにたいして、近現代ロシア（旧ソ連邦時代を含む）における科学アカデミー（Академия наук）は、高い学術研究機能を有する実践的機関として存続し、旧ソ連時代にいたって、国の学術研究活動を総括する機関として科学者のうえに君臨することになった。

ドイツにおける国立物理工学研究所（PTR、1887年設立）、カイザー・ヴィルヘルム協会（1911年設立。現、マックス・プランク協会）を先駆的な例として、第一次世界大戦期とそれに続く1920年代、巨大研究機関の高いパフォーマンスは各国政財界の指導者を魅了し、一連の工業国において巨大研究機関が叢生していった。1917年に520万円という巨費を投じて設立された、わが国の財団法人・理化学研究所もそうしたもののひとつである。しかしながら、わが国を含む欧米諸国においては、その後次第に大学・高等教育機関が研究機能を充実させ、巨大研究機関に伍してゆくことになる。

これにたいして、すでに西側諸国の趨勢からは隔離された環境にあった旧ソ連邦ではこのような傾向は大きくはならなかった。旧ソ連邦の大学・高等教育機関がほぼ教育機能に特化していたのにたいして、科学アカデミーは傘下に多くの先端的な学術研究機関を集めることで、一国の研究活動全般の展開に圧倒的な影響力を発揮する、他の国にはない特有の組織となったのである[7]。

旧ソ連時代、そのスターリン期においてすら、科学アカデミーは科学者による高度な自治を実現し、しばしば科学者にとって権力から科学への介入にたいする「避難所」となり、またときに権力者との交渉をおこなう主体として重要な「砦」ともいうべき役割を果たしていた。ところが、国家の行政機関たるソ連邦閣僚会議附属第一総管理部に統括され、多数の科学者を動員して「ロシアのロス・アラモス」＝アルザマス-16など核兵器研究開発拠点に配置する核兵器開発計画は、この科学アカデミーを“蚕食”するものであり（実際、クルチャートフをはじめ多くの所員が引き抜かれたレニングラード物理工学研究所などは機能不全に陥っていた[8]）、これ以上の“蚕食”は科学アカデミーとして座視できないものであった。

また、1945年12月21日、カピッツアはベリヤとの確執により、「特別委員会」と技術協議会の職務その他の職務を解かれ、自宅に籠もらざるをえなくなった[9]。この「カピッツァ解任事件」は権力の側からの科学者への圧力・強制について多くの科学者を畏怖させるのに充分であった。カピッツァがとくに重視し、権力の側に保障をもとめたのが「研究発表の自由」であったが、この自由の確保のためにも次なる国家プロジェクトを科学者の自治——すなわち、科学アカデミーの管掌——の範囲内に置くことが望まれた。

権力にしても、いくつもの研究機関、科学者を改めて掌握し、自身の機構のなかに取り入れ、管理する手間を考えると、既存の組織＝科学アカデミーにすべてを委ねたほうが合理的であるとの判断があったのであろう。こうした科学者の働きかけは権力も認めるところとなり、軍事利用は第一総管理部、平和利用は科学アカデミーという分業がかたちづくられる。1946年12月16日、最終的に、ソ連邦政府布告「原子核研究と核エネルギーの技術、医学、および生物学における利用に関する科学研究活動の発展について」[10]が採択され、スターリンが署名した。そのなかでは、ヴァヴィロフの提案が大幅に取り入れられ、「平和のための原子」に関する研究開発は科学アカデミー諸機関が中心となって推進し、ソ連邦科学アカデミー総裁のもとにおかれることになった「総裁附属学術会議」が全体をコーディネートすることになった[11]。

やがて、米ソ両国の「原子力の平和利用」開発競争が激化した1955年7月1～5日、科学アカデミーは大規模な学術会議＝「原子力の平和利用セッション」を開催し、5巻からなる報告書を刊行、内外に科学アカデミーがこの分野を主導していることを鮮明にしたのである[12]。

その直後、科学アカデミーは1955年8月8～20日、ジュネーブで開催された「第1回・原子力平和利用国際会議」に大規模な代表団を派遣した。この会議において、ソ連邦代表団は、その前年の1954年6月27日に運転を開始した世界最初の原子力発電所＝オブニンスク原子力発電所（後述）の“成果”をしめし、参列者を驚嘆せしめた。しかし、帰国後、9月30日に開催された科学アカデミー幹部会で彼らはジュネーブでの見聞の結果を報告するなかで、口々にアメリカ流の「ビッグ・サイエンス」に圧倒されたとの感想を述べている[13]。彼らの「ビッグ・サイエンス」へのあこがれは、後日、この分野における巨大研究機関の叢生というかたちで実現してゆくことになる[14]。

国内外における「平和攻勢」と原子力平和利用キャンペーン

最初のソヴィエト製原子爆弾実験（1949年8月29日）のおよそ2ヵ月後となる1949年11月10日、ソ連邦国連代表＝アンドレイ・ヴィシンスキーは第4回国連総会で「われわれがソ連邦で原子力を利用するのは、原子爆弾の蓄えを増やすためではない。〔中略〕われわれは、われわれの経済運営計画に沿って、われわれの経済・経済運営上の利害において原子力を利用しているのである。われわれは原子力を、平和的建設の重要課題実現に役立てることにしており、われわれは、山を砕き、河川の流れを変え、荒野を灌漑し、人間がめったに足を踏み入れたことのない場所でさらにさらに新しい生活の路線を切り開くために原子力を役立てるのである」[15]と演説した。

ソ連邦は、さかのぼる1946年6月19日、国連原子力委員会の場で「原爆の製造・使用禁止」を提案し、「原子力兵器の使用、製造、貯蔵の禁止にたいする違反は、人類にたいする最も重大な国際犯罪である」と言い切っていた[16]。ヴィシンスキーの国連演説は、その同じ国がみずから「最も重大な国際犯罪」を犯したことにたいする自己合理化のひとつであり、対米プロパガンダであった。この恐ろしい、「原子力の平和利用」ならぬ、「原爆の平和利用」こそ、国際政治の舞台における「原子力の平和利用」に関する初めての言及となった。

みずから核保有国となった旧ソ連邦は国内外の世論形成を目的に、原子力がもたらす科学・技術の燦然と輝く未来を宣伝してゆくことになる。次節で紹介する“民生用”原子炉建設の展望がすでに明らかとなっていたであろう1952年10月5日、全連邦共産党（ボリシェビキ）第19回大会の初日、党中央委員会の報告にたったゲオルギー・マレンコーフ政治局員は、米アイゼンハワー大統領による国連総会議場でのいわゆる「アトムズ・フォー・ピース演説」に1年2ヵ月以上も先行して、原子力の平和利用を称揚した。

> この期間におけるソヴェト科学のもっとも重要な成果は、原子エネルギーの生産方法の発見である。これによって、わが科学と技術はこの分野におけるアメリカの独占的地位をくつがえし、原子エネルギー生産の秘密と原子兵器の占有を利用して、他国民をどうかつし、脅迫しようとする戦争放火者どもに重大な打撃をあたえた。原子エネルギーの生産を実際に、おこなうことができるようになったソヴェト国家は、この新しいエネルギーを平和的目的のため、人民のためにつかうことに深い関心をもつている。なぜなら、原子エネルギーをこのような目的のためにつかえば、自然力にたいする人間の力は無限にひろがり、人類はいくらでも生産力を発展させ、技術と文化を進歩させ、社会の富をふやすことができるようになるからである[17]。

これを受けて、当時ソ連邦で一般に普及していた科学啓蒙誌『知は力』誌には化学博士候補セレーギンなる人物の手になる論説「平和目的のための原子力」が掲載された[18]。翌年5月にはコムソモール（ヴェ・イー・レーニン名称共産主義青年同盟）の機関誌（のひとつ）、『青年の技術』[19]に、さらに翌々年2月には当時人気を誇った文芸誌『新世界』[20]にも原子力の平和利用や原子炉をテーマとした記事が組まれるようになった。

「AM（アー・エム）装置」の副次的利用

1950年2月11日、第一総管理部のある会議で、潜水艦用の原子力推進機関の開発に取り組むことが決められた。しかし、すでに冷戦の激化のなかで情報統制の厳格化がすすみ、アメリカですでに開発過程に入っていたはずの潜水艦用原子炉に関する技術情報はまったく入手できなくなっていた。こうした状況のなかで、ニコライ・ドレジャーリ（1899－2000）ら原子炉開発者たちが最初に構想したのが、旧ソ連邦においてすでに稼働していた原子炉の炉型＝黒鉛炉を極限にまで小型化・軽量化し潜水艦の推進機関に利用する、というものであった[21]。きわめて初歩的ではあるが、当時すでに軽水炉の開発も始められていた。しかし、「“液状の”炉に由来するかもしれない諸現象を排除しようと（ドレジャーリ）」[22]固形の炉、すなわち黒鉛炉が選択されたのであった。

この「原子力潜水艦用」黒鉛炉は1950年2月の段階で「AM（アー・エム）装置」と名付けられた。当然、この構想は頓挫する。潜水艦の推進機関に黒鉛炉ではなく、軽水炉（および液体金属冷却・高速中性子炉）を活用することは、ようやく1953年7月28日の政府布告で確定するが[23]、実際にはその概略設計のかなり早い段階でこのような炉が原子力潜水艦には搭載不能であることはわかっていたようである。

1950年3月28日、中将・内務官僚で第一総管理部筆頭次官だったアヴラーミー・ザヴェニャーギンと機械工学の専門家で第一総管理部科学技術協議会学術書記のボリス・ポズドニャコフ（1903－1979）は連名で第一総管理部にたいし、「国民経済への原子力利用」計画の策定を進言[24]するが、そこで彼らが試作炉として開発を想定していた原子炉の数値指標はきわめて具体的で、提案にあたって彼らがなんらかの具体的な設計構想をすでに有していたことをうかがわせる。この提案は政府の受け入れるところとなり、1950年

5月16日、「平和目的の原子力利用に関する科学研究、設計・実験活動について」と題された政府布告（№2030-788）、および7月8日付のその補足によって、旧ソ連邦版「平和のための原子」計画は具体化されてゆくことになる[25]。

「AM装置」はこうしてその位置づけが変更され、「原子力平和利用」の世界でもっとも早い「実例」として民生用発電所に利用されることとなった。これが、“世界最初の”原子力発電所、オブニンスク発電所の原子炉である[26]。

2　チェルノブィリへの疾走

戦後旧ソ連邦のエネルギー政策は、社会主義工業化時代以来の石炭中心の政策から、1959年にはじまる「7ヵ年計画」において石油・天然ガス重視へ、1970年代以降、東シベリア、中央アジアにおける大規模炭田開発の進捗にともない、再度石炭重視へ、さらに1983年の「ソ連邦エネルギー綱領」以降はこれに加えて原子力が重視されるようになった[27]。

石油・石炭・天然ガスの値段が安いソ連邦で原子力発電がはじめて“経済性の壁”を超えたのは1973年11～12月にかけて臨界に達したレニングラード原子力発電所においてであった。レニングラード原発は、旧ソ連邦初の本格的な原発として、1958年から建設が進められ、1964年4月26日に給電を開始したベロヤルスク原子力発電所と同じ炉型、黒鉛減速＝水冷却炉の一種、黒鉛チャンネル炉と呼ばれる炉型を採用していたが、炉は著しく大型化され、1基当り電気出力はベロヤルスクのそれの10倍、100万kWに達した。この炉、「РБМК（エル・ベー・エム・カー）（チャンネル型大出力炉）-1000」は、石炭の輸送コストの上昇、石炭の品質の悪さなど内的に深刻な問題を抱えるエネルギー事情のなかで、相対的に安価な火力発電に伍してゆくことができるものとして注目され、レニングラードに続いて、クルスク、チェルノブィリ、スモレンスクなどにこの「РБМК-1000」を3～4基備えた原子力発電所が建設されていった[28]。

黒鉛炉の開発に初期から携わっていた物理学者、イヴァン・ジェジェルン（生没年不詳）らは、1965年以来関係諸機関にたいして黒鉛チャンネル炉の大型化・活用について警告を繰り返していた[29]。警告の内容は、水−水蒸気混合体を冷却材として使用するため、気泡が熱学的な不安定性をもたらしかねない危険性があり、それが冷却水を無数の圧力管のなかに個別に循環させるこの炉型では著しく増大すること、事故があっても熱と放射線に阻まれて修理できない部分があること、水循環をマクロで制御できないことがこの炉型の本質的な危険性であるというものであった。しかし、この警告は活かされることなく、1986年4月26日、チェルノブィリ原子力発電所で史上最大規模の事故が起きることになる。

3　「東側」の原子力

合同原子核研究所（ドゥブナ）

1946年、イーゴリ・クルチャートフは政府にたいして原子核物理学における基礎研究振興を目的として、当時世界最大であったカリフォルニア大学バークレー校放射線研究所の340MeV級シンクロ・サイクロトロンを凌駕する巨大粒子加速器の建設を提言する。同年末、政府はこれを受け入れ、1949年12月21日のスターリン70歳の誕生日までにモスクワから120kmのノヴォ＝イヴァニコヴォに500－700 MeV級のシンクロ・サイクロトロンを建設することとした。核兵器研究開発の中心であったソ連邦科学アカデミー「第二研究所」の事実上の支所という位置づけで誕生した、この巨大加速器を中心とする研究施設は、5 km圏内に水力発電所が立地していたことから、ソ連邦科学アカデミー「流体工学研究所」と命名された（1953年には科学アカデミー「核問題研究所」と改称[30]）。

この加速器建設には、「エレクトロシーラ」工場、イジョラ工場、「赤いヴィボルグっ子」工場など当時ソ連邦で高い技術力を誇った有名企業が動員された。加速器は1949年12月はじめに最終組立工程にはいり、12月14日に始動した。この段階ですでに重陽子は280 MeV、α線粒子は360 MeVまで加速が可能であったが、1951年には重陽子を489 MeVまで加速することに成功し、バークレーのシンクロ・サイクロトロンを凌駕した。1953年には電磁石を増強し、ついに680 MeVを達成する[31]。

他方、1951年、著名な加速器の専門家ヴラジーミル・ヴェクスレル（1907－1966）の指導下、「流体工学研究所」から5km離れたところに10GeV級シンクロ・ファゾトロン（ファゾトロンは、加速エネルギーの高いサイクロトロンにたいする旧ソ連邦／ロシア独特の呼称）の建設がはじまり、1956年3月までに装備を完了した。この加速器とその研究施設はソ連邦科学アカデミー「電気物理学研究所」と呼ばれた[32]。

その間、「西側」諸国では、1954年9月25日、西ドイツ（ドイツ連邦共和国）、フランスなど西側12ヵ国共同の原子力研究機関＝「ヨーロッパ原子核研究機構（CERN）」が設立された。同年12月4日、国連第9回総会で「平和目的核エネルギー応用分野における国際的協力について」が採択され[33]、1955年には「原子力平和利用国際会議」、いわゆる第1回ジュネーブ会議が開催され、原子力平和利用分野における“国際協力”の機運も高まってきた[34]。こうした状況のなか、ソ連邦政府は東側諸国の共同研究機関設立をめざし、上記2ヵ所の粒子加速器研究所をその基礎とすることとした[35]。

巨大粒子加速器はその建設に巨額の資金を要するにもかかわらず、その研究成果は基礎研究の範疇に属するもので、権力が欲する核軍備充実を直接保障するものではない。政府としては加速器事業を「国際共同研究機関」に移管して、加盟国から分担金をとって運営するほうが財政上合理的である。また、当時の東欧諸国や中国における原子核物理学の研究水準を考慮すると、これら諸国との共同研究には基礎研究レベルのものがふさわしかったであろう。さらに、ウラン濃縮やプルトニウム分離など原子爆弾開発に直接活かせる研究分野から一定の距離がある分野に「国際共同研究」を閉じこめることで、ソ連邦は加盟諸国にたいする“核の優位”を維持することができた。すでにユーゴスラヴィアがソ連邦から離反し、こともあろうに、CERNに加盟してしまっていた段階では、「同盟国」といえども安心できなかった。

1956年3月26日、ソ連邦とその同盟国によって共同で運営される国際共同研究機関＝合同原子核研究所（略称「ОИЯИ（オイヤイ）」）が、ノヴォ＝イヴァニコヴォのソ連邦科学アカデミー「核問題研究所」（もとの「流体工学研究所」）、「電気物理学研究所」の両機関を基礎として設立された。ノヴォ＝イヴァニコヴォは同年、ドゥブナと改称され、独立した「市」に昇格した[36]。原加盟国は、アルバニア、ブルガリア、ハンガリー、東ドイツ（ドイツ民主共和国)、中国、北朝鮮（朝鮮民主主義人民共和国)、モンゴル、ポーランド、チェコスロヴァキア、ソ連邦の11ヵ国、少し遅れて北ベトナム（ベトナム民主共和国）が加わった[37]。

この研究所は、重核子より重い重粒子のひとつ、アンチシグマ＝マイナス＝ハイペリオンの発見、光子のベクトル中間子への直接転換現象の確認、パイ中間子形成プロセスの研究、弱い相互作用におけるパイ中間子のベータ崩壊の発見、ミュー中間子の寿命操作、そして、なにより、一連の、とくに原子番号102から105にいたる超ウラン元素の発見（原子番号104の元素はドゥブナにちなんでドブニウムDbと命名されている）などの顕著な研究成果を挙げる一方、毎年600人を超える研究者を加盟諸国の研究機関から迎え入れ、毎年約500人を各国の研究センターに送り返した[38]。

東欧諸国への原子力技術の普及

ドゥブナの合同原子核研究所の設立を直接の目的とするソ連邦と各国との原子力研究・平和利用に関する協力協定は1955年の４～５月にあい続いて締結された。この締結を契機に東欧諸国で原子力研究センターの設立が課題となり、その後の10～15年間に、これらの国々にソ連邦からの援助で、計12基の研究・訓練用原子炉、16基の粒子加速器、５ヵ所の放射化学・同位体元素研究施設などが誕生した。その間、ブルガリアには原子核・核エネルギー研究所、東ドイツには中央原子核研究所、ハンガリーには中央物理学研究所、ポーランドにはスヴェルカとクラコフに２ヵ所の原子核研究所、そしてチェコスロバキアには原子核研究所が設立された[39]。

1991年12月のソ連邦解体を東欧における冷戦の終結ととらえれば、これら諸国のうち、豊富な石炭資源に恵まれたポーランドだけは冷戦時代に原子力発電所を建設しなかった[40]が、残り諸国はいずれも旧ソ連邦からの技術援助のもとで原子力発電所の導入に踏み切っている。このうち、かなり早期に導入を決定したのは、燃料資源に乏しいブルガリアとハンガリーであった。

ブルガリアは1966年、旧ソ連邦との間に原発建設に関する協力協定を締結し、1970年4月6日からコズロドゥイ（Kozloduy）において原発を建設しはじめた。ソ連製加圧水型軽水炉「ＢＢЭＰ－440（ヴェー・ヴェー・エー・エル）」第1世代に属する1号炉は1974年に、2号炉は1975年に稼働し、さらに同タイプのものが2基、大型の「BBЭP－1000」炉が2基増設された[41]。

ハンガリーについても、1966年12月28日に旧ソ連邦との間で原子力発電所建設協力協定が締結され、1967年2月16日にはパクシュ（Paks）の地が選定され、ただちに整地作業などがすすめられたが、1969年12月31日に旧ソ連邦側の事情で建設作業は一時凍結され、1971年10月21日になってようやく再開された。パクシュ原子力発電所の原子炉＝「BBЭP－440」4基は1982年から1987年にかけて漸次操業を開始し、やがて同国の電力生産の40%をになうまでになった[42]。

東ドイツでは、1966年5月という早い時期に実験炉1基からなる「ラインスベルグ」原子力発電所が完成しているが、本格的な商用原子炉は、旧ソ連邦からの“協力”によるグライフスヴァルドの原子力発電所、通称「ノルド」原発である。旧ソ連型「BBЭP－440」第一世代に属する1号炉は1973年に、2号炉は1974年に操業を開始した[43]。同原発はのち次第に増設され、1990年の東西ドイツ統一を迎えたが、チェルノブィリの悪夢からまだ覚めやらぬ当時、その危険性が国民的関心事となり、1990年中に1～4号炉は閉鎖が決まり、5号炉も1991年閉鎖が決まった[44]。

やや遅れて原発導入をすすめることになったものの、チェコスロヴァキアは原発建設に熱心であった。現在スロヴァキア領に属するボフニチェ（Bohunice）において「BBЭP－440」を4基装備した原子力発電所の建設が1972年からすすめられ、1978年から1985年にかけて漸次操業を開始していった。「BBЭP－440」第一世代に属する1号炉、2号炉については、旧ソ連邦の「アトム・エネルゴ・エクスポルト」社からの設計・機器製造面での技術供与のもと、同社とチェコのスコダ社が合弁事業として建設にあたったが、第二世代型の3号炉、4号炉はスコダ社が単独で建設を担当した。つづいて、1974年には今日のチェコ領南モラヴィアのドゥコヴァニ（Dukovany）に「BBЭP－440」第二世代4基を装備した原子力発電所の建設が開始され、1985年から1987年にかけて漸次操業を開始していった。機器の80%が国内で自製されたものであった[45]。その後、1980年代における電力需要の着実な伸張を背景に、スコダ社により、1982年、スロヴァキア領モホフチェ（Mochovce）に「ВВЭР－440」を4基擁する原子力発電所、さらに1986年にはチェコ領南ボヘミアのテメリン（Temelin）に「ВВЭР－440」4基を擁する原子力発電所の建設が開始されたが、その後の東欧の激動と経済混乱のために、前者はその1号炉の完成が1999年に、後者は4基中2基の導入がキャンセルされ、1号炉の完成は2002年にもつれ込んだ[46]。

ソ連製加圧水型軽水炉＝「ＢＢЭＰ（ヴェー・ヴェー・エー・エル）」は、原子力潜水艦用原子炉開発・製造で一定の経験を積んだあと、1964年9月30日に操業を開始したノヴォ＝ヴォロネジ原子力発電所1号炉を原型とするものであるが、旧ソ連邦国内では、いわゆる黒鉛チャンネル炉に比して著しくその普及が遅れていた機種であった。軽水炉普及のためには、黒鉛炉を想定した既存の核燃料サイクルを多少なりとも拡張・再編する必要があったこと、冷却水加圧・循環系統の建設にともなう大量の純水の供給と処理法の確立に手間取ったこと、旧ソ連邦の地理的特性から鉄道輸送可能な最小の寸法と重量で原子炉圧力容器を製造しなければならなかったことなどがネックとなっていた。このため軽水炉の開発は困難を伴うものとなる[47]。旧ソ連邦当局がどのような判断でこの炉型を東欧諸国に輸出したのかは今後の研究に待たなければならないであろう[48]。

また、原発輸出が1966年3月29日～4月8日に開催されたソ連邦共産党第23回大会後にすすめられていることにも注目しなければならない。この大会は、ニキータ・フルシチョフ失脚後の対中関係改善をめざし、「プロレタリア国際主義」を強調したものであったにもかかわらず[49]、その2年後には「プラハの春」とチェコスロバキアへの軍事侵攻がおこり、ベトナム戦争が激化する。こうした「東側」における一連の国際政治上のできごとを背景として原発輸出はすすめられたのである。

また、旧ソ連邦と東欧諸国との“協力”のなかで、注目に値するのは、1958年、旧ソ連邦が設計を担当し、スコダ社が機器製作を分担するかたちで、天然ウラン・重水減速・ガス冷却炉、ボフニチェＡ－1炉（KS－150炉）の建設が開始されていることであろう。同炉は1972年、「営業運転」を開始したものの、1976年、77年と相次いで事故を起こし、1979年閉鎖されている。重水炉は旧ソ連邦ではその開発が暗礁に乗り上げた感があり、水爆の材料＝トリチウムを効率的に生成できる炉として軍事的視点から重視されるものの、アメリカほど大規模に活用されることはなかった[50]。旧ソ連邦の原子力当局は、スコダ社のすぐれた技術力を期待して「協同開発」をすすめ、この分野での遅れを取り戻そうとしていたのかもしれないが、ボフニチェA－1の開発目的、開発と運転過程の詳細は不明であり、今後の研究にまつところ大なるものがある。

4　中国の原子力

ソ連邦からの援助と中国の核兵器開発

中華人民共和国は、ソ連邦による最初の原爆実験成功の直後に成立した、「核時代」の新国家である。そして、その誕生直後から、いわゆる中ソ対立が激化するまで、冷戦の一方の当事国＝ソ連邦の同盟国として冷戦に主体的にコミットしてゆくことになる。こうした国が内戦直後の経済的混乱のなかにあっても核兵器の開発・保有をもとめるのは当然のことであった。

1955年1月15日開催の中国共産党中央委員会書記処拡大会議をもって中国の核開発はスタートする。会議に毛沢東をはじめとする当時の中枢的政治指導者とともに、中国「原子力の父」＝銭三強（1913－1992)、地質学者＝李四光（1889－1971）らが参加し、種々説明にあたった。このわずか2日後、ソ連邦政府は外国の原子力「平和利用」にたいして科学・技術・工業の面での援助を提供する用意がある旨声明を発した。

ただちに、中国はソ連邦との間に6件の協定を締結、ソ連邦からの大規模な援助のもとに核兵器開発を推し進めることになった。1956年11月16日には、国務院に担当官庁＝第二機械工業部（設立当初は第三機械工業部。のち、1982年の国務院機構改革にともない核工業部となる）が設置された[51]。

当時は「鉄のカーテン」の向こう側のできごとであり、また、のちの中ソ対立のために等閑視されるようになってしまったが、1950年代、1960年代前半にソ連邦がおこなった中国への科学・技術援助は想像以上に大きな規模をもつものであった。中国側の文献でも、1955年7月から中ソ対立が深化しつつあった1959年末までに260名を超える専門家、幹部がソ連邦に派遣されたことが跡づけられている[52]。そのうち少なくない部分がドゥブナの合同原子核研究所に派遣されていた。

ソ連邦は、西側との核実験禁止に関する協議を進めるなかで、中国への核兵器技術供与に慎重になり、1959年6月20日にはいったん約束していた原子爆弾関連資料の提供を一時延期する旨、中国側に提示した。つづいて1960年6月の世界共産党会議（ブカレスト）で中ソ間の対立が顕在化した直後、ソ連邦政府は中国に派遣していた自国の専門家全員の引き上げ、中国への科学・技術援助の打ち切りを通告、8月23日までに原子力分野での対中援助のために中国に駐在していた専門家233名全員が帰国した[53]。

中国はドゥブナの合同原子核研究所に最大時60名強、のべ130名強の研究者を派遣し、その資金の20％を負担するなど、ソ連邦、および「東側」諸国との原子力分野における交流にも熱心であり、中ソ対立の顕在化のあとも研究者を派遣し続けていたが、1965年7月1日、とうとうトゥブナからの撤退を決めた[54]。

ときあたかも、「大躍進」政策の破綻に自然災害が加わり、中国の国民経済は崩壊の淵に追いつめられていた時期であり、核兵器開発の分野における「自力更正」は困難を極めた。にもかかわらず、中国は、プルトニウム爆弾に比して経済的負担が大きい気体拡散法によるウラン濃縮技術、および、高濃縮ウラン爆弾の場合必ずしもその技術的必然がないにもかかわらず、最高度の精密技術が必要とされる爆縮法による原爆点火装置を組み合わせた路線を、消去法的に選択せざるをえなかった。「自力更正」が必ずしも自国の経済的条件にとって最適の技術選択をもたらすとは限らないという、逆説的な例のひとつであろう。

中国における原子力の「平和利用」

1964年10月における最初の核実験のあと、中国は経済的な困難、そして「文化大革命」の混乱のなかで、核兵器開発を核弾頭の開発とミサイルの開発に制限せざるをえなくなった[55]。

中国において民生用原子炉開発が具体的な課題となるのは、「改革開放」路線を定め、現代中国の歩む道に画期的な変化をもたらした、1978年12月の中国共産党第11期第3回中央委員会全体会議以降のことであった。「文化大革命」による混乱からの回復、「改革開放」路線のための基盤整備のため、経済ファンダメンタルズの再建が優先され、1981年には原子力関係予算も大幅に削減されたが、同時に、原子力工業にも経済への貢献がもとめられ、1981年11月、国務院はながく凍結されていた原子力発電所建設を再開することとした[56]。

中国における原子力発電の構想は1957年にさかのぼることができる。この年、酒泉原子能連合企業にソ連邦の援助でプルトニウム生産／発電両用原子炉を建設する計画が浮上したが、その後の国際情勢の変化で挫折してしまった。1966年には上海市の要請で、潜水艦用動力炉と同時に1万kWクラス実験用動力炉建設計画が持ち上がったが、これは「文化大革命」で頓挫した。1970年には首相＝周恩来が三度にわたり（2、7、11月)、原子力発電所建設を提案したが、この提案は1973年2月になってはじめて国務院第二機械工業部と上海市共同の計画として具体化され、3月31日、国家計画として承認され、周恩来がはじめて原発建設を呼号した1970年2月8日を記念して「728工事」というプロジェクト名が授けられた。しかし、「文革」の大混乱のなか、「728工事」はまったく進捗を見なかった[57]。

1981年11月の国務院による「728工事」再開の決定後、30万kW・加圧水型軽水炉による中国初の原子力発電所が上海の秦山に建設されることとなった。ほぼ同じ時期の1982年末、広東にも90万kWクラス原子炉2基をもつ発電所の建設が決定したが、注目すべきは、広東省電力公司と香港中華電力公司合弁によるフランスからのプラント輸入による建設が目指されたということである。1983年3月にはフランスのメーカーとの契約が成立し、1984年4月には着工を見た。

上海（秦山）と広東、この2ヵ所の原子力発電所建設に中国政府はなみなみならぬ意欲を見せ、国務院には、1983年9月、李鵬副総理を責任者とする原子力発電指導小組が設置され、1984年10月には国家原子力安全局が附置された。この段階で中国は商用原子炉の炉型を加圧水型軽水炉に一本化することを決めている。それはフランスの炉型選択と軌を一にするものであった[58]。

中ソ対立の激化以降、中国は原子力分野ではアルバニアへの援助提供以外に国際交流を持たなかったが、「文革」の終息とともに、中国は原子力分野における国際関係の構築にむけて活発に動いた。1975年の第1回欧州国際原子力会議（パリ）に訪問団を派遣し、フランス、西ドイツ、スイスの核施設を見学させた。同年11月にはフランス原子力委員会からの訪問団を受け入れ、同国との交流を開始した。その後2年間に両国間で2回ずつ視察団を相互に派遣・受け入れをした。その後、フランスが一方的に両国間の“協力”分野に原子力発電所建設を含めた（1978年9月）ために、中国側がこれに警戒し、一時フランスとの関係は途絶することになったが、「改革開放」路線確立後の1982年5月に両国間交流は再開されている。さらに、1984年5月9日、西ドイツとの原子力平和利用協力協定を締結したが、これが中国の西側との協定第一号となり、翌年までにブラジル、アルゼンチン、ベルギー、英国、そして、アメリカ、日本とこの種の政府間協力協定を締結するにいたった。

また、国際原子力機関（IAEA）には1971年12月9日の「中華民国（台湾）」から中華人民共和国（中国）への「代表権交替」にもかかわらず、IAEA加盟国の多くが台湾との協力関係を継続していることに不満をもち、ながらく加盟を躊躇していたが、1983年9月にようやく加盟を申請し、10月11日には承認され、1984年6月にはIAEAの「指定理事国」10ヵ国の一角を担うようになった[59]。

5　むすびにかえて

最後に今後の研究上の課題についてまとめておこう。

旧ソ連邦における原子炉開発・原子力発電導入の契機となったのは、みずからの共同体を守ろうとした科学者側からの国家への働きかけであり、自国の核開発にたいする国内外の支持・理解をえようとする国家のキャンペーンであった。これに偶然、「余剰」原子炉が登場することにより、旧ソ連邦における「平和のための原子」の実践がはじまることになる。その後、チェルノブィリの惨劇にいたる道程を歩むことになる旧ソ連邦の「平和目的」原子力技術の展開にこれらの諸要因がどのような作用をもたらしていったのか、今後その検証が待たれることになろう。

旧ソ連邦は「平和のための原子」の国際的「普及」にあたって、自国内では首尾よく発展したとは言いがたい軽水炉を東ヨーロッパの同盟国に輸出した。それはなぜか。しかも、その輸出はほとんどの場合、「中ソ対立」を惹起したニキータ・フルシチョフ失脚のあとにはじまっている。「プロレタリア国際主義」を強調したソ連邦共産党第23回大会、「プラハの春」とチェコスロヴァキアへの軍事侵攻、ベトナム戦争の激化と続く、「東側」における一連の国際政治上のできごとのなかで、こうした原発輸出がもった意味の解明も今後重要な課題となるであろう。

これらにたいし、中国における原子力発電の開発・実用化は、「政治の季節」であった冷戦が過ぎ去ったあと／過ぎ去りつつあった時期の「経済の季節」である「改革開放」の時代に属する現象である。原発導入をすすめた中国指導部が期待していた経済的成果を現在の中国の原子力発電所が持ちえているかどうか、今後注目されてゆくことになるであろう。

註

1　Под отв. ред. *В.И.Сидоренко* (Сост. *Л.И.Кудиновой* и *А.В.Щегельским*), «К истории мирного использования атомной энергии в СССР. 1944-1951 (Документы и материалы)». Обнинск: ГНУ «ФЭИ», 1994г.

2　Там же, сс.13-16.

3　Под ред. *Л.Д.Рябева*, «Атомный проект СССР: документы и материалы». В 3-х Т. Т. Ⅱ. Кн.2. (Отв. сост. *Г.А.Гончаров*). М.- Саров: Наука – ВНИИЭФ. 2000, сс.428-436.

4　Там же, с.434.

5　ヴラジーミル・パーヴロヴィッチ・ヴィズギン「ソ連版“平和のための原子”の科学アカデミーにおける出発」、市川浩編『“科学の参謀本部”――ロシア／ソ連邦／ロシア科学アカデミーの総合的研究――論集』第1巻（平成22～24年度日本学術振興会科学研究費補助金［基盤研究B］【課題番号：22500858】研究成果中間報告――

http://home.hiroshima-u.ac.jp/ ichikawa/kagaku_1.pdf)、2011 年 3 月、54 頁。なお、本稿のこの部分の叙述はこの論文を参考にしている。

6　Под ред. *Рябева*. Указ. в примечании 3, с.434.

7　See, L. R. Graheam, *Science in Russia and Soviet Union: A Short History,* Cambridge UP, 1993, pp. 173-190. もちろん、科学アカデミーが実践的機関として存続しえた理由はここに述べたことだけではない。このほかにも、①サンクト＝ペテルブルク帝室科学アカデミー設立にすでに見られた帝権の強力さ、② 20 世紀初頭、科学アカデミーの維持・強化をめざした有力な科学者の戦略的行動、③ボリシェヴィキ政権による科学アカデミーにたいする選好、④スターリン体制下での科学者とイデオローグ、および科学者相互間の対抗と協調の、ひとつの枠組みとしての発展、⑤第二次世界大戦期の戦時研究、および冷戦初期における核開発などへの科学者動員を通じた科学アカデミーの組織維持と強化、権威上昇、⑥科学者と権力との「共生」関係が完成したように見えるフルシチョフ政権期における科学アカデミー改革、とくにソ連版「科学者の楽園」＝アカデムゴロドーク建設、⑦権力からの離反をはじめた 1970－80 年代の科学者、⑧ソ連邦解体後の新生ロシア連邦当局による科学アカデミーから政府への一種の「奪権」過程とそれによる科学アカデミーの変容、などの歴史的諸契機が考察されなければならないであろう。近年の旧ソ連邦史研究の全般的特徴は、アレク・ノーヴが先駆的に提起した「集権的多元主義」とも呼びうる旧ソ連邦社会の理解が支持を集めつつあることにある（A. ノーヴ、邦訳『ソ連の経済システム』晃洋書房、1986 年）が、科学史の分野においても旧来の、科学者（集団）と党／政府官僚との関係についてより多元主義的な解釈が有力になってきている（F.ex. Nikolai Krementsov, *Stalinist Science,* Princeton University Press, 1997；Alexei B. Kojevnikov, *Stalin's Great Science: The Time and Adventures of Soviet Physic,* Imperial College Press, 2004, etc）。ロシア科学アカデミーの包括的な研究は、こうしたロシア／ソ連邦科学史の新しい展開に照応したかたちで、科学者（集団）と権力、ロシア／ソヴィエト／ロシア社会における科学者、科学者集団相互間の複雑な相互作用の解明のうえに構築し直されなければならない。そのうえで、世界の科学史上希有な経験であったロシア科学アカデミーとはいったい何であったのか、そして、科学と権威主義的国家との関係はどのようなものであったのか、が明らかにされなければならないであろう（市川浩「はじめに――研究の課題と方法」、市川浩編『“ 科学の参謀本部 ” ――ロシア／ソ連邦／ロシア科学アカデミーの総合的研究――論集』第１巻、前掲注 5、1 － 3 頁、参照）。

8　Российский государственный архив социально-политической истории (РГАСПИ), Фонд 17, Опись 133, Дело 171, лл.2,3. ロシア国立社会＝政治史文書館に保存されている本資料は、レニングラード物理工学研究所の現状を、有能な所員の転出により、実員が定員を大幅に下回り、管理職の比重が異様に高くなっているにもかかわらず、若い有能な所員を補充していない、として、所長アブラム・ヨッフェを批判する報告書である。

9　カピッツアは1945年12月18日、モロトフに対して「13のテーゼ」なるものを送りつけた。彼はこれによって研究者の側に研究成果を公表する権利を保障するようもとめたのである。モロトフは同僚のラヴレンチー・ベリヤと相談のうえ、研究成果の研究者による公表を認めないこととし、抵抗するカピッツアを核開発計画から追放した。また、カピッツアは1945年11月25日付で、原爆開発計画におけるベリヤの科学者に対する“無礼”を非難する書簡をスターリンに送った。彼は第二次世界大戦中、液体酸素を効率的に生産する装置の開発で政府から評価されていたが、1946年3月、カピッツアの装置を点検・評価する政府の委員会が開催され、この装置にたいする政府の評価は逆転する。これにより、カピッツアは原爆開発計画から追放されただけでなく、科学アカデミー物理問題研究所所長、モスクワ国立大学教授の職を追われ、1953年にスターリンが死に、ベリヤが逮捕されるまで公開の席に姿をあらわさなかった（See, Kojevnikov, *op.cit.* in note 7, pp.123-146)。

10　Под ред. *Л.Д.Рябева*, «Атомный проект СССР: документы и материалы». В 3-х Т. Т. II . Кн.3. (Отв. сост. *Г.А.Гончаров*). М.- Саров: Наука – ВНИИЭФ. 2002, сс.93-97.

11　アカデミー会員セルゲイ・ヴァヴィロフ（議長)、物理学者でアカデミー会員のドミートリー・スコベーリツィン、物理化学者でアカデミー会員のアレクサンドル・フルームキン、化学者でアカデミー会員のアレクサンドル・ネスメヤーノフ、生理学者でアカデミー会員のレオン・オルベリ、生物学者（植物生理学分野の専門家）ニコライ・マクシーモフ、物理学者でアカデミー通信会員のイサーク・キコイン（第一総管理部科学技術協議会メンバー)、生物物理学者・教授のグレブ・フランクをメンバーとしていた。

12　«Сессия Академии наук СССР по мирному использованию атомной энергии. 1-5 июля1955г.» в 5 тт. Изд-во АН СССР, Москва, 1955г.

13　Архив Российской Академии наук, Фонд 2 Опись 6 Дело 201, лл.9, 10, 138-140. なお、ドミートリー・ブロヒンツェフ（1907－1979）はアメリカが原子炉開発にイギリスほど積極的でない理由として、アメリカ側から、同国には低廉な石炭資源があるために、原子力発電開発の経済的動機がないからである、との説明を受けている（л.117)。彼らはこの説明を受け入れたようであるが、この時期アメリカの軽水炉開発は大きな障害――微濃縮ウラン入手の困難、必要濃縮度の炉物理的計算の困難など――に直面しており、なかなか展望を見い出しにくい状況にあった（W・マーシャル編／住田健二監訳『原子力の技術　1――原子炉技術の発展（上)』筑摩書房、1986年、277－301頁、参照のこと)。

14　次々と設立されていった原子力関係の研究機関については、さしあたり、藤井晴雄『旧ソ連・ロシアの原子力開発の歴史――1930年代から現在まで』（東洋書店、2001年）の22－28頁を参照のこと。

15　*Вовуленко В*. “Вступительная статья” //Дж. Аллен. «Атомная энергия и общество». М., 1950. сс.5-19. 出典は、ジェームズ・アレン『原子力と社会』（J. Allen,

Atomic Energy and Society, New York, International Publishers, 1949）のロシア語訳にあたり、ヴォヴレンコという人物が附した解説にある引用である。ここで指摘された原爆の平和利用は、のち「キューバ危機」脱出後の米ソ両国による一定の「緊張緩和」により核弾頭とその材料に余剰があらわれるようになって以降、100回を超える回数、「産業目的地下核爆発」が、「鉱石の粉砕」「地殻の地震探鉱」「事故によるガス噴出の鎮火」「運河・ダム・貯水池などの建設（土壌の噴出）」「石油とガス採取の強化」「鉱床の試掘・産業開発の強化」「炭化水素原料の地下貯蔵所建設」「有害な工場排水の深層埋設」「陥没によるクレーターの造成」のために実施されている（ヴァレリー・メニシコフ、ボリス・ゴルボフ、徳永盛一訳「地下核実験が生態環境に与えた影響――その1」『原子力eye』Vol.44 No.4、1998年4月、80－83頁。ヴァレリー・メニシコフ、ボリス・ゴルボフ、徳永盛一訳「地下核実験が生態環境に与えた影響――その2」『原子力eye』Vol.44 No.6、1998年6月、41－44頁。徳永盛一「資料／旧ソ連で実施された産業目的地下核実験」『原子力eye』Vol.44 No.7、1998年7月、69－71頁、参照のこと）。このような原爆の平和利用は、アメリカにおいても第二パナマ運河開削でもおこなわれた（「ブラウ＝シェア計画」）が、誘導放射能が予想よりはるかに強く、最近では回避されている。

16　前芝確三『原子力と国際政治――共存か共滅か』東洋経済新報社、1956年、69頁。なお、同書は、1945年11月11日の米英加三ヵ国宣言以降、ソ連邦による原爆開発の成功までの間、国際政治の舞台で米ソ冷戦の焦点であった原子力国際管理問題の推移に関する同時代的記録として貴重である（とくに27－84頁）。

17　ソヴェト研究者協会編訳『ソヴェト同盟共産党第19回大会議事録』五月書房、1953年、154頁。

18　*А. Серегин,* “Атомная энергия для мирных целей.” «Знание－сила»№3 1953г. сс.27, 28. それ以前の1950年にすでに同誌は、ノーベル賞を受賞した高名な物理学者で、フランス共産党員であったフレデリック・ジョリオ＝キュリーの活動を紹介する記事のなかで、原子力の平和利用の展望を肯定的に描いていた（*Н.Петров,* “Ученый и борец.” «Знание－сила»№5 1950г. сс.14,15）。

19　*К. Гладков,* “Ядерные реакторы.” «Техника молодёжи»»5 1954г.сс.23-29.

20　*И.А.брамов,* “Пути развития советской техники.” «Новый мир»№2 1955, сс.206-217.

21　*Н.А. Доллежаль.* «У истоков рукотворного мира (записки конструктора)». 2-е издание, Москва, Издательство ГУП НИКИЭТ, 1999 г., сс.148,149.

22　Там же,стр. 217.

23　*В. Н. Михайлов и др.,* «Атомная отрасль России», Москва, ИздАТ, 1998.стр.68.

24　Под отв. ред. *Сидоренко,* Указ. соч. в примечании 1, сс. 134-137.

25　Там же, сс. 140-142, 146,147.

26　*Михайлов и др.,* Указ. соч. в примечании 23, сс.69,70.　電気出力わずかに5000 kWのこの発電所は、正確には実験用、もしくはデモンストレーション用であった。完成後の10年間で外国人7200名を含む3万9000人が見学に訪れた。炉型は黒鉛減速・水冷却炉で、直径300cm、高さ460cmのシリンダ型に成型した黒鉛の土台に直径65mmの穴が157個垂直に穿たれ、そこに5%濃縮ウラン燃料と水冷却回路を装填した燃料棒を縦に挿入する構造の、いわゆる黒鉛チャンネル炉の原型と呼べるものであったが、小型の炉であるにもかかわらず2次冷却系をもっていたために効率が悪く、制御棒の耐熱性が不充分でそこにも冷却水が必要となるなど、その操業は順調ではなかった（市川浩『科学技術大国ソ連の興亡――環境破壊・経済停滞と技術展開』勁草書房、1996年、112－114頁、参照）。

27　同上拙著、87－89頁。

28　同上、116－118頁。1960年代末には、国家計画委員会（ゴスプラン）などにより、原子力発電所も実質的な経済効果をもつことをもとめられるようになっていた（См. *А. Повленко,* "О равитии энергетики и электрификации СССР." «Плановое хозяйство » №8, 1968.cc.4,7：このゴスプラン刊行の雑誌の巻頭論文では、原子力発電のなかでも、とくにプルトニウムを直接燃料にできる高速中性子炉に期待している）。キューバ危機脱出以降の米ソ間における一定の「緊張緩和」による核軍拡一辺倒から核軍縮基調への転換がすすんだこの頃、ダブついた核兵器製造能力の余剰を核の「平和利用」に振り向ける必要もあったのであろう。

29　См. «Литературная газета». 20 июля 1988. стр.12.

30　*В.И. Мостовой,* "Ядерно-физические исследования в Лаборатории №2 по атомному проекту СССР (1943-1955гг.)"　Под ред.. *Е. П. Велихова,* «Наука и общество：История Советского атомного проекта [40-50годы]/ Труды международного симпозиума ИСАП -96» Москва, ИздэАТ, 1997.стр.270.

31　*В.П.Джелепов,* "Когда Дубны не было на карте." Там же, сс.284-286.

32　Там же, стр.288.

33　Под ред. *А.М.Петросьянца и др.,* «Ядерная индустрия России». Москва, Энергоатомиздат, 2000г.стр.991.

34　*Джелепов,* указ. статья в примечании 31, стр.290.

35　Под ред. *Петросьянца и др.,* Указ. соч.в примечании 33, стр.872.

36　*Джелепов,* указ. статья, стр.290.

37　*А.М. Петросянц,* «Современные проблемы атомной науки и техники СССР». М.: Атомиздат, 1976г. стр.409.

38　Под ред. *Петросьянца и др.,* «Ядерная индустрия...». Указ. в примечании 33, сс.873-877.

39　Там же, сс.991, 992.

40　OECD, International Energy Agency, *Energy Policies of Poland: 1994 Survey,* 1995, p.15.

41　*Петросянц,* «Современные...». Указ. в примечании 37., сс. 230-234, 405. 日本原

子力産業会議『世界の原子力発電開発の動向―― 2003年次報告』110、111頁。IAEA（国際原子力機関）は、1991年6月28日、調査のうえで「コズロドゥイ原子力発電所は多くの安全上の欠陥があり、非常に劣悪な状況下にある」とブルガリア政府に改善を勧告した。①格納容器がなく、②非常用炉心冷却装置の容量が不足しており、③防火設備も不充分で、④耐震性の考慮がなされておらず、⑤緊急時計画を欠いている、ということであった（日本原子力産業会議『世界の原子力発電開発の動向・1991年次報告』60頁）。

42　OECD, International Energy Agency, *Energy Policies of IEA Countries: Hungary: 2003 Review*. 2003, p.128; See, Paks Nuclear Power Plant, Home Page (http://paksnuclearpowerplant.com/).

43　*Петросянц*, «Современные...». Указ. в примечании 37., сс. 226-228.　本書には東独最初の軽水炉＝「ラインスベルグ」原発の炉については、旧ソ連邦から援助に関する言及・指摘が見られない。この炉が誰の手によって何の目的で製造されたのか、明らかにされる必要があろう。

44　日本原子力産業会議『世界の原子力発電開発の動向―― 1991年次報告』38、39頁。

45　*Петросянц*, «Современные...». Указ. в примечании 37., сс. 218-221; OECD, International Energy Agency, *Energy Policies of IEA Countries: The Czech Republic: 2005 Review*. 2005, p.127.

46　日本原子力産業会議『世界の原子力発電開発の動向―― 2000年次報告』56頁。日本原子力産業会議『世界の原子力発電開発の動向―― 2002年次報告』61頁。ただし、テメリン原発は、いったん2000年に送電を開始したが、隣国オーストリアからの安全性にたいする疑義を受けた欧州議会の決定により、追加の環境影響調査を実施することとなった（前掲『世界の原子力発電開発の動向―― 2000年次報告』54、55頁）。

47　前掲拙著（1996年：注26初出）、118－121頁。

48　プルトニウム（通常の質量数は239）は、原子炉のなかでウラン238の原子核に中性子を吸収させることによって得るのであるが、あまり長く中性子に曝してやると、さらに中性子を吸収してプルトニウム240という同位体元素が多く生まれ、プルトニウムの臨界条件が攪乱されることになる。これを回避するため、軍用のプルトニウム生産炉には、通常、燃料寿命の短い天然ウラン燃料が使用されるが、軽水炉には必ず低（微）濃縮ウラン燃料を用いなければならず、それゆえ、そこからウェポン・グレードのプルトニウムを入手することは難しいということになる（黒鉛炉であっても、発電に応用する場合はだいたい濃縮ウランを利用するので、やはり通常はウェポン・グレードのプルトニウムを得ることはできないが……）。かなりうがった見方ではあるが、中国のように「同盟国」から敵対関係に転じるものがさらにあらわれる場合を想定して、これら諸国のプルトニウムを生産する潜在的能力を封じるために軽水炉のみを供給した、とも考えられる。また、「同盟国」による負担を、懸案となっていた軽水炉用の核燃料サイクルを確立、もしくは、軽水炉を想定して既存核燃料サイクルを拡充する一助にしようとしていた、という推測も成り立つ。前掲拙著（1996年）注26初出、120頁、参照。

49 邦訳『ソ連邦共産党史　3』大月書店、1973年、960－961頁。

50 *Петросянц*, «Современные...». Указ. в примечании 37., сс. 225, 226；(財) 高度情報科学技術研究機構 (RIST)、『原子力百科事典　ATOMICA』「スロバキアの原子力事 情 (14-06-08-02)」http://www.rist.or.jp/atomica/data/dat_detail.php?Title_No=14-06-08-02 。なお、旧ソ連邦における重水炉開発の顛末については、市川浩『冷戦と科学技術――旧ソ連邦 1945-1955年』(ミネルヴァ書房、2007年) 77－81頁を参照のこと。

51 『当代中国的核工業』中国社会科学出版社、1987年、13－16頁。

52 同上、29頁。なお、この時期の旧ソ連邦から中国への科学技術援助については2000年から中ロ共同研究による全容解明がすすめられている (См. *Чжан Байчунь и др.*, «Передача технологии из Советского Союза в Китай 1949-1966». Нестор-История, 2010г.)。

53 『中国近現代技術史』上巻、科学出版社、2000年、1354、1355頁。

54 最後まで残っていた中国人研究者47名はすでに6月17日に退去していた。前掲『当代中国的核工業』、520、521頁。

55 原子力潜水艦用原子炉でさえ、1958年に開発計画が策定され、第二機械工業部が管轄することも決められていたにもかかわらず、実際に開発がスタートしたのは1960年代の終わりであり、1971年9月になってはじめて中国製原子力潜水艦第一号は進水した (前掲『当代中国的核工業』、64－67頁)。

56 前掲『当代中国的核工業』、87頁。

57 同上、86、87頁。

58 同上、87、88、528－530頁。

59 同上、523、524、526－540頁。

[本章は、日本学術振興会科学研究費補助金・基盤研究 (B)「“科学の参謀本部”――ロシア／ソ連邦／ロシア科学アカデミーの総合的研究」[研究代表者・市川浩：課題番号22500858] による研究成果の一部である。また、中国語文献の利用にあたっては、広島大学大学院総合科学研究科博士課程前期在学中の張万超君の協力をえた。記して感謝したい。]

第７章　南北朝鮮の原子力開発
——分断と冷戦のあいだで——

小林　聡明

1　はじめに

現在、韓国（大韓民国）政府は、1972 年に署名された韓米原子力協定が、2014 年末に失効するのを前に米国政府との改定交渉にあたっている。だが、核燃料再処理の権限を求める韓国と、それを認めない米国政府との立場は、大きく隔たっており、交渉は難航している。2011 年 12 月 8 日付『朝鮮日報』は、オバマ政権周辺に、韓国が独自の核開発を追求しているとの疑念があると報じた。そして、米国は、韓国が 2000 年にレーザー濃縮法を活用して、組織的にウラン濃縮を試みており、今後も同様のことが行われる可能性を憂慮しており、それが交渉妥結の障害になっていると指摘されている。韓国政府は、一部の科学者が「学問的好奇心」から一度だけウラン濃縮を行っただけで、政府の方針とはまったく関係ないと釈明した。だが、米国は、こうした韓国政府の主張を信じていないという[1]。

一方、北朝鮮（朝鮮民主主義人民共和国）は、「自衛」のために核兵器開発を進めていることを明確にしており、原子力を軍事的に利用しようとする意図を隠していない——もちろん、北朝鮮にとっては「平和」のための原子力の利用であるが——。冷戦終結から 20 年、朝鮮半島において、原子力は、依然として南北双方ともに軍事目的の利用意図が見え隠れしている。

韓国・北朝鮮にとって、原子力とは、いかなるものである（あった）のか。いうまでもなく、世界中の多くの国家において、そうであるように、原子力は軍事利用と平和利用という二項対立の枠組みから把握しきれるものではない。そこには、原子力に託された未来への夢と核兵器に対する欲望が折り重なるようにたたみ込まれている。こうした夢や欲望は、なにも韓国や北朝鮮だけに存在していたわけではない。20世紀、とりわけ後半期、資本主義／共産主義をとわず、世界中で原子力の威力と残酷さにおののきながらも、原子力に対する夢や欲望が加熱され続けていた。

こうした20世紀後半のグローバルな夢や欲望が、いかなるものであったのか、その内実について、本章は朝鮮半島の文脈から見通そうとするものである。それは、次の三つの課題の解明を通じて行われる。

第一に、日本の植民地支配からの解放前後の時期に焦点をあて、朝鮮における原爆認識と植民地朝鮮における原子力研究の状況を浮かび上がらせることである。これまで韓国や北朝鮮における原子力導入に関する研究では、1950年代以降から叙述されているものが多く見られる。だが、実際には、韓国や北朝鮮の原子力研究は、植民地期の人的資源を基盤としており、1950年代以降から論じるのは、適切ではない。第一の課題は、解放前後の時期を扱うことで、原子力導入の前史を明確にしようとする。

第二に、韓国における原子力が、どのように導入されていったのかについて、歴史的に跡づけていくことである。ここでは、1948年の大韓民国成立から朝鮮戦争を経て、原子力研究体制が確立する1960年代までの時期を分析対象とする。それは、現在、「原発大国化」の道を突き進む韓国の歴史的道程の一端を明らかにするものとなる。本課題に関する先行研究として、金性俊[2]やディモイア[3]らによる優れた研究がある。だが、日本語で読めるものは、ほとんど見あたらない。これらの先行研究を踏まえながら、韓国の原子力導入の初期過程について、日本語で論じることは、決して少なくない意義を持つと考えられる。

第三に、北朝鮮の原子力導入の歴史的展開を明らかにし、現在行われている核開発の源流を照らしだそうとすることである。これまで本課題に関する先行研究では、北朝鮮の状況のみに注目され、しばしば韓国の原子力導入状況との有機的な連関が看過されてきた[4]。だが、本章で明らかにしているように、韓国と北朝鮮における原子力導入は、時間的にもほぼ同時進行で行われ、さらに双方の原子力研究の基盤を支えた人的資源も、互いに密接に絡み合っていた。ここでは、北朝鮮の原子力導入も論じることで、こうした先行研究が持つひとつの限界を克服しようとする。

以上の課題の解明を通じて、本章は、韓国と北朝鮮の双方がたどった原子力導入の歴史的展開を描き出し、原子力への夢と核兵器への欲望の一端を浮き彫りにすることで、南北分断と冷戦が有するリアルな現実の一断面を提示したい。ここに本章のもっとも大きなねらいがある。

2　原子力導入の基盤

解放前後の原爆報道

原爆投下のニュースは、その直後から植民地朝鮮にも伝えられた。1945年8月9日、『京城日報』は、広島に「新型爆弾」が投下され、朝鮮王朝の皇族である李鍝・日本陸軍中佐が被爆し、死亡したことをトップで報じた。そこでは、「新型爆弾」の投下は、「無辜の民衆を殺戮せんとする米国民の残虐性を自ら世界に向って公示した」ものとして、「残虐的な新兵器」を使用した米国が激しく非難された[5]。10日、日本政府はスイス政府を通じて、米国政府に宛てた「新型爆弾に依る攻撃に対する抗議文」を送付した[6]。さらに朝鮮の人々は、広島に続き、9日には長崎にも「新型爆弾」が投下されたことを知った。彼ら／彼女らは、投下直後から、広島や長崎で原爆によって甚大な被害がもたらされていることを把握していた。

1945年8月15日正午、東京で発射された玉音放送の電波は、朝鮮にも届いていた。ラジオ電波にのって伝えられた「終戦ノ詔書」は、「敵ハ新ニ残虐ナル爆弾ヲ使用シテ頻ニ無辜ヲ殺傷シ惨害ノ及フ所真ニ測ルヘカラサルニ至ル」とし、「新型爆弾」による被害の大きさに言及した。「終戦ノ詔書」では、「新型爆弾」が何なのかは示されなかった。一方、8月15日付『京城日報』は、「敵は新に残虐なる原子爆弾を使用し無辜の人民を殺戮」したと述べ、「新型爆弾」が、原爆であることを明言していた[7]。

朝鮮の人々は、日本敗戦／朝鮮解放と同時に、「新型爆弾」が原爆であることを認知していた。原爆をめぐる一連のニュース報道は、朝鮮の人々に対して、原爆が日本の敗戦に決定的な意味をもったとの認識を与える重要な一因になっていたと考えられる。

日本植民地支配からの解放後、朝鮮は、再び外国軍によって占領された。1945年8月中旬から下旬にかけて、ソ連軍は北緯38度線以北の朝鮮北部を占領した。9月8日、米陸軍第24軍団は、ソウル西方の仁川に上陸した。以後、1948年8月に大韓民国が、同年9月に朝鮮民主主義人民共和国が樹立されるまで、約3年間にわたって、米ソによる分割占領統治が行われた。

米軍の南朝鮮上陸は、9月7日に予定されていたが、台風による天候悪化のため、8日に延期された。上陸予定日であった7日付『京城日報』は、広島と長崎に投下された原爆による死傷者が19万人にものぼっており、いかに原爆が残虐であるかを強調する記事を掲載した[8]。だが、米軍上陸とともに、その論調に変化が見られた。

米軍上陸当日の8日、『毎日新報』は、連合国軍（米軍）の上陸を歓迎する英文メッセージを掲載し、朝鮮に自由と解放をもたらした連合国軍（米軍）への感謝と称賛をあらわした[9]。一方で、原爆による放射能は、今後、一切影響ないとする記事[10]が掲載されるなど、米軍上陸後、原爆の残虐的な被害に関する報道は、ほとんど見られなくなった。原爆の残虐性に関する報道量が低下した背景には、第一義的には、米軍が南朝鮮で統治権力を確立するために障害となりうる米国批判を厳しく制限したという内政的な側面があろう。

この頃、米国は核管理のために原子力の平和利用を重視する方向へと舵を切り始めていた。1945年10月3日、トルーマン大統領は、議会に送った教書のなかで、原子力が人類繁栄のために使用されるべきとし、国内、国際的に核燃料や技術を管理する仕組みを整備する必要性を提起した。トルーマンは核兵器の軍事的価値を理解しながらも、それが持つ破壊的なパワーを警戒するなど、核をめぐる強いジレンマに陥っていた。その突破口の一つが、軍事目的で出発した原子力の利用を平和目的に切り替える方向の追求であった。11月15日、トルーマン政権はカナダや英国とともに、国連に原子力の国際的な管理を行う委員会の設置を提起する共同声明を発表した。朝鮮解放とともに、復刊したばかりの『朝鮮日報』は、11月30日付社説「原子力と世界平和」のなかで、アメリカによる原子力平和利用の動きを、こう批判した[11]。

> 米大統領「トルーマン」氏は、原子力を戦争のためにではなく、平和確保のために利用することを宣言したと考えられる。もっとも有効な戦争兵器が、もっとも信頼性のある平和確保物であるという、この矛盾の発展を、我々は承認することができない。……しかし、原子力が平和手段であるという矛盾の真意は、それが世界各国の共有物として開放されておらず、少数国の独占となっている。この独占が恒久の独占となる限り、いま論議されている平和確保の構想も正しいのかはわからない……原子力の一時的統制に平和確保の根拠をおくことは、もっとも流動的な根拠から恒久な平和対策を構想しているという自己矛盾を……平和確保の重大な責任を有している連合軍諸国の国民と政治担当者らは、知らなければならない。

『朝鮮日報』は、原子力を独占することで、原子力によって世界平和を実現しようとする米国の戦略を自己矛盾として批判した。これは、『朝鮮日報』が、解放後、初めて原子力について論じた記事であった。

1945 年 12 月末、モスクワで英米中による三国外相会談（モスクワ三相会議）が開催された。米国は、原子力の国際管理を提起し、ソ連から同意を得ることに成功した。だが、南朝鮮では、モスクワ三相会議における朝鮮問題の帰趨に関心が集中するあまり、原子力管理問題は、ほとんど注目されなかった。解放前後に見られた原爆の被害報道にかわり、原子力管理に関する記事が増加した。だが、南朝鮮での原子力に対する関心は、おしなべて低いものであった。

植民地朝鮮の核物理学研究に対する米国の関心

米国は、戦時中に日本が試みていた原爆研究に強い関心を抱いていた。GHQ は、日本占領を開始した直後から、日本の原爆研究に関する徹底した調査を実施した[12]。それは日本国内のみならず、植民地であった朝鮮や台湾[13]、さらには中国東北部でも行われた。

マンハッタン計画の責任者であったグローブス少将は調査団を結成し、戦後直後から原爆の被害状況のほか、日本の核物理学研究の状況、鉱物学的調査などを実施した。1945年9月30日、調査団の東京班長であったファーマン少佐は、原爆開発に関する核物理学分野で行われた日本の試みとその現状、そのための計画物資を得るための試みを調査した報告書を提出した。ここには、朝鮮での放射性鉱物の探査に関する調査内容も含まれていた[14]。

朝鮮黄海道菊根鉱山では、「二号研究」のために日本軍の後援を受けてフェルグソン石が採掘されていた。朝鮮人労働者1000名以上を徴募して採掘されたフェルグソン石3トンが、仁川で選鉱され、日本の理化学研究所（理研）に送るために仁川に残されたまま終戦を迎えた[15]。戦時中、理研の飯盛里安研究室や京城帝国大学理工学部、朝鮮総督府地質調査所は、朝鮮で活発に鉱物資源探査を行っていた。GHQは、朝鮮でのウラン資源には大きな関心をもっていたが、原爆開発計画についてはあまり重要視していなかったと指摘される[16]。だが、朝鮮での核物理学研究の状況は、全く調査されなかったわけではなかった。

1946年7月3日、GHQ経済科学局（ESS）のエントウィッスル少佐は、京城工業専門学校校長の安東赫に対する事情聴取を実施した。安東赫は1929年に九州帝国大学で博士号を取得したのち、中央試験所技術者、朝鮮総督府科学工業部長などを歴任した科学者であった。米軍政庁教育部は、安東赫について、朝鮮の科学分野で、もっとも良く知られた人物であり、植民地朝鮮で、日本人官僚から信頼された数少ない朝鮮人の一人と評していた。

事情聴取のなかで、安東赫は、朝鮮の核物理学研究の状況について、①理論・実験研究は存在しない、②核物理学の装置は存在しない、③核物理学は存在しない、④同位体分離の未実施、⑤稀元素の採鉱探査や精製などに関する研究は実施されていた、⑥装備や人材が存在しないため、核物理学の教育や研究計画は検討されなかった、⑦重要なウランあるいはウラン鉱山が朝鮮に存在しているとは考えられていないと述べた。安東赫は、鉱物資源探査を行っていたことを認めたものの、菊根鉱山の存在などウラン鉱山の存在を否定し、核物理学自体が植民地朝鮮には存在しなかったと証言した。安東赫は、理研などが行っていた朝鮮での放射性鉱物探査の事実や採掘されたフェルグソン石の存在を隠したというよりも、知らなかったと思われる。さらに安東赫は、エントウィッスルに対して、朝鮮における最も能力のある人物として、次の5人の研究者の名前を挙げた。

李源喆（教育部気象局長）
朴哲在（京城大学[17]物理学科教授、元京都帝国大学理学部講師）
都相禄（元京城大学物理学科教授）
権寧大（京城大学文理学部教授）
金イェムン（京城大学助教授）

エントウィッスルは、隠し立てをしても何の利益もないために、安東赫が事実を話していると判断し、彼の証言を全面的に信頼した[18]。

エントウィッスルは、李泰圭にも事情聴取を行った。李泰圭は、1931年に京都帝国大学で博士号を取得したのち、京都帝大講師を務め、解放後は京城大学(のちのソウル大学)文理学部の初代学部長に就任していた人物であった。事情聴取では、李泰圭から交流のあった人物として荒勝文策や菊池正士の名前があがったが、彼らが朝鮮で核物理学研究を行っていたなどの特別な情報は得られなかった。エントウィッスルは、荒勝や菊池が行っていた研究は最高機密であることが含意されており、決して軽々しく口にする話ではなかったが、彼ら自身は朝鮮で行われていた研究を知っていたであろうと推測した[19]。

エントウィッスルは、事情聴取や京城大学や京城工業専門学校、中央研究試験所などの研究機関での調査を通じて、1946年7月に報告書『朝鮮における科学研究』(Scientific Research in Korea）をまとめた。報告書は、南朝鮮の科学研究について、人材や研究装置が不足しており、水準がきわめて低く、ほとんど存在しないに等しいと結論づけた。人材不足の理由として、日本が植民地朝鮮から搾取し、朝鮮人を農奴（Serfdom）の身分に留め置くために、朝鮮人が高等教育を受ける機会を妨げたからであると指摘された。

GHQは、植民地期朝鮮で放射性鉱物の探査・採掘が実施されていたことをつかんでいた。だが、核物理学研究が行われていた痕跡を見つけることはできなかった。日本の内地で陸軍や海軍が行っていた原爆研究自体が、国際的にみて、幼稚な水準であり、マンハッタン計画やドイツの原爆研究とくらべても比較にならないほど低水準なものであった[20]。植民地朝鮮において、核物理学研究が、十分な水準で行われていたとは、当然考えられなかった。内地から見れば、植民地朝鮮は、核物理学＝原爆研究のための原料供給地にすぎなかった。

陸軍や海軍の原爆研究が低水準であった理由として、日本の科学者には、若手研究者が戦場に送られるのを阻止し、ついでに軍から支出される潤沢な研究費を自分自身の学術研究に使用するために、興味も持てず、積極的に協力するという姿勢もとれないままに原爆研究に取り組むという行動様式があったと指摘される[21]。だが、そうした行動様式からなされた原爆研究は、植民地朝鮮における軍部の大規模かつ過酷な労働によって採掘されたウラン鉱物の植民地からの供給が前提となっていた[22]。若手研究者の徴兵回避は、朝鮮人労働者を過酷な労働に送りこむことで成立していたことを看過すべきではない。

GHQ は、植民地朝鮮での核物理学研究に関する調査から、それほど多くのことを得られなかった。だが、GHQ が解放後の朝鮮が直面していた多くの経済問題を解決してくれるであろう基礎科学研究の発展において、幾人かの鍵となる科学者の存在をつかんだことは、少なくない収穫だったと考えられる。事実、安東赫が挙げた５人の科学者のなかには、その後、韓国、そして北朝鮮における原子力導入において、重要な役割を果たす人物が含まれていた。

解放直後の朝鮮における原子力導入の基盤には、原爆による惨劇の遠景化と植民地期に日本で学んだ科学者たちの存在が埋め込まれていた。こうした基盤のうえに、韓国・北朝鮮の原子力研究は立ち上げられていくことになる。

3　朝鮮戦争と原子力

南朝鮮の電力不足と韓国における原子力への注目

韓国における原子力の導入を考えるうえで、まず南北朝鮮の電力生産が、解放後のしばらくの間、きわめて対照的な状況にあったことを確認しておく必要があろう。1944年、朝鮮南部には19ヵ所の発電設備しかなかった一方、北部には27ヵ所設置されていた。また、可能な発電容量は、南部で24万1512kWであり、北部は136万2978kWとなっていた。朝鮮半島での電力生産は、圧倒的に北部に依存していた。発電方式にも大きな特徴が見られた。北部での発電設備は、ほぼすべてが水力によるものであったが、南部で生産される電力構成は、石炭火力、石油火力、水力と分散していた。

朝鮮北部に電力供給を依存する傾向は、解放後も続いた。1945年から3年間の南朝鮮における電力生産は、大きく増加しており、特に1947年から1948年にかけて、火力発電による電力生産量が大幅に伸びていた。何よりも特徴的なことは、南朝鮮の電力が、北朝鮮から送電される電力に大きく依存していたことである。これは、植民地朝鮮の電力生産が北部に依存しており、基本的には解放後も、その構図が引き継がれたことを示していた。

解放後、南朝鮮の電力需給は逼迫していた。米軍は、占領直後から、電力使用制限を命じざるを得なかった。1945年10月5日、京城電気（京電）軍政官のオーヴィル・W・ビブス大尉は、電気コンロや高燭電球などが不法に使用（盗電）されたことで、電気施設が損傷し、修理が困難になっていると指摘した。そのうえで、電力消費に対してさらなる注意を払わなければ、遠からず、多くの人々が長期間、電力なしの生活をおくらなければならないとして、電力の濫用を戒める警告を発した[23]。

電力供給は増加したものの、電力不足はいっこうに解消されなかった。1947年12月、在朝鮮米陸軍司令官のホッジ中将は、南朝鮮過渡政府命令第9号を通じて、甚だしい電力不足が、しばらく継続するとの観測から、非常時電力委員会を設置するよう命じた。委員会には、電力の公正かつ適度な分配を保障し、非常時には、電力の使用および分配を管理する権限が認められた。非常時電力委員会は、特別の許可がない限り、「事務所、公共建築、家庭、料理店、または、その他の建物での電熱」「料理目的」「装飾または広告用電光」で使用することを禁じるとともに、電力使用に関する優先順位も定めた[24]。

朝鮮半島の産業界に必要な電力エネルギーは、主として北朝鮮にある発電所から供給されていた。米ソによる分割占領後も、北朝鮮は、以前と同様に、南朝鮮への電力供給を続けていた。平壌のソ連軍司令部は、たびたびソウルの米軍司令部に対して、南朝鮮に送電した電気料金の支払いを求めていた。1947年6月17日、米ソは1945年から1947年5月31日までに使用した電力料金ついて、6ヵ月以内に商品で支払うことに合意した。だが、なかなか米側から電気料金の支払いはなされなかった。一方、米側は、1947年以後に南朝鮮に送電された電力料金について、南朝鮮で収穫される野菜や海産物での支払いを求めた。だが、ソ連側は、それを拒否していた[25]。

1948年5月15日、北朝鮮から南朝鮮への送電が、突如として停止された。北朝鮮に電力生産を大きく依存する南朝鮮では、送電停止によって、大停電が発生し、大きな混乱が生じた。突然の送電停止の理由として、国連の支援を受けて、同年5月30日に行われる南朝鮮単独選挙に向けられた北朝鮮の抗議の表れであったと指摘される[26]。それと同時に、米ソ間での電力料金支払いをめぐる対立が発生し、送電停止にいたった可能性も否定できない。

原子力発電への注目

北朝鮮からの電力供給の停止は、南朝鮮に深刻な影響を与えた。電力問題は、喫緊の解決すべき課題となっていた。送電停止後、電力不足がさらに深刻化するなか、韓国政府樹立から2ヵ月後の1948年10月、電気研究所所長の金俊植は、電力問題を解決する方案として、①韓国最大の寧越火力発電所の炭鉱補修の徹底、②水力発電所建設計画の推進、③ディーゼル発電施設の分散配置、④北朝鮮から電力供給を受けるための誠実な交渉、⑤原子力利用研究の開始、⑥風力発電計画の調査研究の開始、⑦盗電防止器の使用を提起した。

既存の発電システムである火力、水力を増強する必要性とともに、原子力発電への可能性が指摘された。金俊植は、遠くない将来に原子力エネルギーの時代が到来する。そのためには、国家で原子力研究の専門家を養成することが肝要であると主張した。原子力に向けられた期待の背景には、石炭や石油がなくとも、韓国には、放射性鉱物が存在するという考え方があった[27]。

原子力への関心は、理工学系の技術者や研究者だけでなく、大衆的な広がりを見せていた。当時の韓国で、最も人気を博していた総合誌の一つであった『新天地』(1950年1月号)では、「原子力問題」が特集されていた。同誌は、1949年の1年間、原子力問題がもっとも話題になり、将来に向けて大きな関心を集めたために、原子力問題を特集のテーマに選定したと記していた[28]。特集原稿の配列とタイトルは、次のとおりであった。

①「原子力研究の歴史と人類生活の将来」金東一
②「私が見た米ソ原子外交」李昌燮
③「原子力と平和——20世紀の神話」朴琦俊
④「原子時代の科学技術と人間精神——米国原子力管理人の直言」米国原子力委員長D・E・リリエンソール
⑤「原子力管理問題総観」ジェームス・F・バンズ
⑥「米ソ原子力秘密の実相」ナット・S・フィーニー
⑦「広島最後の日——在日韓国人が経験した広島最後の手記」

特集には、原子力の可能性に対する大きな期待が見られた。その一方で、当時の韓国人が有していた原爆認識が如実に示されてもいた。①は、「湯川秀樹博士をはじめとした多数の学者が、国運をかけて、原子力研究に邁進したが、成功できない間に米国から原子爆弾の洗礼を受けた」とし、「原子爆弾の成功は、独裁主義に対する民主主義の勝利」であり、「神が民主主義を祝福した結果」であると断言した。③は、原爆が「少なくとも100万名近い米国将兵の生命を救うことができた」ために、戦争終結が6ヵ月以上、早まった。原爆の使用が、非人道的とだけみることはできず、米軍兵士のみならず、「莫大な日本国民の死傷も未然に防止することができた」との主張を展開した。①から⑥までの論稿は、原爆によってもたらされた壮絶な被害の実態を忘却したまま、原子力への期待や原爆の「正義」を論じていた。いわば、それは米国の「正論」に沿ったものでもあった。

原爆の悲惨さに対する忘却を補完したのが、⑦であった。⑦は、原爆が投下された広島の「残酷な地獄」を生々しく綴っていた。「原子弾被害の特質は、当時の恐怖より、その後にくるものが、さらに深刻で恐ろしい」として放射能の危険性が指摘されていた。

特集「原子力問題」は、1940年代末に原子力に注目したという先見性だけでなく、原爆による壮絶な被害の状況とあわせて原子力問題を論じた点で特筆すべきものであった。

これまで韓国では、原爆の被害に対するリアリティが欠如していたがゆえに、原爆投下は、「正義」として語られがちであったとされる[29]。だが、少なくとも原爆投下から５年後には、詳しい原爆被害の状況が、韓国社会に伝えられていた。韓国の人々は、原爆被害の実情、原子力の負の側面について、決して知らなかったわけではない。こうした意義ある特集が組まれ、韓国人の壮絶な被爆体験が掲載されたにもかかわらず、その後20年近く韓国人被爆者の存在は忘れ去られた。それは、原子力がもたらす負の側面を遠景化させながら、原子力に未来を託すようになっていった韓国社会の一端を照らし出している。

戦時下の原子力認識

1950年６月25日、朝鮮人民軍（北朝鮮軍）の南進により、朝鮮戦争が勃発した。10月19日、中国人民志願軍が参戦したことで、中朝国境にまで進軍していた国連軍は退却を余儀なくされた。戦局が大きく転換するなか、11月30日、トルーマン大統領は中朝に対する原爆使用の可能性に言及した。米国による原爆使用が現実のものとなり始めていた。以後、1953年７月27日の休戦まで、韓国の新聞では、たびたび原爆使用の可能性が言及された。一方で、原爆の危険性や放射線などの核による後遺症については、ほとんど言及されなかった[30]。

朝鮮戦争のさなか、共産主義者を殲滅し、韓国を勝利に導く巨大な威力としての原子力に大きな注目が集まった。そこでは、広島で被爆した同胞の被爆経験は想起されず、原子力が持つ負の側面に対する関心は払われなかった。朝鮮戦争は、韓国の人々に原子力の巨大な威力への期待を喚起するとともに、放射線の影響といった負の側面を遠景化させる決定的な要因になったといえよう。こうした原子力への期待や憧れは、朝鮮戦争後、さらに加速することになる。

とはいえ、朝鮮戦争下の韓国社会では、なにも原子力の軍事的利用だけが声高に叫ばれていたわけではない。韓国の物理学者らが、原子力の平和利用を主張していたことを見落とすべきではない。

ソウル大学発行の『大学新聞』(1952年6月9日付）は、「原子力特集」を組んだ。そのなかで、高麗大学教授の李建鎬は、原子力は平和ではなく、戦争のためのものとして捉えられているのは事実であるとしながら、原子力を原爆製造だけでなく、平和や建設のために用いることが重要であると主張した[31]。

さらに、同日付『大学新聞』の社説は、1951年6月18日にノルウェーとオランダが共同で設立したシュラー研究所で、天然ウラン重水減速冷却型原子炉が初めて臨界に達したことを挙げ、「弱小国家として原子力の平和的動力利用問題を解決した先例」として高く称賛した。原子力の利用が、強大国の独占物ではなく、弱小国でも平和的に原子力を利用し、恵沢を享受できる道が開かれた。そして原子力利用を発展させるためには、国家的なプロジェクトとして、核物理学に関する基礎理論の研究と基幹産業・技術の発展を推進していくことが重要であると指摘した[32]。

朝鮮戦争中、韓国では、すでに科学者を中心として、原子力の平和利用が主張されていた。それは、アイゼンハワー大統領による国連での演説「アトムズ・フォー・ピース」(Atoms for Peace）よりも、先に主張されていた点で注目すべきである。

さらに重要なことは、韓国の科学者らによる原子力の平和利用をめぐる主張のなかで、原子力の利用を独占する強大国への強い不満が込められていたことである。それは、強大国が原子力技術を秘匿しているために、弱小国は原子力の恵沢を受けられず、国家発展が抑制されているとの認識に基づいていた。こうした不満は、米国に対する強い反発を引き起こし、やがては西側陣営からの離脱も引き起こしかねない危険性が内包されていた。米国は、韓国を自陣営に引き留めるためにも、こうした不満をやわらげなければならなかった。米国にとって、韓国における原子力の平和利用の推進は不可避となった。朝鮮戦争後、米国は韓国に対して、平和目的の原子力導入を本格化させていく。

4　原子力の本格的導入

戦後復興と原子力への期待

朝鮮戦争は、南北に甚大な被害をもたらした。人命が多く失われただけでなく、社会インフラも大きく損なわれた。いかに早急に復興を成し遂げるかが、韓国と北朝鮮の双方にとって最重要課題となった。

1953年、米原子力委員会のトーマス・マレー委員は、経済的に低廉で、能率的な原子力発電を同盟国と未開発地域に分与することが、平和と安全に対する最善の投資であると発言した。『東亜日報』社説は、この発言が、韓国経済を再建するために原子力を利用するという提案であり、原子力によって経済再建の基本条件の一つである動力問題を解決しようとするものであると指摘した。そのうえで、社説は、①水力発電や無煙炭火力発電に対して、原子力発電がコスト面で優位、②北朝鮮では水力発電は稼働しているが、原子力発電は存在しておらず、南北朝鮮が統一した場合、水力発電は無駄になる可能性があるが、原子力発電は廃物化する恐れがない、という二つの理由を挙げ、原子力発電の優位性を強調した[33]。

1953年12月8日、アイゼンハワーは、国連総会において原子力の平和利用をうたう演説を行った。農業や医療、発電などの平和分野への原子力の応用を国際的に推進していこうとする米国の立場が明確にされた。以後、米国による「原子力平和利用キャンペーン」が、西側諸国で大規模に実施された。それは、核拡散防止と核物資の国際管理へのイニシアティブを発揮するためだけでなく、米国の強さや近代性を宣伝することで世界の人びとの心を射止める広報外交と知のヘゲモニーの確立を目指す文化外交の側面も有していた[34]。

1954年3月1日、米国はビキニ環礁で水爆実験を実施し、日本人漁船員が被爆した。韓国において、米国の水爆実験成功はトップで報じられた。『京郷新聞』は、「想像外の絶大な威力は、全世界を水爆の恐怖の渦巻きへとかっさらってしまった」として水爆の威力への驚きを示した。同時に、第五福竜丸事件を挙げ、放射線の恐怖にも言及した[35]。

水爆の威力と恐怖が示される一方で、原子力の有用性を指摘するメディア言説も広がりを見せていた。ビキニ環礁での水爆実験実施から間もない3月18日、『東亜日報』は、米両院合同原子力委員会のスターリング・コール下院議員が「数十年以内には、原子反応が商業用電力を発電させられるようになり、広島や長崎での原爆での死亡者より、多くの人間が原子力によって生きることができる」と述べたと報じた[36]。さらに、4月11日付『東亜日報』では、「〔放射能は〕恐ろしいものである一方、大きな力をもった原子力を平和産業に利用する研究も多くなってきており、すでに原子力で電気をおこす原子力発電所もできている」と指摘した。そして、こう言及した[37]。

> 恐ろしい力をもった原子弾、水素弾。これを今でもただちに、あのクレムリンのど真ん中に落とし、凶悪な共産主義者らを、この世から一挙に根こそぎ葬りさることができれば、どれだけ痛快なことか。

韓国では、原子力への恐怖におののきながらも、平和利用と軍事利用の両面から原子力への期待が広がっていた。韓国の新聞には、原子力への恐怖を遠景化させ、期待を高めるべく、原子力に対する「正しい」知識を伝える啓蒙的な記事が、いくつも見られるようになった[38]。ビキニ環礁での水爆実験成功は、韓国にとって、原子力が持つ軍事的、産業的有用性をあらためて認識させる一つの重大な契機となっていた。

原子力体制の構築

1954年8月30日、1946年に制定された米原子力法が改正され、原子力の平和利用を目的とする国際協力への道が開かれた。米国の原子力政策は、一国独占から他国への開放へと大きく変化した。政策転換には、主として二つの要因があったと考えられる。

第一に、米国の焦りである。同年6月30日、ソ連は世界最初の商業的原子力発電所の操業を開始した。原子力が工業としての性格を帯びるようになるにつれ、米国は、一国独占政策を続けていれば、海外の原子力市場が、他国に奪われしまうことを憂慮した[39]。第二に、西側陣営の取り込みである。

1949年8月、ソ連による核実験が成功し、米国の全体的優位性が揺らぐようになっていた。米国は原子力の平和利用に関する技術を西側に提供することで、これらの国家を自国のヘゲモニーの下へ留め置こうとした[40]。米国の原子力政策の転換は、韓国で広がりを見せていた原子力への期待と結びつきながら、原子力に対する韓国政府の関心をさらに高めていった。それは、ただちに具体的な形として表れた。

1953年のアイゼンハワーの演説をきっかけとして、1954年6月に韓国政府文教部に原子力対策委員会が設置された。委員会は、崔奎南（ソウル大総長、物理学）、ユン・イルソン（学術院院長、医学）、李源喆（仁荷工科大学学長、天文学）、朴哲在（文教部技術教育局長、物理学）、安東赫（商工部長官、応用科学）、朴ドンギル（ソウル大教授、地質学）、チョ・グァンハ（成均館大学院長、化学）ら、当時の科学界をリードする12名の科学者で構成された[41]。ここには、GHQが事情聴取をした安東赫のほか、彼が名前を挙げた李源喆と朴哲在が含まれていた。

韓国政府が、原子力への関心をさらに具体化させた直接的な契機は、米国からなされた韓国人研究者の派遣要請とジュネーブで開催される原子力平和利用国際会議への招請状の到着であった[42]。1954年11月25日、文教部は、米国政府から原子力の平和利用を推進する研究所に韓国人研究者を派遣するよう要請があり、2名の研究者を派遣する計画があることを明らかにした[43]。12月16日、文教部で派遣者の選抜試験が実施され、23名のなかから、16名が米国派遣者に決定された[44]。米国派遣が進められると同時に、韓国での原子力研究の拠点作りも開始された。

原子力研究のための人材と拠点作りが進むなか、原子力の平和利用をめぐるニュースが、相次いで伝えられた。『朝鮮日報』11月26日付は、同月23日に、国連において米英など7ヵ国が提案した原子力の平和利用に関する案件が、満場一致で可決され、原子力を平和目的に利用できる道が全世界に開かれたと報じた。原子力が、医学や農業に利用でき、人類社会のために幸福をもたらすものであることが強調された[45]。

海外から原子力の平和利用の意義が伝えられる一方、韓国国内——とりわけ国会——では原子力の軍事利用の必要性も盛んに言及されていた。

1955年3月31日、与党自由党の金省三議員ら17名の国会議員は、原子物理学研究と、原子力に関する諸般の問題を検討する機関として原子力委員会の設置を求める緊急動議案を提出した。金省三は、原子力が戦争と平和の両側面を持っており、人びとに悲劇や恐怖だけでなく、幸福の曙光も与える「巨大な怪物」であると指摘した。原子力には「国民生活」と「国家自主権」のすべての問題が内包されており、産業的、軍事的な面から原子力研究を行うことの重要性が提起された。さらに、金議員による原子力委員会設置の趣旨説明を受け、質疑に立った朴永出議員も、原子力研究を国家経済だけでなく、核兵器の保有へとつなげていく重要性を指摘した。これに対する反対意見はだされなかった。原子力に関する科学研究と原子力政策を遂行する機関としての原子力委員会の設置が、国会で可決された[46]。そこには、明らかに原子力の平和利用と軍事利用の両方が想定されていた。

韓国国会では、原子力研究の軍事目的が公然と語られていた。米国は、こうした軍事目的を内包する原子力研究に歯止めをかけようとしていたと考えられる。事実、米国政府は、韓国政府とのあいだで、原子力の非軍事的使用に関する協定締結に向けて着々と準備していた。1955年7月1日、「原子力の非軍事的使用に関する大韓民国政府と米合衆国政府間の協力のための協定」が仮調印された。梁裕燦駐米韓国大使が、外務部長官に対して、「仮調印はまったくのセレモニーに過ぎない」[47]と述べていたように、仮調印は、今後始まる平和目的の原子力導入において、そのスタートラインを示すものであった。

1955年8月8日、原子力平和利用国際会議が20日までジュネーブで開催された。朴哲在を団長とし、ソウル大学金属工学科の尹ドンソク教授、米国留学中であったソウル大学の李基億教授の3名からなる代表団が派遣された。この時、文教部長官となっていた崔奎南は、延禧専門学校（現、延世大学）時代の教え子であり、ソウル大学物理学科教授であった朴哲在を、自らの権限で、文教部技術教育局長に就任させていた。

韓国にとって原子力平和利用国際会議は、原子力に関する世界的な動向を把握するとともに、韓国の原子力状況を世界に伝える契機となった[48]。そこでは、原子力の平和利用による輝かしい未来が語られた。韓国では、会議の意義が肯定的に受けとめられ、原子力への大きな期待が示された。一方で、原子力のコストに加え、原子力の危険防止が、今後の問題になるとも指摘されていた[49]。韓国の科学者は、原子力導入の課題を冷静に見極めていた。

原子力平和利用国際会議の後、韓米原子力協定の本調印に向けた動きが加速した。9月16日、協定案は大統領の裁可を受けたのち、20日に国会に送付された。国会では、原子力協定締結の理由が、「原子科学文明」の向上・発展や原子力の発展に対する米国援助を受け入れる体制の構築にあることが説明された。1955年12月9日、韓米原子力協定の締結が、原案通り、国会で同意された[50]。1956年2月3日、韓米原子力協定が締結された。

韓米原子力協定は、日米原子力協定と異なり、研究炉と燃料の供与を目的とした限定的な協力にとどまっていた。だが、韓国政府は協定によって、①濃縮ウランの入手、②原子力研究の促進、③基礎施設の入手、④研究炉の入手と技術者の訓練、米国の技術援助の恵沢、⑤米国への研究生派遣、⑥協定を出発点とする韓国の資源開発・利用の促進がもたらされると考え、協定締結が自国の国益にかなうと判断した[51]。広範な協力を可能とする韓米間の原子力協定は、1972年にいたるまで待たねばならなかった。

1956年3月9日、文教部技術教育局傘下に原子力課が新設され、米国で原子力に関する研修を受けた尹世元が課長に就任した。尹世元は、技術教育局長の朴哲在とともに京都帝大の出身であり、先輩・後輩の関係にあった。だが、朴哲在は物理学博士、尹世元は宇宙物理学学士であり、もともとは核物理学の専門家ではなかった。

原子力の専門家がいないだけでなく、原子力課自体にも職員がほとんどいなかった。そのため、ジュネーブでの国際会議のあとに、ソウル大学物理学科の卒業生たちが中心となって設立した「スタディ・グループ」が、非公式な立場で尹世元による原子力事業をサポートした。「スタディ・グループ」では、米原子力委員会が刊行した教科書の輪読などが行われた。グループのメンバーらは、米国に派遣され、原子力研究の研修も受けた。彼らは、1960年代からの原子力事業における中核となった[52]。文教部原子力課は、京都帝大とソウル大学物理学科の人脈によって支えられていた。

韓国における原子力導入の体制は着々と整備された。1957年11月、韓国は国際原子力機関（IAEA）に加盟した。1958年3月11日、原子力の研究、開発、生産、利用と管理に関する基本事項を規定し、学術の進歩と産業の振興を図ることで、国民生活の向上と人類社会の福祉に寄与する目的をもつ原子力法が公布・施行された。原子力法は、これらの目的を行うために、大統領直属機関として原子力院を設置し、傘下に原子力委員会と事務総局、原子力研究所を置くことを定めた。1959年1月21日、原子力法に基づき、文教部原子力課が格上げされ、独立機関としての原子力院が、原子力行政と研究を行う統合的な組織として発足した。2月3日、原子力院は原子力研究所へと名称変更し、所長には朴哲在が任命された。同研究所原子炉部長には、尹世元が起用された。ここに原子力行政と研究を一手に担う韓国の原子力体制が発足した。

啓蒙活動としての原子力展覧会

1960年前後の韓国社会では、原子力といえば、原爆だけが想起される状況にあった。原子力への先入観を一日も早く韓国社会からなくすことが、原子力関係者らにとって急先務であり、さまざまな啓蒙活動が実施された[53]。原子力に対する啓蒙活動として、日本でも見られたように、韓国でも原子力に関するイベントが開催された。その準備は、1950年代半ばから文教部と商工部が共同して進めた。

1956年5月22日、駐韓米国大使館は、韓国政府文教部に対して、①米国側として原子力展示会の開催を決定したこと、②ソウルに開催用地を確保することが、口頭で通知された。展示品は、韓国到着までは米国側の負担により運搬され、到着後は韓国政府の負担による運搬となった。外務部、文教部、財務部、商工部、国防部、交通部、農村部、保健社会部の各部共同による原子力展示会の開催が合意され、文教部主催で近日中に原子力展示会準備会議を開催することが決定された[54]。この決定が、外務部長官に報告された翌日の1956年5月25日、『朝鮮日報』は、原子力平和利用に関する原子力展示会が、遠くないうちに、ソウルをはじめとした全国主要都市で巡回開催されるとの見通しを報じた。そして、そこでは、米原子力委員会から提供される研究部品のほか、原子炉の模型などが展示され、放射性同位元素（アイソトープ）に関する農業、医学、工業の応用が説明されることなど想定される展示内容が詳細に伝えられた[55]。

原子力展示会は準備から約4ヵ月後に実現した。1956年9月17日、ソウルの徳寿宮美術館において原子力展示会が開幕し、開会式に李承晩大統領や文教部長官のほか、駐韓米国大使、駐韓米国公報院（韓国USIS）院長らが出席した。原子力展示会は、ソウルで20日間、釜山で10日間、光州で10日間にわたって開催された[56]。

さらに規模を拡大した原子力展覧会が、1960年9月9日、原子力院の主催と韓国USISの後援により、徳寿宮で開幕した。開会式には、尹潽善大統領やグリーン駐韓米国代理大使らが出席した[57]。10日間にわたって開催された原子力展覧会には、国内から200点、米国から65点が出品展示され、観覧者は6万2290人にのぼった。同年11月からの1ヵ月間に、水原、大田、大邱、釜山、光州、順天で原子力に関する展示会が開かれ、約2万5000人がつめかけた[58]。

韓国での原子力展覧会は、USIA（米国広報文化交流庁）の協力によって行われた。韓国USISで展覧会に関する業務は、25人の米国人と4人の韓国人で担当していた。韓国USISは、韓国が展覧会に関心の高い国家であるため、他のメディアと協調した展覧会の実施に努力することが、重要なイベントのなかで、もっとも効果があると考えていた。韓国USISは原子力展覧会を含むイベントの実施に大きな関心を抱いていた。韓国人の原子力展覧会に対する興味も熱を帯びていた。1961年11月のUSIA調査報告書によれば、徳寿宮での原子力展覧会には、かなり高い入場料にもかかわらず、4万2000人が入場し、展覧会の実施に効果があったと記されている[59]。

1960年代、韓国では政府主導の科学技術振興策の推進により、空前の「科学技術ブーム」が起きていた。「新しい科学技術」とそれにもとづく経済発展への期待が喚起されるなか、原子力への大衆的な関心が広がっていた[60]。

韓国社会において、原子力に対する夢は、経済発展の側面から着実に高まっていた。だがそれは、大統領や政治家のなかから、原子力の軍事的利用の意思が失われたことを意味するものではなかった。朴正熙大統領が核兵器保有の意思を有していたことは、広く知られている。韓国の核兵器保有をめぐる欲望を実証的に解明するには、さらなる追加調査研究が必要であろう。ここでは、韓国の原子力導入過程において、平和目的だけでなく、当初から軍事目的が公然と語られ、それを拒絶しない土壌が、朝鮮戦争をきっかけとして韓国社会のなかに広がっていたことを指摘しておきたい。こうした土壌のうえに、韓国最初の原子力発電所である古里原発が、1978年から稼働している。

5　北朝鮮の原子力研究

占領直後のソ連の関心、建国直後の北朝鮮の関心

1945年8月上旬、北朝鮮北部に進駐したソ連軍は、同月末までに北朝鮮全域を占領し、9月には占領統治の行政機構であるソ連民政部を発足させた。米国による広島・長崎への原爆投下に衝撃を受けたソ連指導部は、すぐさま新しい核兵器開発に着手し、国家防衛委員会附属の特別委員会の設置を決定した。特別委員会は、秘密警察を担当する政治局員のラブレンティ・ベリヤを委員長とし、共産党書記のゲオルギー・マレンコフや、ソ連の原爆責任者となる物理学者のイゴーリ・クルチャトフら9名から構成された。特別委員会は、科学技術の発達や核爆弾の製造のほか、ウラン鉱の確保、ウラン製造産業の立ち上げを任務としていた。なかでもウラン鉱の確保では、ソ連国内での地質学的探査や原料基地の創出のみならず、ソ連国外でのウラン鉱床（ブルガリアやチェコスロバキア）の利用が指示されていた。ソ連が国外にウラン鉱を求めたのは、国内で産出されるウランが、必要量の7分の1程度にとどまっており、いわゆる「ウラン・ギャップ」が発生していたからであった[61]。ソ連指導部にとって、「ウラン・ギャップ」は、原爆開発を推進するためにも、なんとしてでも解消しなければならない深刻な問題となっていた。

ソ連は、東欧だけでなく、東アジア、とりわけ占領下におさめた北朝鮮に対してもウラン鉱の確保という観点から大きな関心を有した。朝鮮半島のウラン鉱は、日本、米国、ソ連にとって重大な関心対象となっていた。

1945年11月から12月にかけて、ソ連は、初めてとなる地質調査団を北朝鮮に派遣し、北朝鮮地域でのウラン埋蔵を確認した。原爆開発推進に欠かせないウランの確保が、地質調査団派遣の動機となっていた[62]。この後、さ

らに追加の地質調査団が北朝鮮に派遣され、埋蔵ウランに関する調査が行われた。だが、結果はソ連にとって好ましいものではなかった。クルチャトフは、スターリンに対して、北朝鮮の鉱石は、ウランを抽出するのに、非常に品質がわるいことが判明し、地質調査の結果は嘆かわしいものであったと報告した[63]。ソ連軍は、北朝鮮地域において、原爆開発に不可欠なウランの確保を念頭においた地質調査を実施した。だが、ウランの埋蔵を確認したものの、「ウラン・ギャップ」を解消させるほどの見通しは得られなかった。以後、ソ連は、北朝鮮に向けていた資源面からの関心を急速に低下させていったと考えられる。

一方、北朝鮮が原子力に対する関心を示したのは、遅くとも建国後の1949年になってからであった。ブルース・カミングスによれば、北朝鮮で初めて原子力に言及されたのは、1949年10月とされる。平壌で発行された『旬刊通信』(1949年10月下旬号)は、論説「原子力は文化と平和を愛護する進歩的人民たちの所有である」を掲載した[64]。だが、それよりも早い1949年9月上旬発行の『旬刊通信』には、論説「原子力および常用軍備委員会の事業は、なぜ中止されたのか」が掲載されていた。そこでは、原子力施設と原料を独占し、核兵器開発をはかり、原子力の平和的利用のための研究を妨害する米国への強い批判が、展開されていた[65]。

1949年12月、金日成は朝鮮労働党中央委員会で行った演説「数カ国共産党報道局会議総決に関して」のなかで、十月革命32周年慶祝大会におけるマレンコフの演説の一文を、次のように引用した[66]。

> 1947年度にソビエト政府は、原子爆弾の秘密は、すでになくなったと全世界に知らせた。しかし、欺瞞にも、現実に対する感覚を忘れてしまった戦争放火者たちは、悪名たかい原子力外交政策を中止していない。

戦争放火者とは、米国をさしていることは明らかであった。金日成は、「我々は、戦争を願っておらず、それを防止するために、すべての努力をおこなう」とし、「戦争を、我々が恐れているのではなく、帝国主義者たちと武力侵攻者たちが、かならずや戦争を恐れなければならない」と指摘した。金日成は、朝鮮労働党幹部たちを前に、原爆を恐れることはないと檄を飛ばした。

建国直後の北朝鮮では、軍事的な観点から西側に対抗する力の論理として原子力に対する関心を高めており、平和利用に関する言及は見られなかった。植民地期に建設された水豊ダムでの水力発電を中心として、十分な電力生産量を確保できていたことが、その理由として推測される。建国後から朝鮮戦争勃発までの期間、北朝鮮が有していた原子力への関心は、あくまで軍事的な側面に向けられていたにすぎなかった。

原子力への関心

日本の京城帝国大学は、植民地朝鮮において、唯一の大学であった。米ソ分割占領統治が開始されたあと、北朝鮮地域では、大学は皆無であった。南朝鮮地域では、京城帝国大学の人的・物的資源が活用され、ソウル大学が設立されたが、北朝鮮地域には、大学設立のために活用できる資源は、ほとんどなかった。

1946 年 7 月、金日成は、一日もはやく大学を創設すべきとし、国家の産業発展のためには、数学、物理学、化学、生物学のような基礎科学を急速に発展させなければならないと指摘した。なかでも物理学の重要性が強調された点は注目すべきである。だが、金日成自らが語ったように、北朝鮮では教員も不足し、大学運営の経験もなく、大学創設のための物質的、技術的土台が貧弱であり、大学の設立は困難をきわめた[67]。こうした状況を打開して、大学を創設し、研究・教育を充実させるためには、北朝鮮の科学者だけでなく、南朝鮮から越北してきた科学者のほか、ソ連の協力が必要であった。北朝鮮の原子力研究は、いわばゼロからの出発であった。

朝鮮戦争のさなか、ソ連による科学技術教育に関する北朝鮮支援が開始された。1952 年 5 月 6 日、モスクワにおいて「民間高等教育における朝ソ協定」（Agreement between the Government of the USSR and the DPRK on Civil Higher Education）が調印された。同協定は、北朝鮮の学部生、大学院生がソ連の大学や研究機関で教育を受けることを認めるものであった。これは、のちにソ連における北朝鮮の原子力専門家を養成するための基本原則となった[68]。

朝鮮戦争休戦後、北朝鮮での原子力研究が本格的に始動する。戦争で破壊された人民経済を復旧させ、工業化を推進することが、休戦後の北朝鮮にとって最重要課題となっていた。だが、こうした課題を推進するために必要な電力生産量は、大幅に減少し、電力不足が深刻化していた。北朝鮮地域にある発電所の68%、変圧器や配電施設の最大60%が、戦争による破壊で部分的あるいは全面的に失われていた。1953年の電力生産可能量は、朝鮮戦争前の4.6分の1にあたる33万6000 kWにまで落ち込んでいた[69]。

電力生産問題の解決を重要課題として抱え込む戦争からの復興という時代状況が、北朝鮮の原子力への関心をいっそう高める一因となったことは間違いない。だが、同時に、ソ連による世界初の原子力発電の成功など国際情勢も、北朝鮮における原子力への関心を着実に高めていたことも看過するべきではない。

原子力への関心は、金日成の口から直接語られたことからも如実に読み取ることができる。1955年7月1日、金日成は金日成総合大学の教職員、学生に対する談話のなかで、「現在、科学の新しい分野を開拓するのに、原子物理に対する研究を強化することが重要……今は我が国でも原子力に対する研究を始める時がきた……大学では核物理研究事業を進める一方、この分野の科学者たちを計画的に養成しなければなりません」と述べ、原子力研究の重要性を強調した。

金日成の教示以後、北朝鮮における原子力への関心は、さらに高まりを見せる。なかでも1955年8月になされた二つの会議――原水爆禁止世界大会（広島）と第１回原子力平和利用国際会議（ジュネーブ）――をめぐる報道量の多さは、そのことを如実に示している。

北朝鮮は、核兵器の使用と生産に反対する立場から、原水禁世界大会に政府代表団を派遣しようとした。だが、日本政府は北朝鮮代表団の入国を拒否した。北朝鮮は、日本政府が原水禁世界大会を破綻させ、核戦争の危険性を醸成しようとしているとして、入国拒否の措置に対して激しく反発した[70]。入国を拒否された北朝鮮代表団にかわって、朝鮮総連が大会に出席した[71]。広島での大会の模様は、タス通信の報道を引用する形で、連日、『労働新聞』で詳細に伝えられた。原子力の軍事的利用の究極的な形である核兵器の危険性が大々的に報道された。

北朝鮮は、第1回原子力平和利用国際会議に大きな期待をかけていた[72]。そこには、原子力の平和的利用に関する分野での国際的協調が拡大・強化されれば、国家間の信頼関係が醸成され、平和を強固なものにするとの思いがあった[73]。会議の前年8月、ソ連は世界で初めて原子力発電に成功しており、北朝鮮も大きな関心を見せていた[74]。会議の模様を逐一、詳細に報じた『労働新聞』では、原子力の平和利用を可能にした「ソ連の現代科学の偉大な成果」と、原子力の平和利用を推進するために「偉大な成果」を秘密にせず、中華人民共和国やポーランド、チェコスロバキア、ドイツ民主主義共和国（東ドイツ）、ルーマニア、ブルガリア、ハンガリーと共有することで「国際協調」を進めようとするソ連の試みが称賛された[75]。

これらの二つの会議に関する北朝鮮の報道では、原子力の軍事利用を進める米国を非難こそすれ、「アトムズ・フォー・ピース」キャンペーンなど、米国による平和利用の試みは、まったく言及されなかった。何よりも重要なことは、原子力の平和利用の意義は語られたものの、原子力発電など原子力の平和利用を実現させるための具体策には、何ら触れられていないことである。この時期の北朝鮮にとって、原子力導入は、現実的な課題として認識されていなかったと推測される。だが、ソ連との協力関係が深化するにつれ、北朝鮮における原子力導入は、急速に現実味を帯びていく。

ソ連の協力

朝鮮戦争休戦後、原子力研究を含む科学技術分野でのソ連と北朝鮮の協力関係は深化した。1955年2月5日、「科学技術協力に関する朝ソ協定」（Agreement on Science and Technology Cooperation between the USSR and the DPRK）がモスクワで締結された。

1956年3月20日、モスクワでは、合同原子核研究所の組織問題に関する国際会議が開催された[76]。北朝鮮からは金ヒョンブク（北朝鮮代表団団長、学術委員）、崔ユギル（財務委員会委員）、丁根（学術委員）の3名が派遣された[77]。会議最終日の26日、モスクワ科学アカデミー常務委員会において、ソ連駐在の中国、モンゴル、ポーランド、ルーマニアなどの東側諸国の大使らが出席し、合同原子核研究所の組織問題に関する協定が調印された。北朝鮮からは、李相朝大使が出席した[78]。この日、モスクワ近郊のドゥブナに合同原子核研究所が設立された。

東側陣営における国際原子力技術学校としての合同原子核研究所には、北朝鮮から多くの科学者が派遣された。具体的な人数は不明であるが[79]、彼らの大部分は原子力に関する理論研究よりも実験に大きな関心を抱いていた。実際、彼らの8割が、それぞれの研究施設（Laboratories of Nuclear Problems: LNP, Nuclear Reactions: LNR, Neutron Physics: LNP）で実験に従事していた[80]。

1957年10月11日、「ソビエト科学アカデミーと朝鮮科学院間の科学協力協定」(Agreement on Scientific Coopreation between the Academy of Sciences of the USSR and the Academy of Sciences of the DPRK) が結ばれた。科学技術をめぐる協力関係が、多国間、二国間で推進されるなか、ソ連からは、原子力に関する知識も北朝鮮に伝えられ始めた。

1957年には平壌の国立工業技術書籍出版社から『原子エネルギーの平和的利用』が出版された。同書は、1956年にアラジエーフの責任編集により、モスクワで刊行されたものを都相禄が翻訳したものであった。そこでは、原子力が「技術と文化の進歩において、有力な手段」であるとされ、原子力の平和利用の方途を研究するためには、科学と経済の各分野の広範な専門家を、この事業に引き入れなければならないと指摘された[81]。翻訳者の都相禄は、安東赫がGHQの事情聴取において、最も能力のある科学者として挙げた人物の一人であった。彼こそが、北朝鮮の物理学における最重要人物であり、李升基とともに原子力研究の根幹を担う人物であった[82]。

1958年10月には、翻訳ではなく、北朝鮮の科学者たちによる『原子のお話』（ムン・ギョンオク編、国立出版社）が、刊行された。同書は、「原子」「原子エネルギー」「原子兵器」「原子エネルギーの平和的利用」などの章から構成され、原子力をわかりやすく説明した一般向けの書であった。ソ連の協力によって着実に積み重ねられていた原子力研究の成果は、北朝鮮の一般の人々にも届けられようとしていた。

この時期、北朝鮮はソ連と歩調をあわせ、原子力をめぐる政治的な姿勢を強く対外的にアピールした。1958年3月31日、フルシチョフが核実験の停止を一方的に宣言し、全面的な平和攻勢にでた。同年4月10日、北朝鮮はフルシチョフの宣言を全面的に支持する親書をソ連側に伝達するとともに、政府声明を発表した。声明は、核兵器製造による軍備増強が人類に核戦争の脅威をあたえるだけでなく、人間の健康に害毒をもたらし、子孫の正常な発育を危険にさらすとして、英米に対して核実験停止を呼びかけた[83]。

北朝鮮によって核兵器の危険性がアピールされるなか、韓国のメディアは「原爆が独裁主義と軍国主義を吹き飛ばす」[84]などと軍事利用を強調する言説を生産していた。また、先述したように国会でも原子力の軍事的威力に着目した原子力研究の重要性が語られていた。北朝鮮の原子力利用をめぐる「平和」アピールは、それがソ連の平和攻勢に沿ったプロパガンダであり、軍事目的の真意を隠していた可能性があったとしても、同時期に軍事的な意図を隠すことなく、原子力導入をはかろうとしていた韓国とは、対外的なイメージのうえで、大きな開きがあった。

北朝鮮の原子力研究は、あくまで「平和目的」を旗印にしていた。1959年5月15日、李シンパル駐ソ大使は、プーシキン副首相と会談した。席上、李シンパルは、ソ連側と「学術研究用に核物理を応用し、人民経済発展のための原子エネルギー活用滋養に関する協議と条約締結のための〔北朝鮮〕代表団」が組織され、モスクワに待機していることを伝えた。北朝鮮代表団は、李シンパルを団長として、合同原子核研究所に勤務する金ヒョンボン〔筆者注――金ヒョンブクの間違いか〕およびチョン・ビョンス、そして合同原子核研究所の設立の際に北朝鮮代表団の一員として派遣され、その後ソ連駐在北朝鮮大使館商務官となっていた崔ユギルで構成されていた[85]。

1959年9月、朝ソ間で北朝鮮での核研究センターと原子力の平和利用のための協力推進に関する技術協力協定（Agreement on Soviet Technical Assistance to the DPRK in Setting Up a Nuclear Research Center and Developing Cooperation in the Peaceful Use of Nuclear Energy）が締結された[86]。モスクワで待機していた北朝鮮代表団が、この協定締結に大きな役割を果たしたことは想像に難くない。

1961年9月11日、朝鮮労働党第4回大会が開催された。金日成は、同大会での報告演説のなかで、「7ヵ年計画」を通じて、経済発展と生活水準の向上を実現すると宣言し、原子力について、次のように指摘した[87]。

> 新たな科学分野を開拓し、最新科学・技術の成果を広く人民経済に取り入れ、重要な基礎科学部門を極力発展させなければなりません。原子力を生産に取り入れる研究活動を明確な見通しのもとに進め、放射性同位元素と放射線を工業、農業、その他の各部門に広く応用すべきです。……数学、物理学、化学、生物学などの基礎科学部門を決定的に強化して、人民経済各分野の技術的問題の解決に役立てなければなりません。

第4回党大会は、北朝鮮における原子力研究を国家の政策として明確に枠づけるものとなった。さらに、同大会において、都相禄は原子力を動力として利用するための科学研究と専門家の育成を強化しなければならないと主張した。以後、彼は原子力研究に没頭し、核物理学の発展において重要な手段となる核加速装置の製作に着手した[88]。

北朝鮮の原子力研究は、ソ連からの大きな協力のなかで立ち上げられた。なによりもソ連は北朝鮮の最大援助国であった。北朝鮮の基本的な経済建設は、建国から朝鮮戦争、そして戦後復興期にいたる50年代まで、すべてソ連からの援助に委ねられた[89]。1961年7月には、朝ソ友好協力相互援助条約が締結された。60年代にはいってもソ連に援助を求める北朝鮮の姿勢は明確であった。原子力研究においても、然りであった。

北朝鮮における原子力研究は、朝ソ友好関係を基盤としていた。だが、朝鮮労働党第4回大会直後の1961年10月に行われたソ連共産党第22回大会でスターリン批判がなされると、ソ連に対する金日成の反感は決定的となった。1962年6月、北朝鮮はソ連が強要する社会主義的国際分業への参加を拒否し、同年10月に発生したキューバ危機に対するソ連の対応への不信感から、朝ソ関係は決定的に悪化した。

北朝鮮は、1961年7月に中朝友好協力相互援助条約を締結し、中国への接近をはかった。1964年10月16日、中国は核実験に成功した。それを受け、18日、北朝鮮指導部は、中国指導部にあてて、祝電を送った。祝電では、核実験成功が、中国人民の偉大な勝利であり、社会主義陣営と全世界の平和を愛護する人民の大きな勝利である。それは、アジアと世界の平和を守るために大きく寄与し、米帝国主義者に強力な打撃を与えるものとして、中国による核実験成功が称賛された[90]。

こうした称賛は、ソ連の平和共存路線にそって核実験の停止と原子力の平和的利用をアピールしていた、それまでの北朝鮮の姿とは、大きなギャップを感じさせるものであった。すでに、この時、北朝鮮は軍事路線の強化へと大きく舵を切っていた。1962年12月、朝鮮労働党中央委員会総会において、全人民の武装化、全国土要塞化、全軍幹部化、全軍の近代化を骨子とする「四大軍事路線」が採択され、韓国との軍事的な対決姿勢を鮮明にしていた。

1960年代中頃になると、朝ソ関係改善に向けた兆しが見え始めた。1964年10月のフルシチョフ失脚後、レオニード・ブレジネフ第一書記を中心として発足した新指導部は、北朝鮮との和解に乗りだした。北朝鮮も緊迫する東アジア情勢を背景にソ連との関係改善を模索した[91]。1965年5月に朝ソ資金援助協定が、翌年6月には朝ソ経済技術援助協定が締結され、朝ソ関係は改善に向かった。1966年4月には、ソ連による軍事的、経済的援助が北朝鮮にとって不満の言いようもないほどに供されるようになった[92]。1966年以後、北朝鮮は、抗日遊撃隊闘争や朝鮮戦争の経験から学ぶスタイルを改め、ミサイルや核兵器を含むソ連軍の軍事経験を学ぶようになっていた[93]。こうした変化と関連し、平壌駐在のハンガリー大使館は、ソ連などの意見や経験が、核兵器は朝鮮半島の状況下では有効ではないとする北朝鮮の考え方に修正を生じさせていると分析していた[94]。

1960年代、北朝鮮はソ連からの継続的な援助を受けながら、原子力研究施設の建設を進めた。1961年から平安北道寧辺郡で原子力研究施設の建設が開始された。翌年1月には寧辺に原子力研究所が設立され、ソ連から研究用原子炉が導入された。研究所所長には、京都帝大出身の化学者で合成繊維ビナロンを開発した李升基が就任した。1964年2月、寧辺に建設中であった原子力研究施設が完工し、同年、寧辺に核物理学研究所が開設された。

だが、ソ連は無制限に北朝鮮の原子力研究を支援していたわけではなかった。1966年末、金日成は、密かにモスクワを訪問した。その結果、朝鮮労働党政治局常務委員の金一を団長とする高位級代表団が、1967年2月13日から3月2日までソ連を訪問した。北朝鮮代表団は、原子力発電所の譲渡を要請したが、ソ連側はこれを拒否した[95]。この時、ソ連から提供された実験炉は、すでに稼働をはじめていた。にもかかわらず、北朝鮮側は、それに関するいかなるデータも、ソ連側に伝えていなかった。このことに対するソ連の不満が、原子力発電所の譲渡要請を拒否した理由の一つとして推測できる。

こうしたなか、北朝鮮は、東側諸国への接近を試みた。1967年12月4日から12日まで、北朝鮮の原子力専門家からなる代表団が、東ドイツに派遣された。代表団は、原子力委員会委員長を団長とし、同委員会幹部と原子力研究所幹部の3名の原子力専門家から構成された。一行は、工場、鉱山、高等教育機関、原子力研究施設を見学した。訪問最終日、北朝鮮側は、東ドイツ側に対して、①原子力研究分野に関する協定締結、②原子力発電所建設に必要な機器の入手、③原子炉運用で得られた経験の共有、④放射性同位元素製造に必要な装置の東ドイツからの購入、⑤核科学者の相互交流、⑥北朝鮮核科学者の東ドイツでの研修派遣の準備、⑦東ドイツから研究のための設備や文献の購入について、打診した。これに対して、東ドイツは、北朝鮮との協力準備はできているが、ソ連との関係もあり、原子力の平和利用分野における広範な協力関係を行う立場にはないと述べた。さらに東ドイツは、北朝鮮に対して、ソ連が合意しなければ北朝鮮との交渉に入れないため、ソ連に働きかけるよう要請した。東ドイツ訪問後、北朝鮮代表団は、同様の目的から、チェコスロバキアとソ連を訪れた[96]。

北朝鮮の原子力研究は、日本で教育を受けた科学者らを礎石とし、ソ連からの協力・支援を受けながら、東側諸国にも接近しつつ、1960年代に本格的に開始されていった。中国の核実験に対する祝電や軍事優先路線の定式化、そしてそれにともなう韓国との全面対決姿勢の鮮明化は、北朝鮮が平和目的だけでなく、明らかに軍事的な目的をもって原子力研究を進めていたと推測するに十分な事例となっている。

『労働新聞』によれば、1974年1月、北朝鮮は原子力開発の原則となる原子力法を制定した。さらに1986年初めには、出力5000kWの試験用原子力発電所が初めて建設されたという。だが、いまだ原子力による発電は行われておらず、北朝鮮は恒常的な電力不足に悩まされている[97]。その一方で、数度にわたる核実験に成功し、核兵器の製造が行われている。解放直後のゼロから始まった北朝鮮の原子力研究は、平和利用ではなく、軍事利用の側面で「大きく花開いた」のであった。

6 おわりに

本章は、解放前後から1960年代にいたるまでの時期に照準をあわせ、南北朝鮮の原子力導入過程について論じてきた。本章で明らかになったことについて、次の三点からまとめておきたい。

第一に、解放後ほどなくして、米軍占領下の南朝鮮において、原爆による被害報道が見えなくなっていったことである。広島の原爆投下のニュースは、植民地朝鮮でも報じられた。それは、原爆による甚大な被害が発生していることを、朝鮮の人々に想起させるのに十分なものとなっていた。だが、米軍が南朝鮮に上陸するや、次第に原爆被害報道は姿を消し、それにかわって原子力＝核の国際管理に関する報道が、数多く見られるようになった。その後、韓国人被爆者の手記を通じて、広島の惨劇が報じられたにもかかわらず、原子力の負の側面への関心は、なかなか高まらず、むしろ原子力への期待が高められていった。原爆による惨劇を遠景化させ、原子力への夢を加熱することで、韓国における原子力導入の基盤が整えられていた。

第二に、植民地期に日本で教育を受けた朝鮮人科学者の存在が、南北朝鮮いずれにおいても、原子力導入の基盤となっていたことである。韓国では、日本留学組の韓国人科学者が、研究と行政の両面から原子力導入を主導し、京城帝国大学の人的・物的資源を引き継いだソウル大学出身者らが、それを支える構図となっていた。こうした「日本人脈」は、原子力技術に関する米国研修経験者が増加するにともない、やがて「米国人脈」へと置き換えられていくことになる。

解放後、北朝鮮には、大学が存在しておらず、原子力導入は、大学設立から始められた。そこでも、都相禄のような日本留学組が重要な役割を担っていた。このほか、本章では言及できなかったが、北朝鮮の原子力導入過程には、1959年から開始された「帰還事業」で北朝鮮に渡った数多くの在日朝鮮人科学者もかかわっていた可能性が、推察される。南北朝鮮の原子力導入には、米ソのみならず、日本も深く関与していた。

第三に、原子力に期待を抱いた時期と契機についてである。韓国では、すでにアイゼンハワーの演説よりも前の1948年には、原子力発電に対する期待が示されていた。その契機となったのは、北朝鮮からの送電が停止され、電力生産量の確保が喫緊の課題となったことであった。その後、朝鮮戦争後の復興過程においても、原子力発電への期待は、さらに膨らんでいった。だが、重要なことは、こうした期待が、朝鮮戦争を通じて、軍事的な期待と同時に高まっていたことである。原子力に対する軍事的な期待は、国会やメディアなどあらゆる場所で語られるようになっていた。韓国での原子力に対する軍事的意図は、朝鮮戦争を通じて、固められていった。

次に北朝鮮についてである。北朝鮮において、原子力への具体的な期待が見られるようになったのは、朝鮮戦争後の復興過程においてであった。そこでは、ソ連の平和共存路線に沿った原子力の平和利用が強くアピールされていた。平和を掲げる北朝鮮と、軍事的な意図を隠さない韓国とのあいだには、対外イメージの点で大きな開きがあった。だが、朝ソ関係の悪化や中国などの東側諸国への接近、さらには軍事路線を定式化し、韓国との全面対決の姿勢を鮮明にするなかで、北朝鮮は、平和利用のアピールを弱化させるとともに、原子力に対する軍事的期待を高めていった。そこに現在、北朝鮮が行っている核開発の源流をたどることができる。

以上、見てきたように、南北朝鮮の原子力導入は、ほぼ同時代的に展開していた。南北の原子力導入は、日本留学組の科学者によって担われており、いわば日本の学知を基盤としていた。だが、南北分断体制が成立し、冷戦が深化すると、原子力をめぐる日本の学知は、脱植民地化され、それぞれ米ソの学知へと置き換えられていった。朝鮮半島における原子力導入は、軍事的利用による力と力の対立のみならず、米ソ間で生じていた原子力をめぐる知のヘゲモニー闘争の側面を有していた。それは、まぎれもなく軍事力と知のヘゲモニーをめぐって戦われた総力戦としての冷戦の一端を示していた。

同時代的な歩みを示していた南北朝鮮の原子力研究・開発には、今や大きな差が見られる。韓国は1978年に原発を稼働させたが、北朝鮮は、本格的な原発を持っていない。一方で、韓国は核兵器を開発・保有していないが、北朝鮮は開発・保有している。南北朝鮮の原子力研究・開発に見られる大きな差は、いつ、どのようにして生じていったのだろうか。このことを明らかにすることが、今後の課題となる。

註

1　「米、韓国『核』疑惑、払拭できず……壁にあたった原子力協定改定４次協商　継続して平行線をたどる」『朝鮮日報』2011年12月８日付。

2　金性俊『韓国原子力技術体制の形成と変化：1953－1980』ソウル大学大学院博士論文、2012年４月。

3　John Dimoia, "Atoms for Power?：The Atomic Energy Research Institute (AERI) and South Korean Electrification, 1948-1965", *Historia Scientiarum,* Vol. 19-2, 2009, The History of Science Society of Japan.

4　Balazs Szalontai and Sergey Radchenko, "North Korea's Efforts to Acquire Nuclear Technology and Nuclear Weapons: Evidence from Russian and Hungarian Archives", Working Paper #53, Cold War International History Project, Woodrow Wilson International Center for Scholars, August 2006 および *The North Korean Nuclear Program: Security, Strategy, and New Perspectives from Russia,* James Clay Molts and Alexandre Y. Mansourov, eds., Routledge, 2000など。

5　「李鍝公殿下御戦死　作戦任務遂行中　廣島の空爆で御負傷」『京城日報』1945年８月９日付。

6　「米の新型爆弾に帝国政府抗議　人類への新罪悪　残虐性、毒ガスを凌駕」『京城日報』1945年８月12日付。

7　「萬世のため太平を開かん　御異例・御親ら大詔放送」『京城日報』1945年８月15日付。

8　「空爆の死傷55萬　原子爆弾で19萬餘」『京城日報』1945年９月７日付。

9　「歓迎聯合軍　朝鮮獨立萬歳」『毎日新報』1945年９月８日付。

10　「原子爆弾　放射能の事後影響絶無」『京城日報』1945年９月25日付。

11　「原子力と世界平和」『朝鮮日報』1945年12月１日付。

12　日本の原子力研究に関するGHQの調査については、山崎正勝『日本の核開発：1939～1955――原爆から原子力へ』績文堂、2011年、83－93頁を参照。

13　1949年10月１日、GHQ経済科学局（ESS）は、太田頼常・台湾大学理学院教授と接触していた。

14　任正赫「朝鮮における日本の研究機関による放射性鉱物の探査および採掘について——原爆開発計画『二号研究』との関係を中心として」『朝鮮近代科学技術史研究——開化期・植民地期の諸問題』皓星社、2010年、249頁。

15　任正赫、前掲、264頁。

16　任正赫、前掲、269頁。金根培は、京城帝大が、軍事技術研究に力を注いでおり、理工学部では、発足以来、放射化学を専門的に研究する日本人教授や助教授を任用してきたと指摘し、原爆開発の意図があったことを示唆している。『韓国近代科学技術人力の出現』文学と知性社、2005年。

17　京城帝国大学は、解放後、京城大学に改称されたのち、それらの資産を引き継いだ国立ソウル大学が、1946年10月に開学した。

18　"Interview with Dr. AHN D. H., Seoul Technical College, 16 July 1946," Research, Nuclear - China, Korea, USSR (Folder C), Box No. STD-3, GHQ/SCAP, RG331, NACP.

19　"Interview with Dr. LEE Tai Kyu, 16 July 1946," Research, Nuclear - China, Korea, USSR (Folder C), Box No. STD-3, GHQ/SCAP, RG331, NACP.

20　吉岡斉『新版　原子力の社会史——その日本的背景』朝日新聞出版、2011年、53頁。

21　吉岡、前掲書、53−54頁。

22　任正赫、前掲。

23　「慎め電力の濫用」『京城日報』1945年10月5日付。

24　「南朝鮮過渡政府命令第9号」1947年12月15日。

25　ソ連外交文書「1948年1月2日　ソ連外務省極東一課と顧問ルポフが作成した北朝鮮から南朝鮮に送電した電力実態」『北朝鮮のエネルギー』1948年1月2日〜3月16日、(『ロシア連邦外務省対韓政策資料Ｉ』朴鐘涍編訳、2010年、267頁所収)。

26　Dimoia, op cit.

27　金俊植「電力問題解決の方案　設備補修と消費合理化問題」『京郷新聞』1948年10月1日付。

28　「編集後記」『新天地』1950年1月号、ソウル新聞社。

29　『韓国原子力20年史』韓国原子力研究所編、1979年、7頁や権赫泰「集団の記憶、個人の記憶」『現代思想』2003年8月など参照。

30　Dong-Won Kim, "Imaginary Savior: The Image of the Nuclear Bomb in Korea, 1945-1960," *Historia Scientiarum,* Vol. 19-2, 2009, The History of Science Society of Japan.

31　李建鎬「原子力と世界平和」『大学新聞』1952年6月9日付。

32　「原子力と新世紀」『大学新聞』1952年6月9日付。

33　「南韓再建と原子力発電」『東亜日報』1953年11月6日付。

34　土屋由香「広報文化外交としての原子力平和利用キャンペーンと1950年代の日米関係」、竹内俊隆編『日米同盟論』ミネルヴァ書房、2011年。

35 「水爆恐怖旋風と平和への楽観」『京郷新聞』1954年4月6日付。

36 「世界到処水爆投下可能」『東亜日報』1954年3月18日付。

37 「『死の砂』兵器」『東亜日報』1954年4月11日付。

38 「原子と原子力」『朝鮮日報』1954年4月5日付、「原子と原子力：科学」『朝鮮日報』1954年4月12日付、「『原子弾』と『水素弾』——いったいどのようなものなのか」『東亜日報』1954年4月11日付。

39 森川澄夫「米原子力法123条と日米原子力協定」『ジュリスト』1955年11月1日、有斐閣。

40 高デスン「韓国の原子力機構設立過程とその背景」『韓国科学史学会誌』14巻1号、1992年。

41 金性俊、前掲論文、47頁。

42 高デスン、前掲論文。

43 「米原子力研究所に韓国科学者を派遣」『東亜日報』1954年11月27日付。

44 「16名が合格　派米原子科学者」『朝鮮日報』1954年12月19日付。

45 「原子力平和目的使用案の可決」『朝鮮日報』1954年11月26日付。

46 「原子物理学研究に対する機構設置に対する建議案」『国会速記録』第20回、第24号、1955年3月31日。

47 韓国外交文書 “Excerpt from report of Ambassader You Chan Yang,” July 7, 1955,「原子力の民間利用に関する韓米間の協力のための協定、1956」分類番号741.64、登録番号267、フレーム番号9、韓国外交史料館。

48 金性俊、前掲論文、48頁。

49 権寧大「ジュネーブ原子力会議と原子力の平和会議」『大学新聞』1955年9月5日付。

50 『国会臨時会議速記録』第21回、第47号、1955年12月9日。

51 韓国外交文書「原子力関係各部関係官連席会議に関する報告書」1955年5月23日『韓米間の原子力施設購買、1955−63』分類番号763.62US、登録番号1297、フレーム番号59、韓国外交史料館。

52 金性俊、前掲論文、49、53頁。

53 『韓国原子力20年史』韓国原子力研究所編、1979年、33頁。

54 前掲「原子力関係各部関係官連席会議に関する報告書」フレーム番号52－54。

55 「不遠　原子力展覧会　全国各主要として巡回講演」『朝鮮日報』1956年5月25日付。

56 「原子力展示会開幕　17日上午11時内外貴賓参席裡」『朝鮮日報』1956年9月18日付。

57 「原子力展　徳寿宮で開幕」『朝鮮日報』1960年9月9日付。

58 前掲書『韓国原子力20年史』、33頁。

59 “USIA INSPECTION REPORT USIS/KOREA,” November 24, 1961, Inspection Staff, Inspection Reports and Related Records, 1954-1962, Box 8, RG306, NACP.

60 ムン・マンヨン「1960年代『科学技術ブーム』——韓国の現代的科学技術体制の形成」『韓国科学史学会誌』第29巻、1号、2007年。

61　下斗米伸夫『日本冷戦史――帝国の崩壊から55年体制へ』岩波書店、2011年、75-76頁。

62　Sergey Radchenko, "Nuclear Cooperation between the Soviet Union and North Korea, 1962-63: Evidence from Russian Archives," Balazs Szalontai and Sergey Radchenko, North Korea's Efforts to Acquire Nuclear Technology and Nuclear Weapons: Evidence from Russian and Hungarian Archives, Working Paper #53, Cold War International History Project, Woodrow Wilson International Center for Scholars, 2006.

63　Radchenko, op cit.

64　ブルース・カミングス『朝鮮戦争の起源2　1947年－1950年――「革命的」内戦とアメリカの覇権』上巻、鄭敬謨・林哲・山岡由美訳、明石書店、2012年、389頁および「原子力は文化と平和を愛護する進歩的人民たちの所有である」『旬刊通信』1949年10月下旬号、第37号、1/15, SA2005, RG242, NACP.

65　「原子力および常用軍備委員会の事業は、なぜ中止されたのか」『旬刊通信』1949年9月上旬号、第32号、米国議会図書館所蔵。

66　「数カ国共産党報道局会議総決に関して」『労働党中央委員会定期会議文献集　15－18　1949』朝鮮労働党出版社、1950年。

67　「南朝鮮から来た物理学者　都相禄との談話」1946年7月23日『金日成全集』第4巻、朝鮮労働党出版社、1992年。

68　Alexander Zhebin, "A Political History of Soviet -North Korean Nuclear Cooperation," *The North Korean Nuclear Program: Security, Strategy, and New Perspectives from Russia,* Routledge, 2000, 28p.

69　Valentin I. Moiseyev, "The North Korean Energy Sector," *The North Korean Nuclear Program: Security, Strategy, and New Perspectives from Russia,* James Clay Molts and Alexandre Y. Mansourov, eds., Routledge, 2000, 54p.

70　「大量殺戮武器に反対して」『労働新聞』1955年8月6日付。

71　「原子及び水素武器は禁止されなければならない」『労働新聞』1955年8月13日付。

72　「大量殺戮武器に反対して」『労働新聞』1955年8月6日付。

73　「原子力の平和的利用のために」『労働新聞』1955年8月9日付。

74　ソ連の原子力発電所について、写真入りで説明する全面特集記事が掲載されていた。「ソ連の原子力発電所にて」『労働新聞』1955年8月21日付。

75　「原子力の平和的利用のための国際的協調の進一歩」『労働新聞』1955年8月25日付。

76　「合同核研究所組織問題に関する国際会議終了」『労働新聞』1956年3月29日付。

77　ソ連外交文書「1956年5月17日　北朝鮮外務省から朝鮮駐在ソ連大使館に送られた外交文書」『北朝鮮核総合研究所指導部　ソ連に派遣』(『ロシア連邦外務省　対韓政策資料II』朴鐘涍編訳、2010年、79頁所収)。丁根は、1947年に京城大学物理学科を卒業したのち、越北した。モスクワ大学で核物理学を研究し、北朝鮮に帰国後は、金日成総合大学で原子炉関連の論文を何編か発表した。丁根は、北朝鮮の原子力研究において、実務面での総責任者となった（李ジェスン『北韓を動かすテクノクラート』図書出版イルビッ、1990 年、113 頁）。

78 「合同核研究所組織に関する協定　モスクワで調印」『労働新聞』1956 年 3 月 29 日付。なお、李相朝は、このあと数ヵ月後に発生した「8 月宗派事件」により、ソ連に亡命した。

79 合同核研究所には、その後北朝鮮の原子力研究の中枢を担う崔ハクグンやケ・ヤンスンらが派遣されたことが確認される（前掲書『北韓を動かすテクノクラート』113 – 114 頁）。

80 Alexander Zhebin, op cit., 29p.

81 I・I・アラジエーフ『原子エネルギーの平和的利用』都相禄訳、国立工業技術書籍出版社、1957 年、10 頁。

82 都相禄は、1903 年に咸鏡南道興南に生まれたのち、日本に渡り 1930 年に東京帝国大学物理学科を卒業した。朝鮮・開城にもどって中学校教師となった後、満洲の新京（現、長春）にて新京工業大学教授に着任し、解放を迎えた。解放後、京城大学教授となったが、国立ソウル大学への改編案（国大案）に反対し、米軍政に抗議したため、大学側から罷免された。1946 年 5 月、都相禄は金日成総合大学の教授として招請され、ソウル大学物理学科に通っていた息子の都ソンソプとともに越北した。詳しくは任正赫「物理学者都相禄の研究活動と解放直後の社会活動について」、前掲書『朝鮮近代科学技術史研究――開化期・植民地期の諸問題』を参照。

83 「朝鮮民主主義人民共和国政府　声明」『労働新聞』1958 年 4 月 11 日付。

84 「特集：原子力教室」『東亜日報』1958 年 8 月 6 日付。

85 ソ連外交文書「1959 年 5 月 15 日　副首相プーシキンと大使李シンパルの対話録」『ソ連原子エネルギー学術研究北朝鮮支援』（前掲書『ロシア連邦外務省　対韓政策資料 II』132 頁所収）。

86 Alexander Zhebin, op cit., 30p.

87 「朝鮮労働党第 4 次大会でおこなった中央委員会事業総和報告」『金日成著作集』1961 年 9 月 11 日、朝鮮労働党出版社。

88 前掲書『北韓を動かすテクノクラート』110 頁。

89 和田春樹『北朝鮮――遊撃隊国家の現在』岩波書店、1988 年、164 頁。

90 中国外交文書「朝鮮領導人就我原子弾爆炸成功致我領導人的賀電（中、朝文）」1964 年 10 月 18 日、档号 113－00473－04、中華人民共和国外交部档案館。

91 高一『北朝鮮外交と東北アジア―― 1970－1973』信山社、2010 年、19－20 頁。

92 “Document 20, Records of Conversation between Soviet Foreign Minister Andrei Gromyko and North Korean Foreign Minister Pak Song Ch’ol,” April 9, 1966, Radchenko, Sergy S., The Soviet Union and the North Korean Seizure of the USS Pueblo: Evidence from Russian Archives, Cold War International History Project Working Paper, #47, Cold War International History Project, Woodrow Wilson

International Center for Scholars, 2005.

93 "Document No. 14, Report Embassy of Hungary in North Korea to the Hungarian Foreign Ministry," 10 March , 1967, Working Paper #53, op cit.

94 "Document No. 16, Report, Embassy of Hungary in North Korea to the Hungarian Foreign Ministry," 8 May 1967, Working Paper #53, op cit.

95 "Document No. 15, Report, Embassy of Hungary in North Korea to the Hungarian Foreign Ministry," 13 March 1967, Working Paper #53, op cit.

96 "Document No. 18, Report, Embassy of Hungary in North Koreans to the Hungarian Foreign Ministry," 29 February 1968, Working Paper #53, op cit.

97 「自立的な原子力工業創設のための事業で成し遂げられた成果」『労働新聞』1992年4月12日付。

第８章　フィリピンの原子力発電所構想と米比関係
――ホワイト・エレファントの創造――

伊藤　裕子

1　はじめに

本章は、フィリピン原子力発電所建設計画に関する研究調査および契約をめぐる国内外の政治過程を明らかにするものである。

アメリカの元植民地であり、戦後もアジア開発途上国の中で特に強力な親米路線を打ち出していたフィリピンは、アメリカが1950年代以降打ち出した「アトムズ・フォー・ピース」政策が積極的に適用された事例となった。一時はアジア原子力センターのマニラへの設置が構想されたほか、原子力平和利用の可能性や原発の将来性についてフィリピンが調査するのをアメリカや国際原子力機関（International Atomic Energy Agency, IAEA）は積極的に支援し、その結果、東南アジアで最初の原子力発電所がルソン島に建設されることになったのである。しかしこれらはまた、開発途上国による原子力の導入に伴う様々な問題点を如実に反映した事例にもなった。

本章では、原子力の平和利用、特に原子力発電の導入をめぐるフィリピンの動向とその背後にある米比関係を明らかにし、「フィリピン第一原子力発電所（Philippine Nuclear Power Plant-1, PNPP-1）」（「バタアン原発」（BNPP）とも呼ばれる）が完成されるも、稼働されないまま「巨大な厄介物」（ホワイト・エレファント White Elephant）と呼ばれて放置されるに至った経緯を分析する。具体的には、1950年代のマニラへのアジア原子力センター設置構想の挫折、1960年代の原子力に関する研究調査段階でのフィリピンの関心、1970年代のアメリカからの原子炉輸入とバタアン半島への原発建設をめぐる問題点を論ずる。

2　アイゼンハワー「アトムズ・フォー・ピース」政策とフィリピンの対応

1953年12月3日、アメリカ合衆国のドワイト・アイゼンハワー大統領は「アトムズ・フォー・ピース」（原子力の平和利用）演説を行った。これは当時の米ソ冷戦において開発途上国に開発技術援助を提供し資本主義陣営側に取り込むための冷戦戦略の一環でもあった。

「アトムズ・フォー・ピース」演説に半年先立つ1953年6月にはすでに、米国国家安全保障会議（NSC）の場で、可能な限り早期に原子力を国家経済に組み込む必要性が唱えられていた。その背景には、国際関係においてアメリカが原子力平和利用の分野でリーダーシップをとること、およびアメリカが人類の幸福のために原子力平和利用に熱心であると印象付けることが極めて肝要であり、それができなければアメリカの国際的威信を大きく傷つけることになるという認識が政府内にあった[1]。

このような原子力平和利用を冷戦政策として利用しようとする考えの背景には、共産主義の拡大があった。1954年の1月16日の国家安全保障会議文書NSC5405では、資源豊富で工業国となる潜在力を有する東南アジアへの経済技術支援をとおして、共産主義の浸透を防ぎ安定した自由な政府を育成することの意義が説かれた[2]。他方、1954年6月にはソ連が早くも世界初のオブニンスク原子力発電所の稼働を開始したほか、1955年頃からは、フルシチョフ第一書記がインド・ビルマ・アフガニスタンを訪問し経済協力関係の拡大を図るなど、アジア非共産圏への「平和攻勢」を活発化させていた。そうした国際情勢の中で、1955年前半までには、対アジア経済支援の手段のひとつとして原子力の平和利用を打ち出し、アジアの開発途上国に原子力研究センターを設立する案がアメリカ政府内部で具体化していった。

そのような、いわば原子力冷戦政策が正式に発表されたのは、1955年10月20日のコロンボ計画協議委員会においてである。アメリカ国務省管轄下にある国際協力庁のジョン・B・ホリスター長官は、アジアの経済的社会的発展のために原子力を利用するという大義名分のもとにアジア原子力センターの設立を提案した[3]。その候補地としては、当初、英連邦の一員であるセイロンのコロンボが最有力であった。友次によれば、コロンボが最有力候補とされたのは、英連邦諸国の合意を得やすいということと、一方で中立主義を掲げるインドとは異なり、親米路線のセイロンであればアメリカ議会の承認を取り付けやすいことが大きな要因であった[4]。

ところが、いったんはイギリス・セイロン両政府にも内諾を得たこの案件は、1955年10月半ば以降に混乱し、同年末までにはアジア原子力センターはフィリピンのマニラに建設されることが決定した[5]。

では、なぜアメリカはコロンボではなくマニラを選んだのか。そこにはアメリカの国益追求と冷戦政策が色濃く表われていたということができる。第一に、フィリピンには元宗主国のアメリカにとって民間企業が投資しやすい環境があった。当時アメリカはフィリピンへの戦後復興支援の見返りとして、フィリピン国内の天然資源の開発利用に関して内国民待遇を付与されており、米企業はフィリピンに巨額の資本を投資していた[6]。また、フィリピンには大規模な在比米軍基地があり、アジア太平洋地域の開発途上国のなかでは、アメリカから太平洋を越えて空・海いずれからもアクセス可能であったうえ、駐留米軍による安全保障があった。

こうしたメリットに加えてアメリカが重視したのは、フィリピンのラモン・マグサイサイ大統領の権力基盤の強化を図りたかったという点であろう。腐敗と暴力に満ちたエルピディオ・キリノ前政権の時から、アメリカはマグサイサイ国防長官を「アメリカの少年」(America's boy)として支援していたが、1950年代初頭には、共産主義勢力（フク団）による国内反乱を米比共同で鎮圧して国防長官としてのマグサイサイの名声を高めて政治基盤を確立し、1953年大統領選挙では全面的にバックアップした。選挙後、スプルーアンス駐比米大使からダレス国務長官に宛てた書簡では、「アメリカが東南アジアと極東の諸国を共産主義に対抗しうる民主主義国家として導けるかどうかは、ひとえにマグサイサイの成功にかかっている」と述べられている。アメリカのアジア冷戦政策において、フィリピンの民主主義的資本主義的発展は、他の開発途上国に対するモデルになりうる。そのためにも「マグサイサイを失敗させてはならない」のであった[7]。

こうしたアメリカの対フィリピン観の背景にあったのは、在比米軍基地を擁し東南アジア条約（SEATO）の加盟国であり親米的指導者を得たフィリピンが、共産主義勢力の封じ込めに貢献する安定的勢力として成長することへの期待であった。ダレス国務長官は1956年3月のフィリピン訪問中に、自らマニラへのアジア原子力センター設立構想を初めて公表するなど、アメリカのフィリピン支援の姿勢を明確に印象づけようと試みている[8]。

しかし、半ば強引にフィリピンへの建設が決まったアジア原子力センター構想は、挫折の道をたどることになった。その第一の要因は国際社会からの不支持である。当初のセイロン立地案から一転してマニラへの建設がアメリカ政府内部で一方的に決まったことで、英連邦諸国は不信感を抱いた。本来の理念では、原子力平和利用は中立国を含めて開発途上国への支援の手段となるはずであった。にもかかわらず、アメリカがイデオロギー色を強め、冷戦戦略の一環としてセンターの立地をセイロンからマニラに変更したことが、英連邦諸国の不満の原因であった[9]。

加えて、米比関係のもつれとフィリピン側の問題もセンター構想挫折の要因となった。フィリピン独立後の米比関係において、在比米軍基地の存在はフィリピンに安全保障と援助をもたらす手段であると同時に、フィリピンのナショナリズムを刺激し対米反発を生みだす原因ともなっていた。1956年頃からこの基地をめぐる交渉が困難な状況に陥り、特に在比米軍基地の土地所有権問題をめぐってフィリピン国内に反米感情が高まっていたのである[10]。

さらに1957年の大統領選挙を控えて、マグサイサイ大統領が従来の対米追従的な姿勢に代えて国内世論を意識したナショナリスティックな行動を取り始めると、アメリカのマグサイサイへの評価は急速に萎えた。1956年3月に訪比したダレス国務長官とウォルター・ロバートソン国務次官補（極東問題担当）は、大統領選前に人気取りに腐心し国政の推進力を失っているマグサイサイを、「頑固で、指導力が弱く、フィリピン経済の問題解決手段としてアメリカの援助にばかり依存」すると非難し、「まるでゴ・ディン・ジェムのようだ」と酷評した[11]。

1957年3月にマグサイサイが事故死したあと、大統領に昇格したカルロス・ガルシアの政権に対するアメリカ政府の評価は極めて低く、その政治腐敗、経済停滞、政府の無責任等への非難が高まった。ダレスは「戦後35億ドルもの援助をアメリカが投入しているにもかかわらず、フィリピンの指導部は腐っている」と辛辣であった[12]。

フィリピンの側も、この時期、原子力の導入に関心があったとは言い難い。たしかに1956年春の時点ではマグサイサイ大統領はマニラに原子力センターを設置する構想を歓迎してはいたものの、1958年にガルシア大統領が訪米した時には、彼は戦後復興の促進や衣食住へのアメリカの援助増額の要請に関心を持っており、原子力よりも根本的なフィリピンの産業発展や社会基盤の整備の必要性を訴えた。さらにこうした社会基盤整備の推進力としての電力には、ガルシア大統領は建設コストが高く高度な技術力を要する原子力発電ではなく、水力発電を推進したい意向を示しており、フィリピン各地域の河川を利用した大規模水力発電所の建設に対するアメリカの支援を求めていた[13]。フィリピン最大の電力会社である米系のマニラ電力会社（Meralco＝メラルコ社）も、1957年9月には初期費用の高い原子力発電を当面見送る判断をした。このように、国内の政治経済状況もアメリカの期待にそぐわないフィリピンに対して、アメリカは原子力センターを導入するには技術水準も社会基盤も不十分であると考えたのである。

アジア原子力センターをめぐる米英アジア諸国間の軋轢や米比関係の悪化以外にも、この時期の核問題をめぐる国際情勢の変化にも留意する必要がある。アメリカが1955年に原子力の平和利用推進を正式な政策として決定して以来、IAEAや欧州原子力共同体（EURATOM）が設立されたほか、欧州資本主義諸国を中心に原子力関連の様々なプログラムが進展した。しかし同時にアメリカは原子力の経済的なコストも認識しており、その経済性が発揮されるのは早くても1960年代前半、もしくは1970年になると予測していた。つまり、原子力の導入が西側先進国の経済発展に寄与するまでにも実に10数年の年月を必要とするのであり、それ以外の開発途上国の経済問題を解決するには原子力はそれほど大きな貢献をしないだろうという認識を、アメリカ政府は1957年末の段階で持っていたのである。

さらにこの後は同年ソ連で先に大陸間弾道弾や人工衛星が開発されたことが大きな衝撃となり、アメリカ政府の関心は平和利用よりもむしろ軍事利用・

宇宙開発のほうに向いていくことになる[14]。こうした中で、様々な問題をはらんだアジア原子力センターの構想は、アメリカとアジア諸国の関心を失っていった。そして1959年3月25日、アメリカは同構想の無期延期を関係諸国に伝えることになったのである[15]。

3　マルコス政権の原子力政策

フィリピンに再び原子力利用の機運が高まっていくのは、1960年代後半のフェルディナンド・マルコス大統領（在任1965年12月〜1986年2月）の政権になってからであった。

戦後しばらくの間、フィリピンは戦後復興や経済停滞に苦しんできた。特に1940年代後半は、麻、砂糖、椰子製品といった伝統的な農作物生産が国民生産のほぼ半分近くを占め続け、産業の多角化は進まなかった。1950年代の10年間には政府主導で工業部門の成長を刺激してきたとはいえ、常に財政状況が逼迫し、厳格な外貨制限と輸入制限が続いた。こうした状況におかれたフィリピン社会には、建設コストが高く高度技術を要する原子力を受け入れる余地はほとんどなかったといってよい。

しかし1960年代半ばまでに年率6%に迫る経済成長と人口増加が見られ、この人口を養うために農工業生産をさらに拡大し輸出産業を育成する必要性と、それに伴う電力需要の拡大を賄う必要性がフィリピン国内で強く意識されはじめた。このことは、原子力への関心を再度高めていく要因になった[16]。本節では、マルコス政権のフィリピンの原子力政策と原子力導入に向けての動きを分析する。

事前調査

1958年、フィリピンで「フィリピン科学法」(R.A.2067) が制定され、原子力の平和利用の促進を目指してフィリピン原子力委員会（Philippine Atomic Energy Commission, PAEC）が創設された。その組織構成や法体系は、アメリカの原子力委員会のそれを模倣したものであった。リブラド・D・イベを委員長とするフィリピン原子力委の最大の関心は、順調に成長しつつあるフィリピン経済と人口増加に伴う電力需要増を賄い、ライフスタイルの変化に対応するために電力供給量を拡大することを目的として、原子力発電の導入に向けての事前調査や人材育成などの準備を進めることであった。ちょうどこのころ、アメリカはアジア原子力センターの設立を断念した時期であったが、フィリピンはアメリカから研究用原子炉を獲得し、原子力およびアイソトープに関する研究や、人材育成を開始した。当時フィリピンには原子力の専門家はほとんどいなかったといってよい[17]。

この頃マニラを中心とするルソン地区の電力を担っていたのは、国有企業のフィリピン電力会社（National Power Corporation, NPC）とロペス財閥所有のマニラ電力会社（Meralco, 以下メラルコ社と記す）である[18]。これらの企業は1960年代に日米その他から国際融資を受けて送電網を大幅に拡充していった。マニラ首都圏の発電と電力供給事情が徐々に整ってくると、近い将来における原子力導入の可能性を検討するために、国連開発計画（United Nations Development Program, UNDP）とIAEAの支援を受け70万ドルの予算をかけた2年にわたる事前調査がIAEAにより実施された。

フィリピン政府、フィリピン原子力委、フィリピン電力会社、およびメラルコ社の四者が共同で行うこのプロジェクトは、ルソン地区——フィリピン人口3300万人の半数が住み、フィリピン経済の3分の2が集中し、戦後15年間で年平均約15%の経済成長を遂げ、フィリピンの電力需要の8割を占める——を対象として、1965年から1975年にかけての電力需要を研究し原子力発電の有為性を検討するものであった[19]。

200ページ近くにも上るこのIAEAの『事前調査報告書』（*PIS*）では、1965年からの10年間にルソン地区の電力需要は低く見積もっても年平均12.7%の割合で増大していくことが予測され、1975年までに270万kWの電力供給能力が必要であるとされた。1965年の調査時においてルソン地区の既存の発電設備で賄える電力は、わずかに水力発電が22.9万kW、火力発電が44万kWの合計66.9万kWであった。これらに加えて当時建設予定の水力発電所および火力発電所の電力供給能力を合わせても157.7万kWにしかならず、既存の計画のままでは1975年には110万kWが不足すると見込まれ、ルソン地区の開発に必要な電力確保のために早急に適切な措置がとられるべきことが勧告された[20]。

その「適切な措置」とは何か。同報告書では、既存の発電方法である水力・地熱発電、石炭による火力発電、および原油などの石油系燃料・ガスによる火力発電と、新たな手段である原子力発電の経済性と効率がそれぞれ検討され、なかでも石油火力発電と原子力発電が現実的な選択肢として両者の建設と稼働に要する費用が様々な角度から詳細に比較された（**表１**）[21]。これによると、建設に必要な初期費用と運営維持費用の両面において、火力・原子力とも規模のメリットが大きく、しかも原子力はいったん導入すれば原材料費がほぼ不要であり長期的に見て稼働コスト面で２割ほど有利とされた。この調査結果に基づき、IAEA は、1975 年までに不足が見込まれる約 100 万 kW の発電能力を補うために 30 万 kW 規模の原発を２基と 40 万 kW 規模の原発を１基、導入することをフィリピン政府に勧告した。そして、建設開始から稼働までに約５年を要することから、早急に建設準備に取り掛かる必要があると論じたのである[22]。

表１　火力発電と原子力発電のコスト比較（100 万ドル）[23]

初期建設費用

発電所規模	火力	原子力	原子力／火力
20 万 k W	30.0	43.0	1.43　倍
30 万 k W	42.3	56.1	1.326 倍
40 万 k W	52.2	67.0	1.284 倍

運転維持費用

発電所規模	火力	原子力	原子力／火力
20 万 k W	6.00	5.16	0.86 倍
30 万 k W	5.67	4.65	0.82 倍
40 万 k W	5.45	4.31	0.79 倍

フィリピンにおけるこのような原子力推進政策の背景には、フィリピン国内の政治経済要因があった。フェルディナンド・マルコスが 1965 年 12 月末に大統領に就任すると、アメリカ政府はその「活力と決断力」を絶賛し[24]、マルコスのもとで経済発展が進めば、将来的に原子力を導入する技術力と経済力の向上が期待できると考えた。ルソン地区の戦後 15 年間の平均経済成

長率は約14%にのぼったが、マルコス新政権下でさらなる経済成長が実現できるかどうかは、ルソン地区のフィリピン電力会社とメラルコ社の電力供給能力に大きく依存すると考えられた。

さらに同報告書は、世界の原子力発電能力が1966年当時の700万kWから1970年までには2700万kW、1980年までには実に2億kWへと大幅に増大すると予測したほか、原子炉が長年安全に稼働していることを指摘するなど、エネルギー分野では原子力利用が「次代の潮流」であることを強調している。たしかに、原子力発電の導入には高度技術や巨額の資本を必要とされた点で途上国には困難が伴うことが認識されてはいるものの、安価な燃料代ゆえに長期的視野から原子力の経済性が唱えられた。そして、途上国の中でも高度に人口と産業が発達し電力需要が突出するマニラ首都圏などの都市部には、原子力発電が適切であることが強調されたのである[25]。

しかしこのような勧告がなされたとはいえ、現実には原子力発電所の建設は財政的に困難であった。フィリピンの電力を賄っていたのは実質的にフィリピン電力会社とメラルコ社の二社であり、原子力発電を導入するには1972年までに7億5000万ペソ（約1億1200万ドル）近い資金が必要とされたにもかかわらず、当時の法律によってフィリピン電力会社の対外債務は1億ペソまでと上限が定められていた。さらにメラルコ社については、フィリピン国内の銀行による融資も限定的であり、アメリカでの債券発行もこの時期のベトナム情勢の悪化などから難しいとされた。つまり原子力発電導入に伴う費用は、当時のフィリピンの経済力からすればあまりにも巨額であったということができる。にもかかわらず、国内の開発銀行、欧州系の投資・信用機関、世界銀行やアメリカ輸出入銀行からのさらなる借款、米企業からの投資などに依存すれば、だいたいの必要資金は集まるであろうという楽観的な結論が、どういうわけか導き出されたのである[26]。

以上のことから、原子力平和利用をめぐる事前調査とは、その目的自体が原子力の導入であり、そのために有利な状況は詳細に調査され論じられる一方で、制約要因は過小評価されて詳細に調査されないままであったといってよい。そして留意すべきことに、1960年代なかばのこの時点では原発の建設コストと稼働コストのみが石油など化石燃料による火力発電とのコスト比較の対象となっていたことである。原子炉の立地や稼働に伴うリスク、あるいはリスク回避措置や廃炉・核廃棄物の処理に要する費用は一切考慮されておらず、しかも事故の可能性や事故発生の場合の状況などは想像すらされていないことがうかがえるのである。

1970年代前半の原子力をめぐる研究と国内外の要因

IAEAの『事前調査報告書』が刊行されて以来、フィリピンではフィリピン原子力委が中心となって原子力の平和利用のための研究を推進していった。しかし、『事前調査報告書』が原子力発電の早期導入を勧告したにもかかわらず、その初期費用の大きさとフィリピンの技術力と人材の不十分さゆえに、準備は遅々として進まなかった。

1960年代後半から1970年代前半にかけてのフィリピン原子力委の活動は、原子力の平和利用に関する研究を推進することと、原子力技術者・専門家を育成することの二つを柱としていた。この間、フィリピン原子力委がIAEAや国連開発計画から援助を受けて実施した研究は、48のテーマにのぼる。そこには原子力工学に関する研究だけでなく、放射性アイソトープによる魚介類や農産物の殺菌・寄生虫予防、さらには河川・海洋環境へのアイソトープの利用といった、農林水産業への原子力利用の研究も多く含まれた。この背景には、急激に増大する人口を支えるための食糧を増産し国民生活を電力以外の側面からも豊かにしていきたいという狙いがあった。

1970年代前半の原子力開発計画として、①原子力工学専攻の大学院プログラムの充実、②コメその他の穀物栽培における殺菌・寄生虫予防に関する分析、③アイソトープのマニラ湾海洋環境への利用、④アイソトープの農業利用に関する研究など、総額８万ドルの研究計画が立案されているが、それらに対してIAEAは1971年には５万ドル、1972年には５万6000ドルの支援を行っている。さらに1972年から76年にかけて、果実の殺菌へのアイソトープ利用や原子力発電の導入をめぐる研究など総額14万9000ドルに上る研究が国連開発計画の承認を得て立案された[27]。

これらの援助を得て、フィリピン国内では原発の導入に向けて徐々に体制の整備が進んでいった。原発導入の立地が検討され始めたのはこの頃からである。実際に原発の運営に当たることが予測されたフィリピン原子力委とフィリピン電力会社とメラルコ社の三者によって原子力発電所の立地を検討する委員会が発足し、1971年には大統領令を受けて設置された原子力研究調整委員会が新たな状況調査を開始した。この頃までに原発の候補地も中部ルソンのバタアン州バガック、カヴィテ州テルネイト、ケソン州パドレ・ブルゴス、バタンガス州サンホアンの4ヵ所に絞り込まれた[28]。

こうした研究調査と並んで、フィリピン原子力委および政府はフィリピン国民に対する啓蒙活動にも力を入れた。エネルギー源多様化と発電のコスト削減のために原子力エネルギーの重要性が高まりつつあることを訴え、原発の導入に向けていよいよ現実的な研究を進めるとともに、国民が原子力を受容するようフィリピン原子力委を中心に努力すべきことを声高に唱えたのである。1972年度には、原子力に関する特別講演会が13回、医学・衛生・技術面での核利用に関する講演会が14回開催されたほか、フィリピン・アイソトープ協会、フィリピン放射線医療協会、放射線防護協会といった団体が発足し、フィリピン原子力委と放射線技術によって恩恵を受ける可能性のある各種農業団体などとの連携も多数行われた。また、電力のみならず核技術の医療・農業への利用についての民間の関心は高く、フィリピン原子力委は民間企業でのアイソトープの研究開発を促進するため、1971年までに41企業、翌72年までには98企業に対して放射性物質を扱うためのライセンスを付与している[29]。

さらに、国内外での各種研修プログラムも多数実施された。数週間から数ヵ月にわたる原子力平和利用に関するセミナーが、フィリピン原子力委の専門家や企業開発部および関係省庁の職員の教育目的で繰り返し開催されたほか、高校理科教員向けの講習など一般国民への啓蒙を目的としたプログラムもあった。

また、原子力技術者の育成を目的として、国内の専門技術者を多数の海外研修プログラムにも参加させている。1971年と72年にはそれぞれIAEA主催の海外プログラムに7名ずつを派遣したほか、アメリカのミシガン大学、ジョージタウン大学、パーデュー大学、ペンシルヴェニア州立大学、ニューヨーク州立大学、カンザス州立大学、および欧州各国や日本、イスラエル、インド、さらにはソ連にまで、数週間から１年間にわたって技術者を派遣した[30]。準備段階でのこうした研究や研修プログラムは基本的に対米追従、対米依存の傾向が大きかった。しかしベトナム戦争の泥沼化や米中国交正常化を背景として、折から外交の多角化を図っていたフィリピンは、原子力の分野でも社会主義諸国をはじめ多様な諸国に技術支援を求めようとしていた。

この時期のフィリピンの国内外情勢も、原子力発電の推進を後押しするものであった。1960 年代末からフィリピン南部のミンダナオ島を中心にモロ民族解放戦線などのイスラム系組織が過激な反政府独立運動を展開し、それを政府軍が弾圧するという状況が続いており、フィリピンが石油を依存する中東諸国の反応がマルコス政権にとって懸念材料であった。マルコス大統領は、フィリピンのイスラム系過激組織に武器や資金を提供していたリビアをはじめ、サウジアラビアやクウェートといった主要石油提供国が、フィリピン国内のイスラム系組織弾圧に対してどう反応するかを非常に気にしたのである。

さらに 1973 年には第四次中東戦争が勃発し、石油に依存した世界各国の火力発電の将来に大きな影を落とした。IAEA では、それまで火力発電と原子力発電のコスト比較の際には石油価格を１バレル３〜3.4 ドルとして計算していた。しかし第四次中東戦争とその後のアラブ産油国による石油戦略のため、1973 年末には石油価格は１バレル 11.65 ドルにまで跳ね上がった。IAEA は、今後の石油価格の行く末は不透明としながらも、「石油が安価に得られる時代は終わった」と断言し、60 万 kW 以上の発電能力を求めるならば、石油を使用する火力発電所を２基建設するよりも原子力発電所を１基建設したほうが初期費用も低く抑えられると分析している。そして、フィリピンを含めたアジア極東地域の開発途上国の電力需要が今後大幅に増大すると予測した。実際、IAEA が把握する世界の開発途上国における発電所増設計画では、アジア極東地域では 1990 年までに、世界全体で見ても 2000 年までには、原子力発電による発電能力が火力および水力発電による発電能力を大きく凌駕するという計算がされたのであった（**表 2**）[31]。

表2　世界の発展途上国発電所増設計画の比較

（100万kW）

		フィリピン	アジア極東*	世界**
1980年	火力	2.7	60.9	221.9
	原子力	–	8.4	25.2
	水力	1.0	33.2	93.5
	計	3.7	102.5	340.5
1990年	火力	2.8	65.7	269.3
	原子力	4.8	90.9	245.9
	水力	2.0	67.8	186.9
	計	9.6	224.4	702.1
2000年	火力	3.9	75.0	306.9
	原子力	12.0	289.4	745.9
	水力	2.8	95.0	257.7
	計	18.7	459.4	1310.5

* アジア極東地域の発展途上国――インド、イラン、台湾、韓国、タイ、パキスタン、フィリピン（ルソン）、香港、シンガポール、マレーシア（半島のみ）、インドネシア（ジャワ）、南ベトナム、バングラデシュ。
** 世界の発展途上国――アジア極東13ヵ国を含めた世界55ヵ国の発展途上国。

4　原子力発電の導入とマルコス政権

原発導入の決定

1960年代半ばからの長年にわたる研究調査の結果、原子力発電所の建設に必要な手続きが進み始めたのは、1972年9月のマルコス大統領による戒厳令発令後である。マルコスは戒厳令発令後すぐに、政敵アルヘニオ・ロペスの所有するメラルコ社をはじめすべての電力会社を国有化し、フィリピン電力事業をフィリピン電力会社に一本化した。原子力の平和利用に関する法律(RA2067)が改訂され(RA3589)、フィリピン原子力委は原子研究の管理・原子力平和利用の管理運営・放射性物質の管理およびライセンス発行・原子力専門家の育成・および原子力研究の評価や必要な政府各省庁間の調整、そして核開発をめぐる資金調達に関する権限など、原子力研究を進めるうえで必要なあらゆる権限を付与されることになった[32]。1977年にはエネルギー省が創設されてフィリピン原子力委とフィリピン電力会社はその管轄下におかれ、原子力行政はマルコス大統領に掌握された。

1973年6月に国際原子力機関（IAEA）が調査報告書『ルソン島にお

ける原子力発電所設置可能性に関する研究』(*Feasibility Study for Nuclear Power Plant in Luzon*) をまとめ、1980年までにルソン島に60万kW規模の原発を導入すべきであるという結論を出すと[33]、マルコス大統領はフィリピン電力会社に対して「電力25ヵ年計画」に原子力発電を加えるよう指示した。フィリピン原子力委も近い将来における原発の導入を想定し、『フィリピン核ジャーナル』(*Philippine Nuclear Journal*) や『フィリピン原子力公報』(*Philippine Atomic Bulletin*) といった雑誌を創刊して国内の宣伝に努めた。これらの雑誌は原子力の可能性を高らかに謳うとともに、向こう四半世紀にわたって必要が見込まれる人材の早期育成を唱えた(表3)[34]。

表3　原子力稼働に必要とされた人材

（人）

年	本部職員	技術職員	監視員	合計
1982	120	130	25	275
1985	200	200	40	440
1990	340	400	70	810
1995	480	750	120	1350
2000	600	1000	180	1780
2001	630	1100	200	1930

1976年、フィリピン政府はニューヨークの調査会社エバスコ社に調査を委託していたが、その成果である『事前立地調査報告書』(*Preliminary Site Investigation Report*) にもとづき、原発の候補地をバタアン州バガックに決定した。その後さらに建設候補地は地形上の考慮から近接するバタアン州モロン市ナポ岬に変更され、ここに加圧水型原子炉を使った発電所が作られることになったのである。フィリピンへの原発の設置は当初からフィリピン商工業の7割以上を占めるルソン島が対象であったが、マニラ首都圏への電力供給の便を考慮し、マニラ湾に突き出たバタアン半島の外側のモロン市ナポ岬を建設地として、フィリピン第一原子力発電所 (Philippine Nuclear Power Plant – 1, PNPP-1)（以下、フィリピン原発）の設置が最終的に決定された[35]。

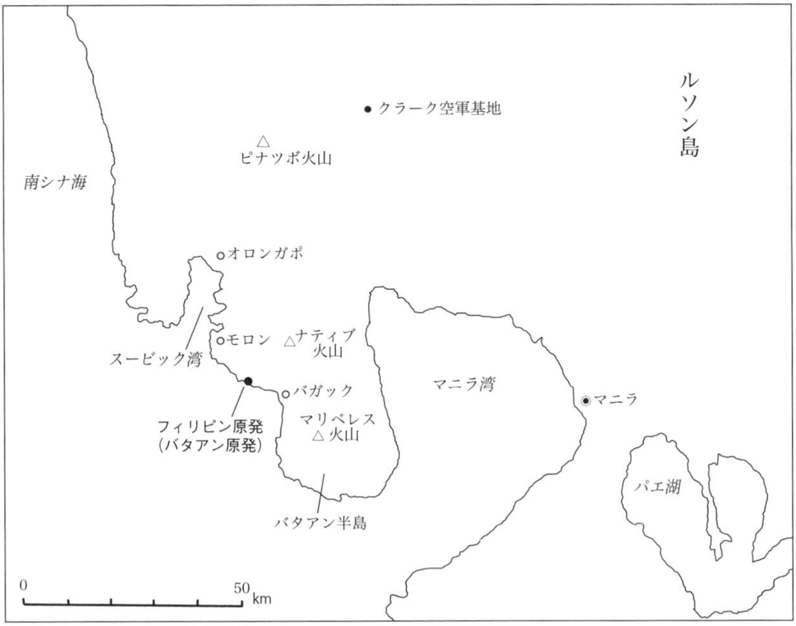

図　フィリピン原発の位置[36]

その調査検討のプロセスにおける問題点は、原子力を危険視する姿勢に欠けていた、もしくは原発の危険性や脆弱性が秘密にされたまま、原発の立地と導入すべき原子炉の選定が行われていた点にある。第一に、エバスコ社の『事前立地調査報告書』では、フィリピン原発の候補地周辺には、ピナツボ、ナティブ、マリベレスの三つの火山がそれぞれ北57km、北東15km、南東22kmの位置に存在するにもかかわらず、火山活動の原発への影響など、立地の安全性については充分検討されることはなかった[37]。その点については1976年にアメリカ原子力規制委員会（Nuclear Regulation Committee, NRC）も指摘するところである。またモロン市のすぐ北には大規模米海軍基地を要するスービック湾があり、その湾の奥のオロンガポ市に数万の米軍人・軍属らが居住することが原発の立地検討において考慮された様子はない。

加えて、原子炉の選定も問題をはらむものであった。エジプト・韓国・ユーゴスラヴィアにも輸出されていたフィリピン原発と同型の加圧水型軽水炉は、これより以前にブラジルやプエルトリコに輸出された旧モデルを踏襲するものであった。しかしこの原子炉の型はブラジルでは故障が多く返却され、プエルトリコでは同型原子炉の地震学上の脆弱性が指摘されて原発の設置が見送られるという経緯があった。そして結局1972年以降には、同型原子炉の耐震その他の安全性を検証すること自体が打ち切られていたのである。すなわち、米原子力規制委自身、地震に対する同型原子炉の脆弱性の問題を知りながらも、ウェスティングハウス社にフィリピンへの原子炉輸出を認可していたのである。

さらに1978年にはIAEAがフィリピン原発における地震と火山の安全性に関する評価を行っていたにもかかわらず、その結果はフィリピン政府の圧力により1年以上も秘密にされた。そこには、「近隣に火山が存在することを考慮すれば、原子力産業の立地としては珍しい」（傍点筆者）とする評価がなされていた。アメリカ原子力委員会のある役人は、アメリカの原子炉メーカーが充分な情報開示をしないまま途上国に原子炉を輸出しようとしており、また途上国の側も自国が輸入しようとしている原子炉の安全性を精査するのに十分な知識と技術を欠いていたと証言する。しかも1977年12月、アメリカ国務省も、ウェスティングハウス社からフィリピンへの原子炉の輸出はアメリカの国防および安全保障上の利益を害するものではないという理由で、米原子力規制委に輸出認可を与えるよう勧告していた[38]。すなわち、アメリカからフィリピンへの原子炉輸出と原発の立地決定に関与したすべてのアクター（IAEA、米政府と米原子力規制委、原子炉メーカー、そしてフィリピン政府）のすべてが、輸出された原子炉の安全性に問題があること、そしてフィリピン原発の立地が火山活動や地震に対して脆弱であることの、いずれかもしくは両方を認識していたにもかかわらず、フィリピン原子力発電所の建設は推進されていったのである。

さらに、フィリピン政府による加圧水型原子炉のメーカーの選定も、問題の多いプロセスであった。マルコスの戒厳令発令後、原発導入をめぐって米比間交渉が活発化し多くの関係者が両国間を行き来しており、1975年半ばには、国際入札が実施される予定になっていた。しかしその入札が実施されないまま、原子炉のメーカーの候補としてアメリカのウェスティングハウス社とゼネラル・エレクトリック社（GE）の２社に絞り込まれ、その２週間後には早くもウェスティングハウス社に内定し、1976年２月にはマラカニアン宮殿でフィリピン政府との間で原子炉供給に関する正式な契約が取り交わされた[39]。

ウェスティングハウス社の代理人としてフィリピン政府との交渉を請け負ったのは、イメルダ・マルコス大統領夫人の従妹の夫で国内の原発建設や稼働事業に携わるエルミニオ・ディシニであった[40]。のちに報じられたところによれば、ウェスティングハウス社はディシニに少なくとも5000万ドル以上の手数料を支払い、そのうち3000万ドルはマルコスの手に渡ったことを認めたという。しかもその後ウェスティングハウス社の原子炉を使って原子力発電所を建設した会社と稼働に携わった会社は、それぞれディシニの経営する企業であった[41]。

原子炉の値段も曖昧極まりないものだった。1974年、60万kW規模の原子炉2基で7億ドルという見積もりをGE社が出したのに対し、ウェスティングハウス社は当初、２基で５億ドルの提案をした。にもかかわらず、その後フィリピン政府、国務省、アメリカ輸出入銀行とウェスティングハウス社の間で様々な交渉が進められるうちに、1975年９月には当初の４倍超の１基11億ドルという値段に跳ね上がったのである。これは1966年の試算（**表1**）や1975年当時韓国やユーゴスラヴィアに設置されていたウェスティングハウス社の原子炉の価格をもとにフィリピン政府が計上した１億5000万ドルの予算と比較しても桁違いの費用であった。しかしアメリカ輸出入銀行が６億4400万ドルという同銀行史上最大の融資をフィリピンに認めることを決定したため、フィリピンによる原子炉購入が可能になったのであった[42]。

こうした巨額の価格設定や融資は、アメリカ政府の姿勢によって可能になった部分も大きい。アメリカ政府自身、早い段階からフィリピンへの原子力発電の導入に積極的であった。1971年１月には早くもアメリカ国務省はマニラの米大使館に対して、原子力発電を導入し稼働したいというフィリピンの要望をかなえるために「あらゆる支援を与えよ」との指示を出している。また翌年にはアメリカ輸出入銀行のカーンズ頭取はフィリピンによる原子炉購入のための融資について交渉を開始した。こうしたアメリカの姿勢は資金面での不安をフィリピン政府から拭い去った。原発導入に必要な融資をめぐる米比間交渉は、1970年代半ば以降一層活発化していった。ウェスティングハウス社は当初の価格から一転して11億ドルという価格を提示すると、1975年、輸出入銀行はこの価格が「現実的ではない」と述べつつも、「売買の両者が合意しているのに『価格が間違っている』とは言えない」「ウェスティングハウス社にいくらで売れと命令する立場にはない」と述べて、巨額の対フィリピン融資を認めたのであった[43]。

このような契約に対して、フィリピン政府の要職者のなかにも当然、原子炉の値段の高さに批判を唱える者はあった。しかし批判者の一人であったフィリピン電力会社総支配人のラモン・ラバンソは1975年に退職を余儀なくされ、もう一人の批判者であったヴィセンテ・パテルノ工業省長官は、1976年に同社の理事長に就いたあと沈黙したのである[44]。

原発反対運動とスリーマイル島事故の影響

多くの問題をはらみながらも政府内部あるいは米比間で進められてきたフィリピン原発の建設計画は、実際の建設が開始されると、市民による様々な反対運動に直面した。1976年、マルコス政権が十分な説明も補償もないまま原発建設予定地の住民を移住させて建設を開始すると、住民らから相談を受けたカトリック教会の修道女、シスター・アイダ・マリア・ベラスケスは、カトリック教会を中心に原発反対運動を展開した。この運動は戒厳令下でマルコス政権から弾圧を受け、フィリピン国内で継続拡大していくことには失敗した。しかし同年8月、ミンダナオ島をマグニチュード8の地震が直撃し約4000人の犠牲者が出ると、原発の耐震性も疑問に付されて国民の間に安全性への懸念が高まり、マルコスは原発建設の一時中断を余儀なくされた。その後1978年にアメリカ国内で、ウェスティングハウス社と、マルコス家および原発建設や原子炉輸出メーカーの選定に関与したエルミニオ・ディシニとの間の贈収賄が報じられ、ウェスティングハウス社がこれを事実上認めると、反対運動は新たな力を得て活発化した[45]。フィリピンで弾圧されたベラスケスらの原発運動は「フィリピン環境保全運動」(Philippine Movement for Environmental Protectiont, PMEP)という名のもとにアメリカで活動を広げ、アメリカの運動団体「開発政策センター」(Center for Development Policy, CDP) とともに、ナポ岬におけるフィリピン原発建設に伴う危険性を改めて調査するよう米原子力規制委に要請した[46]。

さらに強力な反対の声をあげたのはアメリカを本拠地とする「憂慮する科学者同盟」(Union of Concerned Scientists, UCS、1969年設立)であった。「憂慮する科学者同盟」の最高幹部の一人であるダニエル・フォードは1978年２月にフィリピンを訪問し、建設中の原子力発電所に設置されたウェスティングハウス製の原子炉の安全上の問題点を７ページにわたって列挙した「フォード報告書」をマルコスに提出し、米原子力規制委に対してもウェスティングハウス社への輸出許可の差し止めを要求した[47]。米連邦議会でも以前から下院予算委員会委員長のクラレンス・ロング議員が安全性を無視した原子炉の輸出に反対を唱えていたが、アメリカ国内での反対運動が高まりマルコス一族への贈収賄が明らかになると、連邦議会の議員たちも一斉に問題視し始めた[48]。

こうした原発建設反対運動からの動きに対して、同委員会公聴会で証言した輸出入銀行と国務省は、フィリピン政府を擁護した。さらに、ウェスティングハウス社も「憂慮する科学者同盟」のフォード報告に対抗して調査し、前者を否定する調査結果を発表するなど、フィリピンへの原子炉輸出を正当化することに躍起となった。イメルダ・マルコス大統領夫人も、ソヴィエト連邦が低利の融資付きで原子力発電所の建設を申し出ていると発言し、米企業との契約破棄の意思を示唆して米側への揺さぶりをかけた[49]。ソ連側も原発建設のオファーをしていたというイメルダ夫人の発言の真偽のほどは不明である。しかし戒厳令前から共産主義の脅威を必要以上に強調してアメリカに援助を求めてきた夫人の外交スタイルを考えれば、ソ連の申し出という話が裏のないものであった可能性が大きい。

さらにマルコス大統領自身の反応も巧みであった。ミンダナオ地震のあと、彼はフィリピン国民を安心させるためと称してフィリピン原発建設工事を中断し、ウェスティングハウス社の首脳陣に対して原子炉の安全性を文書で保証するよう要請した。さらに1978年に反対運動が高揚すると、再度工事を中断して同社に調査を行わせ、あらためてフィリピン政府に対する安全の保証を文書で提出させた。そしてそのたびに贈収賄が行われた可能性は高い。他方で、マルコス大統領は契約をめぐる賄賂の有無の調査を約束したにもかかわらず、その調査が行われることはなかった。

1979年3月28日、アメリカ・ペンシルヴェニア州のスリーマイル島原子力発電所（TMI）で、想定を超える重大な冷却材喪失事故が起こった。これはフィリピン原発建設工事をめぐる論争に油を注ぐ効果をもたらし、フィリピン国内でも原発の安全性への不安が高まり報道でも大きく取り上げられた[50]。フィリピン原子力委はこうした国民の不安を収めて事態の収拾を図るため、定期刊行物において様々な努力をしている。1970年代半ばまでは原子力の有用性に関する自然科学的な論文が多く掲載されていたフィリピン原子力委発行の雑誌には、この頃から原子力の危険性を相対化するような論文や、危険の有無ではなくリスクを管理することの重要性を説く論文などを多く掲載するようになった[51]。

さらに、1979年6月、戦後フィリピンの有力政治家であり長年反マルコス勢力の議員として知られたロレンソ・タニヤーダ元上院議員は、市民からの要望を受けてマルコス大統領にフィリピン原発建設の再検討を要請した。マルコスはそのつもりだったと答えてすぐにフィリピン原発建設の三度目の中止を決定し、フィリピン原子力委に安全性をめぐる調査を命じるとともに、フィリピン原発建設の安全性を再度調査するための「原子力発電所調査委員会」を設置した。

リチャード・プーノ下院議員を委員長とする同委員会は、早くも4日後からフィリピン初の原子力発電に関する非公開の公聴会を開催し、まずウェスティングハウス社とエバスコ社の首脳が急きょマニラに飛んで証言した。政権側によって意図的に性急に組まれたスケジュールのため、準備が間に合わなかったタニヤーダら反対運動側は、「憂慮する科学者同盟」のロバート・ポラードの証言を確保するための時間的猶予を委員会に要請した。しかしこの要請は委員会によって却下されたまま、建設推進派の証言のみが進められ、タニヤーダらは同委員会に対して抵抗の意思表示のため公聴会への参加をボイコットした。

11月13日、プーノ委員会は公聴会での証言およびフィリピン原子力委の

５ヵ月にわたる調査結果をもとに最終報告書を提出した。それは大方の予想に反し、フィリピン原発の立地が火山活動や地震に対して脆弱であることを一応認めるものではあった。しかし同時に同報告書は、ウェスティングハウス社製の旧型原子炉の脆弱性とそれらがアメリカ国内で正式に評価されていないことが、フィリピン原発の最大の安全上の問題点であると結論づけ、冷却装置その他に全面的な追加安全策が講じられない限りは原子力発電所の建設を中止すべきであるとの結論を大統領に勧告したのである[52]。この後、マルコス大統領は建設工事を中断したまま、ウェスティングハウス社に契約破棄をちらつかせて再交渉を要求したのであった。

他方、アメリカ国内でも、ベラスケスらの「フィリピン環境保全運動」、「憂慮する科学者同盟」、そして環境保護団体のCER（Concise Environmental Review）が米原子力規制委に対して原子炉の輸出相手国の立地の安全性の判断にまで責任を負うべきであると主張し、大きな関心を集めた。そしてこの問題は、事実上、アメリカ政府が諸外国に輸出する原子炉の安全性に関してどこまで責任を負うべきかの方針を決定づける、極めて重要なテストケースと見なされた。

米原子力規制委理事会の判断は、反対運動の要求をはねつけるものであった。米原子力規制委はあくまで合衆国内の原発の安全性を規制する権限と能力しか持たないというのがその理由であった。すなわち、米原子力規制委はアメリカ製原子炉が輸出された後の諸外国の原発に関して、立地、現地調達部品、建設過程および人材に関する安全性の検証を行うことは不可能であり、その法的権限も持たない。もし検証しようとしても輸入国の主権を侵害しかねない。よって、諸外国に輸出された原子炉の安全性について責任を負うこともまた不可能である。それが米原子力規制委の結論であった。しかもフィリピンのマルコス政権が原発の立地の決定や人材育成を「主権にかかわる」事項であると見なす立場をとり、フィリピンの国内状況の不備を理由に原子炉の輸出が認可されないとしたら、それは重大な主権侵害であると主張した。

反対運動と米原子力規制委との論争はワシントンDCの法廷にも持ち込まれたが、米原子力規制委の主張が勝利した。すなわち、国境を越えた相手国の状況にまで米原子力規制委が踏み込んで判断することは、国際法に抵触する行為と判断されたのである[53]。

当初、フィリピン原発反対運動は、原発建設を強行しようとするマルコス政権の手法に対する反発から生まれ、のちには原子炉自体の安全性と立地の安全性の双方を問題視するようになっていった。フィリピン国内では立地の安全性の問題は棚上げされたまま、原子炉の安全性の問題のみに矮小化されてウェスティングハウス社に責任が帰された。他方アメリカでは論争の焦点は次第に、米原子力規制委による原子炉輸出認可の是非や米原子力規制委による相手国における安全性調査の実施の是非といった、米原子力規制委の権限の及ぶ範囲の問題――アメリカがどこまで諸外国の原発の安全性を保障すべきなのかという国際法上の主権の問題――にすり替わっていった。そして原発の安全性を判断する責任は、基本的に技術面も含めて各国政府が負うべきものとされてアメリカ国内の議論の対象から外れていった。

1979年10月1日、国務省はウェスティングハウス社に対して、原子炉主要部品のフィリピンへの輸出を許可する方針を打ち出した。米原子力規制委は翌年5月まで議論を続けたのち輸出を認可する結論を出した。5人の理事のうち賛成3名、反対1名、棄権1名であった。フィリピン原発の立地の地震の多さ、火山との近さ、そして米軍基地との近さは、この決定が下されるうえではほとんど考慮されなかった[54]。

1979年11月以降、フィリピン政府とウェスティングハウス社は再交渉を開始した。翌年9月には安全性向上のために33ヵ所の改善策が盛り込まれた交渉が妥結し、1979年6月以来15ヵ月間中断されていた建設工事が再開された。しかし安全性向上のための措置を追加するために、予定工事期間は18ヵ月延長され、最初から疑問の多かった見積もり11億ドルの建設費用はさらに19.5億ドルへと跳ね上がった[55]。しかし、1980年に訪比した「憂慮する科学者同盟」のポラード博士はフィリピン原発を調査した結果、1978年にIAEAが指摘した原子炉の安全上の問題点は、事実上何も改善されていないと主張したのであった。

5　むすびにかえて ――フィリピン原発導入問題が意味するもの、そしてマルコス後

フィリピン原発の建設計画は、アメリカ政府が「原子力平和利用」政策のもとで行った開発途上国への原発支援のテストケースであった。

フィリピンへの原子力発電の導入をめぐって研究調査が開始されてから、実際に発電所の建設工事が着工するまで、実に10年以上を要した。その一つの要因としては、先進諸国の側でも原子力発電の導入が発展途上であった時期、フィリピン国内の受け入れ体制が不十分であったこと、すなわち、原発の建設や維持管理に携わるべき専門家や技術者の育成が間に合わずその経験も浅かったことがあげられよう。しかも1960年代にはフィリピンでも発電に限らず様々な原子力の平和利用の在り方が検討されており、いかに原子力を平和利用するのかについてまだまだ模索中であった様子がうかがえる。さらに原発の建設に要する初期費用が開発途上国には極めて高額だったこともあり、他の発電方式との比較も慎重に行われた。しかし1960年代半ばのマルコス政権初期における経済成長を受け、70年代前半の石油危機を経験した後、フィリピンはさらなる経済発展を求めて本格的に原子力発電の導入を決定するに至った。

そのプロセスにおいて、原発導入の是非を問う視点は存在していたものの形式的なものに過ぎず、経済発展に伴う電力需要増、中東紛争とその影響、石油価格の不安定さといった様々な問題に対して、本質的には原子力がすべてを解決してくれるかのような前提で調査が進められたと言ってよい。それは同時に、マルコス政権が声高に掲げた「新社会」(New Society) 構想にも合致するものであった。

近年では開発途上国における原発導入についての当時の国際原子力機関 (IAEA) による評価があまりにも偏っていたことが指摘されている。IAEAは世界各国の原発導入に関する調査研究において中心的な役割を担っていたが、他の途上国同様、フィリピンに関しても相当楽観的な経済発展の予

測に基づいて電力需要が飛躍的に増大すると見なしていた。例えば1960年代半ばには、その後フィリピンが9.3%の成長率を続けるという見通しに立ち、1985年までに電力需要も3倍以上伸びるものと見込んでおり、それを解決するのは原子力しかないという論理が浸透していた[56]。しかも他の発電方法との比較において原子力発電のコストは不当に安価に評価された。安全対策や廃棄物処理、そして数十年後の廃炉に要するコストは考慮されず、また、地熱発電や水力発電の可能性については十分な検討がされないままであった[57]。さらにフィリピンの経済力と原発のコストとのバランスの問題もある。アメリカのロング議員は、一人あたりの所得がわずか330ドルのフィリピンが11億ドルもの費用をかけて原発を建設することの妥当性を疑問視し、むしろその予算を民生の充実に振り向けるべきだと説いた[58]。

しかし、現実にはマルコス政権第一期の末期から経済状況が悪化し、その後フィリピンは非常に厳しい経済停滞期に入っていくのである。にもかかわらず、原子力ありきの前提が修正されないまま政策が推進されていた。原発の導入の是非と安全性の判断も、フィリピン独自で行ったことはなく、アメリカ政府の息のかかったIAEA、米原子力規制委、そしてアメリカ民間企業のエバスコ社や原子炉供給元のウェスティングハウス社に委託した。つまり原発導入を推進し、またそれによって利益を得るアクターに判断を依存したのである。

しかもそうした対米依存の体質は原発反対運動団体にも共通していた。彼らは国内が戒厳令下にあるためにアメリカを拠点にして運動を広げ、アメリカの団体である「憂慮する科学者同盟」の見解を根拠にしたが、そのことが逆に反対運動の足元をすくうことになった。結局、アメリカ政府と米原子力規制委が国際法を根拠に輸出後の原子炉の安全性を保証する責任まで取れないと判断した時点で、フィリピン原発反対運動は限界に直面したのである。

こうした原発建設をめぐる米比関係は、冷戦期、アメリカとその援助を頼む開発独裁政権との関係のあり方を如実に表していたといえる。独立後もあらゆる点で元宗主国アメリカの援助に依存してきたフィリピンは、原発の導入をめぐっても、その法的組織的整備から調査、人材育成に至るまで、すべてアメリカにならい、依存してきた。アメリカ側も親米政権であればその独裁性や腐敗体質には目をつぶり、開発推進を支援してきた。特にフィリピンに関してはマルコスの問題を認識しながらも、国内治安と米企業が活動しやすいビジネス環境を維持するために、戒厳令発令を容認していた。それがベトナム戦争の後方支援に協力し、新冷戦の時期にはベトナムのカムラン湾に進出したソ連海軍に対峙する南西太平洋の基地を擁する親米国家に対するアメリカ政府の姿勢であった[59]。

多くの問題をはらみながらも、フィリピン原発は1983年にようやく完成を見た。イラン革命の影響で石油価格が上昇してフィリピン経済が圧迫されたことも原発建設を後押しした。しかし、さらなる稼働テストのあと、1985年には最初の核燃料が運び込まれて試運転が実施されたにもかかわらず、何らかのシステムトラブルのため、原子炉は動かなかった。その後1986年2月の政変でマルコス政権が崩壊しコラソン・アキノ政権が成立すると、フィリピン国内にはマルコスが推進した政策を排除する傾向が高まり、さらに同年4月にソヴィエト連邦のチェルノブイリ原発事故が勃発すると反原発の意識も高揚して、アキノ政権は間もなくフィリピン原発の運転契約を停止した。東南アジア初の原子力発電所はまったく運転されないまま「巨大な厄介物（ホワイト・エレファント）」として放置されることになったのである。

その後、2011年3月11日に東日本を襲った未曾有の大地震を契機とする福島第一原発事故を経て現在に至るまで、特に石油価格が高騰するたびに、フィリピン原発＝バタアン原発（BNPP）の再稼働が電力問題解決の一つのオプションとして、フィリピン政府や議会で常に論争の対象となってきた。コラソン・アキノ政権を継いだラモス政権でも、その後のエストラーダおよびアロヨ政権でも、原発再稼働の是非とそれに伴う費用の問題は常に議論の対象であり続けた。

しかしインフラ整備の一環としての原発の必要性を論ずる前に、この問題が常に政争の道具となってきた側面も見落とせない。ベニグノ・アキノ3世現大統領（コラソン・アキノの子息）をはじめとしてかつてのコラソン・アキノ政権の支持者らは、原発をめぐるマルコスの汚職を指摘して原発再稼働に反対し、他方、かつてのマルコス支持者らは原子力発電のメリットを主張してバタアン原発の再活性化を要求し続けるという、長年にわたって引き続く対立の構図が見られるのである。前者は反対運動の急先鋒である左翼歴史研究者のローランド・シンブーラン・フィリピン大学教授からロレンソ・タニヤーダ３世下院議員らをはじめ広く市民団体を含み、後者の筆頭はマルコス・クローニーのひとりで近年丸紅や東京電力の協力を得てルソン島の電力業界に進出しつつあるサン・ミゲール社の CEO を務めるコファンコ家である[60]。

このような政争は、かつてのフィリピン同様、原発問題が単に権力闘争の道具となっているような印象も受ける。しかしバタアン原発建設問題を知っているマニラ市民のうち半数以上がかつての贈収賄の存在を知りかつ安全性に懐疑的である現在[61]、原子力発電所の再稼働には、市民、特に反対派による厳しい監視が安全弁として機能すると思われる。

註

1　Document 96, Statement by Undersecretary of State Smith, June 25, 1953, *Foreign Relations of the United States*（以下 *FRUS*）*1952-1954*：2, pt.2, 1180-83.

2　Document 488, Memorandum of Discussion at the 279th Meeting of the National Security Council, March 8, 1956, *FRUS 1955-1957*：22, 858-860.

3　Document 483, Memorandum of Conversation, Prince Wan of Thailand and Dulles, Dec. 12, 1955, *FRUS 1955-1957*：22, 842-44.

4　友次公介「『アジア原子力センター』構想とその挫折――アイゼンハワー政権の対アジア外交の一断面」『国際政治』第 163 号、17 頁。

5　Editorial Note, *FRUS 1955-1957*：20, 235.

6　フィリピン憲法では外国企業・外国市民には天然資源開発が禁じられていたが、1946 年フィリピン復興法ではアメリカの対フィリピン戦後復興支援の条件として米企業・市民に対して内国民待遇条項（パリティ権）を付与することが条件とされ、フィリピンは憲法を改正した。詳細は拙稿「フィリピン通商法の成立過程」『アメリカ研究』第 30 号（1996 年）、101－12 頁を参照のこと。

7　Spruance to Dulles, December 15, 1953, *FRUS 1952-1954*：12, pt.2, 566-67.

8　Document 384, Telegram from Dulles to State Department, March 16, 1956, *FRUS 1955-1957*：22, 642-643; Document 386, Dulles to Magsaysay, April 25, 1956, *ibid.*, 645-47.

9　友次、前掲論文、22頁。

10　Document 379, Memorandum from Sebald to Dulles, February 21, 1956, *FRUS 1955-1957*：22, 635.

11　Document 385, Memorandum of Substance of Discussion DOS-JCS, March 30, 1956, *ibid.*, 644.

12　Document 402, Whitehouse Staff Note No.324, March 18, 1958, *FRUS 1958-1960*：15, 840; Document 409, Special National Intelligence Estimate, "Outlook for the Philippine Republic", May 27, 1958, *ibid.*, 850-51; Document 410, Memorandum from Parsons to Dulles, May 31, 1958, *ibid,* 851-52; Document 411, Memorandum of Discussion, June 3, 1958, *ibid.*, 852-58.

13　Document 415, Memorandum of Conversation, June 18,1958, *ibid.*, 873-78.

14　Document 315, NSC5725/1, Peaceful Uses of Atomic Energy, December 13, 1957, *FRUS 1955-1957*：20, 767-80.

15　友次、前掲論文、24頁。

16　International Atomic Energy Agency（以下 IAEA), *Pre-Investment Study on Power Including Nuclear Power in Luzon, Republic of the Philippines*（以下 *PIS*), 1966, 149-52.

17　Librado D. Ibe, "Planning for Nuclear Power in the Philippines, Results and Role of the Feasibility Study and Manpower Requirement," *Philippine Atomic Bulletin*（以下 *PAB*), vol.1, no.1(Jan-Feb, 1976), p. 6.

18　フィリピン電力会社は、1936年に設立されフィリピンの水力発電を管掌した国営企業。1961年に株式会社化されたが国が100％株を保有した。マニラ電力会社(Meralco)は1903年に米資本が設立したManila Electric Railroad and Light Companyを母体とする。第二次世界大戦で破壊された鉄道事業を戦後放棄し、1960年代前半にロペス財閥に買収されてフィリピン化してManila Electric Companyとして現在まで存続しているが、昔からの通称「メラルコ」(Meralco)が現在も広く使われている。Manila Electric Company HP http://www.meralco.com.ph/company-index.html (2012年3月14日閲覧)。

19　IAEA, *PIS.*, 1-12.

20　*Ibid.,* 13-18.

21　*Ibid.,* 13-87.

22　*Ibid.,* 22-33.

23　*Ibid.,* 25, 29より、筆者作成。

24　Embassy in Manila to Secretary of State, February 11, 1966, RG59, CF1964-66, Box1669.

25　*Ibid.*, 33-37, 81-168.

26　*Ibid.,* 167-68.

27　PAEC, *Annual Report 1971-72,* 1-4, 122-41.

28 *Philippine Atomic Bulletin*, vol.1, no.1(Jan-Feb, 1976), 8-9. 原発の立地は、地形上の理由からバガックからのちにモロンへと変更された。

29 *Ibid.*, 9-10.

30 *Annual Report 1971-72,* 122-41.

31 IAEA, *Market Survey for Nuclear Power in Developing Countries,* Vienna, 1974, 1-29. 表２は同資料 p.18 より筆者作成。

32 *Annual Report 1971-72,* Appendix 1-b.

33 S. Jacob Scherr, "Philippines," James Everett Katz & Onkar S. Marwah, eds., *Nuclear Power in Developing Countries* (Lexington, Mass: Lexington Books, 1982), 275.

34 *Philipine Atomic Bulletine,* vol.1, no.1(Jan-Feb 1976), p. 9.

35 Anthony D'Amato & Kirsten Engel, "State Responsibility for the Exportation of Nuclear Power Technology," *Virginia Law Review,* Vol. 74, No. 6 (September 1988) 1011-12; "Timeline: Nuclear Power in the Philippines," ABS-CBN News.com, posted December 21, 2009, http://www.abs-cbnnews.com/research/12/21/09/timeline-nuclear-power-philippines March 08, 2012 年 3 月 6 日 閲覧。; Raymund Jose Quilop "Using Nuclear Energy: A Philippine Experience," Council for Security Cooperarion in Asia Pacific, Experts' Group on Nuclear Transparency, http://www.cscap.nuctrans.org/Nuc_Trans/locations/philippine-june10/philippine.htm 2012 年 3 月 6 日閲覧。マルコス政権期には、PNPP の呼称が一般的であったが、その後コラソン・アキノ政権以降では、バタアン原子力発電所（BNPP）の呼称が用いられる傾向にある。

36 A.C. Volentik, C.B. Connor, and C. Bonadonna, "Aspects of Volcanic Hazard Assessment for the Bataan Nuclear Power Plant, Luzon Peninsula, Philippines," Charles Connor, et al., *Volcanic and Tectonic Hazard Assessment for Nuclear Facilities,* (Cambridge: Cambridge UP, 2009), 230.

37 当時はナティブ火山が活発であると考えられていたが、1991 年のピナツボ火山の噴火以前は、噴火の PNPP への影響はよく分かっていなかったという。*Ibid.*, 231-32.

38 Morris Rosen, "The Critical Issue of Nuclear Power Plant Safety in Developing Countries," IAEA Bulletin 19 (April 1977), 15. D'Amato & Engel, *Ibid.*, 1022, fn36.

39 西ドイツのシーメンス社、フランスのフラマトム社、カナダ原子力エネルギー社、といった数社が米企業の他にフィリピンへの原子炉輸出を検討していたが、米比両政府間の緊密な関係ゆえに、アメリカ以外の国の企業は真剣に入札競争に加わろうとはしなかったという。Scherr, 276.

40 *Ibid.*, 276-77.

41 Niall O'Brien, *Revolution from the Heart,* Oxford: Oxford UP, 1987, 236-38; Thomas O'Toole, "Nuclear Plant Loan Challenged," *The Washington Post,* Feb 8, 1978.

42 Ann Crittendon, "Behind the Philippine Loan," *New York Times,* Feb 12, 1978.

43 Ibid.; Tom Wicker, "Looking Before Leaping," *New York Times,* June 20, 1978.

44　Scherr, 276-77. Scherr は FOIA で入手した国務省の一次史料に基づいて議論しているが、この史料によれば 1974－75 年に米比政府間で原子炉の値段に関する活発なやり取りがあったという。Fox Butterfield, "Marcos Facing Criticism, May End $1 Billion Westinghouse Contract," *New York Times,* Jan 14, 1978.

45　*Ibid.*

46　*Ibid.*; Barry Kramer, "Payments for Foreign Contracts," *Wall Street Journal,* January 27, 1978. ウェスティングハウス社の幹部は、原子炉輸出をめぐる贈賄がフィリピンに限らず世界各国に行われていること、米企業だけでなく英仏など他国企業も一般的に行っていることを認める発言をしている。

47　O'Toole, "Nuclear Plant Loan Challenged," *The Washington Post*, Feb 8, 1978.

48　Thomas O'Toole, "Officials Scored on A-Plant Loan," *The Washington Post,* Feb 9, 1978.

49　"Soviets Offer Manila a Nuclear Facility in Place of One Westinghouse Is Building," *The Wall Street Journal,* Feb 15, 1978.

50　たとえばフィリピン国内紙による原子力に関する報道は 1976 年には 13 件、1977 年には 16 件、1978 年には 29 件であったのに対し、1979 年には 190 件と突出している。このうち 44 件が事故直後の 4 月、57 件が PNPP-1 の安全性に関するヒヤリングが行われた 7 月であった。Remedios A. Savellano, "Public Attitudes towards Nuclear Risks and Benefits," *Atomedia,* vol.5 (1980), 23-31.

51　1970 年代末～ 1982 年ごろの *Atomedia*、*Philippine Atomic Bulletin* といった雑誌にこのような記事が多く見られる。たとえば TMI 事故で死者が出なかったことを強調したり、原子力の危険性を、ほかの発電方法・交通事故・鉱山事故・自然災害による犠牲者数と比べて原子力発電による犠牲者数の少なさを強調する記事など。

52　Scherr, 285-87; Lorenzo Tanada 3rd, "Go Renewable, easy on BNPP," Jan 28, 2009, フィリピン議会 HP, <http://www.congress.gov.ph/press/details.php?pressid=3026#> 2012 年 3 月 20 日閲覧。

53　D'Amato & Engel, 1021-24.

54　*The Washington Post,* Oct 2,1979, Nov 14, 1979, May 7, 1980, Sep 26, 1980.

55　Ibid.; D'Amato & Engel, 1020-22. 最終的な費用は 22 億ドル超であったとされる。

56　IAEA, *PIS,* 122-141.

57　Scherr, 275.

58　O'Toole, Feb 8, 1978.

59　アメリカのマルコス政権への経済援助は 1960 年代からベトナム戦争協力の見返りとして増え、その後 1970 年代から 80 年代前半にかけても基地使用料の名目で大幅に増えていった。拙稿「カーター政権の『人権外交』とフィリピンのマルコス独裁」『アジア人権プロジェクト』亜細亜大学アジア研究所・アジア研究シリーズ第 74 号『アジアの人権状況』61－85 頁。

60　*New York Times,* Feb 13, 2012. サン・ミゲール社の電力業界参入については、同社 HP　<http://www.sanmiguel.com.ph/businesses/new/power-energy/> を参照。同社はもともとビールで有名な東南アジア最大の歴史ある食品会社である。

61　*Los Angeles Times*, Feb 27, 2012.

第9章　冷戦下インドの核政策
——「第三の道」の理想と現実——

ブリッジ・タンカ（訳　清水亮太郎）

1　はじめに

1947年8月14日の深夜、インド独立に際して、初代インド首相ジャワハルラール・ネルーは、憲法制定議会において演説し、植民地支配の長い夜から目醒め、「インドは生気と自由を取り戻すだろう」、そして彼の党、インド国民会議派（Indian National Congress）が、インドと「より大きな人類の大義」のために奉仕することを誓った。より大きな人類の大義とは、単なる言明ではなく、インド国民会議派のナショナリズムと切り離せないものである。ネルー、そして会議派運動は、自分たちのナショナリズムを国際主義的なヴィジョンのなかに位置づけ、独立後のインドを相互依存からなる世界において認識した。上の演説でネルーは続けた。「平和、自由、そして今や繁栄はともに、分割不能である。同時に、もはや個々に孤立化されえないひとつの世界においては、災難さえも分割することはできない」。災難という語によって彼が含意しようとしたのは、とりわけ独立を達成した民衆の熱狂に陰をさす、印パ分離独立というトラウマであった。

ジャワハルラール・ネルーのもとで政治的リーダーシップにより、インドは植民地支配の軛から逃れ、最終的には近代的発展の可能性へとつながる展望を見出した。インドは貧困を根絶し、近代的な産業経済と、ネルーが「科学的精神」と呼んだ、合理的展望を広げる途につくことができるのである。この国民的発展のヴィジョンは、インドや新興諸国といった旧植民地国が重要な役割を演じるであろう、より公正な世界秩序を作りあげることと結びついていた。

これら二つの目標は、密接不可分で相互に強化しあうものであると考えられた。国家の安全保障はもちろんないがしろにはできないが、経済発展への欲求もこれに劣らず喫緊の関心事であり、両者は、こうした理念を下支えするひとつの道徳的ヴィジョンのなかで結びついていた。このヴィジョンは、社会生活を破壊し、不平等を基礎としてきた西洋近代へのオルターナティヴを模索するものであった。早くからインドの発展をより公正な世界という文脈のなかに位置づけた証拠として、正式な独立前にネルーがアジア関係会議の開催を促し、新興諸国民がこの目標達成のために協働することを求めた事実を挙げることができる。こうした事情は、原子力の開発をめざすプログラムを理解するうえできわめて重要である。

インドの原子力開発計画は、この近代的発展の基礎としての科学というヴィジョンから出発している。核エネルギーあるいは原子力は、当時最先端技術とみなされ、その技術を使いこなすならば、インド人の底力と現代世界への仲間入りを誇示するにちがいない。安価なエネルギー、あるいは安全保障への関心が、この政策を支持した政府の背後にどれだけあったのかは議論の余地がある。

この論考でわたしは独立直後から60年代なかばまでのインドの原子力開発計画の概要を追うことにしたい。その焦点は、インドの企図を戦後間もない世界の文脈のなかで、そして非同盟諸国からなる新しい世界秩序を構築しようとする意図に即して、検討することである。そのため、インドの原子力政策のおおまかな輪郭とそこで諸目標を実現するために形成された制度的構造についても論じることになるだろう。

インドの政策は、核兵器を廃絶し、原子力の平和利用を強調することを基本としており、核拡散防止条約（NPT）への調印は一貫して拒否してきた。この条約が差別的であり、「少数の核クラブ」を不当に優遇していると見なしたからである。この立場の故に、中国が核実験をおこなった後もなお、長きにわたってインドは核実験に着手しなかった。原子力と国家の安全保障という問題は重要な問題であり、それがどう取り扱われてきたかは、現在のインドの政策目標を見る参考となろう。

独立を前後する歳月こそ、原子力がどのように理解され、実現可能なプログラムを米国の意向に反していかにしてうち立てたのかを如実に示している。原子力の重要性を認識し、そしてインドがすばやく原子力研究機関を設立しえたことは、他方では、独立以前に英国の植民地政府とインド人自身の能力を高めようとしたインド人の双方によって築かれた科学研究機関と科学技術教育の基礎が存在したことにも起因している。

独立を前後する歳月、原子力は、科学技術の発展の最先端を代表し、それが約束する無限のエネルギーは、あらゆる人々の繁栄という目標を実現するための科学の約束を際立たせるものであった。原子力の帯びる危険な力も知られはじめていた。米国によって広島と長崎に投下された原子爆弾は、この新しい科学がもたらした絶大な危険を示しており、諸国家、そして諸国民は、核エネルギーの軍事的用途と平和的用途の密接な関係に直面せざるをえなかったのである。

2　インドの独立、科学の魅惑

植民地インド――科学研究の基礎を築く

独立前のインドの教育水準は、他の植民地国家の場合に比較して高く、植民地政府も独立運動をになった人々もともに、科学の重要性をとくに認識していたということには留意すべきである。イギリス人たちは、彼らの利益を追求するため、植物学、獣医学、熱帯医学をはじめ広汎な分野の科学研究機関を設置した。独立運動において、科学がインドの発展のために不可欠であることは幅広く受け入れられていた。ネルーが「科学的精神」と呼んだものは、「近代」をつくりあげる欲求であり、社会における合理的世界観であり、それは発展と進歩の基礎を築くうえで不可欠であると考えられた。科学的発展という観念は、植民地的従属を避ける途としての自立という考え方と緊密に結びついていた。科学は学校や大学で広く教えられ、学生たちは高等教育・研究のために英国、ヨーロッパ、米国へと進んでいた。T・ジャヤラマンが書いているように、「科学と技術を内発的に育ててきたという自信が、自立のパラダイムとあいまって、独立後数十年にわたって科学技術における政策動向を規定した」[1]のである。

研究教育機関という科学的基盤と国防の必要との結びつきは、英国人たちがインド人科学者を戦争に協力させることにさほど熱心でなかったにもかかわらず、植民地期に形成された。この研究教育機関や研究所のネットワークは、軍事と密接に結びついていた。インド工業委員会（Indian Industrial Commission）が1916年に、軍需委員会（Munition Board）が1917年に設置され、独自の研究所をもつ全インド的な科学行政の要請が高まった。整備された研究体制をつくる必要性の最も影響力のある提唱者は、アデサール・ダラールであり、彼は総督府行政参事会の一員で、科学技術はインドの経済発展にとって資本よりも重要であると論じた。彼は科学産業研究会議（Council of Scientific and Industrial Research）の設立を提案し、1942年に実際に設置された。同様に、1946年には工学高等教育機関としてインド工科大学の設立が提案されたが、米国のマサチューセッツ工科大学の先例にならったものであった[2]。

各種学校と大学は、限られたものではあったが、訓練された卒業生を輩出し、その数はしだいに増加していき、英国、ヨーロッパ、米国へと留学する者もいた。たとえばジャグディシュ・チャンドラ・ボース（1858－1937)、メグナド・サハ（1893－1956)、C・V・ラマン（1888－1970）などのような多数のインド人が科学者として国際的な名声を得た。

原子力開発プログラムの策定および実施では、ネルーとともに、ホミ・バーバが主要な役割を演じることになる。ホミ・J・バーバは、1930年代に英国ケンブリッジ大学で物理学を学び、1939年にインドに帰った。彼は英国に戻るつもりであったが、戦争の勃発により断念せざるをえなかった。英国は科学者を戦争に動員していたが、インドの植民地政府はインド人科学者を活用することに熱心ではなかった。

科学の発展はさまざまな個人や慈善家によって活発に促進され、タタ財閥はさまざまな教育研究機関の設立にきわめて重要な役割を果たした。J・N・タタは、グループの総帥であるが、1898年にインド理科大学院（Indian Institute of Science, IIS）の設立を提起し、総督に就任したカーゾン卿に提案された。しかし認可されたのは1902年になってからで、実際に設立された。インド理科大学院の最初のプロジェクトは、宇宙線研究であった。

ネルーは、理科大学院における1947年のスピーチにおいて、科学と発展との関係、そして個々の目標を超えて人間の普遍的要求に奉仕することの必要性に言及している。ネルーはまた同じスピーチにおいて、平和的発展と戦争に使用される、諸刃の刃という科学の性質を認識していた。とくに原子力について、ネルーは「科学研究から突然出現したこの偉大なる力、すなわち原子力は、戦争のためにも使用されうるし、平和のためにも使用されうる。われわれはそれが戦争に使われるからといってそれを無視することはできない……。願わくば、全世界との協調のもとで平和的な目的のために、われわれは原子力を開発すべきなのである」[3]と述べている。

宇宙線研究グループは、ホミ・バーバがタタ基礎研究所（TIFR）を設立した1945年6月、ボンベイに移転した。1953年、原子核乳剤・電子磁性研究グループが発足した。ホミ・バーバは、大慈善家であるタタとネルーの双方から支援を受け、原子力の研究の発展に関する彼の構想を実現するうえで、唯一無二の立場を確保していた。1955－56年にかけて、インド政府、ボンベイ州政府、ドラブジ・タタ信託は三者合意にもとづき、タタ基礎研究所に重点的な政府資金支援を提供し、政府代表の常任理事が研究所理事会に加わった[4]。このように国家の安全保障の一手段としての科学の重要性は認識されたが、政策の方向性と目的は、インドが独立する過程で変質していくことになる。

インドは、原子力エネルギーを生産するうえで、天然資源に関する限り恵まれていた。モナザイトは世界中のトリウムの主原料であり、インドは最大の埋蔵国の一つである（インド原子力委員会は、インドが世界で最も多くの利用可能資源を保有していると見積もっている。オーストラリア、ブラジル、トルコも多くの資源を持っている）。モナザイト砂は、南部のケララ州（独立前のインドではトラヴァンコール藩王国だった）で産出し、ウランは北部のビハール州で発見された。トラヴァンコール藩王国首相C・P・ラマスワミ・アイヤーは1947年にトリウムの調査を開始、英国との間で、モナザイト砂を売り、見返りにチタン工場を建設させるという交渉を行っている。

インドの原子力開発計画の礎石は独立前にすでに存在していたのである。研究体制が現にあり、研究者たちは英国、ヨーロッパ、米国の研究施設と結びつき、高い学位を求め、あるいはすでにそうした専門分野で働いていた。さらに重要なことにトリウムが入手可能であり、インドはトリウム型原子炉の建設にもとづく原子力開発計画に着手していたのである。トリウムの保有はまた、インドに欠けている技術分野における科学技術協力の交渉カードともなった。

トルーマン・ドクトリン――分割された世界

1947年3月に声明されたトルーマン・ドクトリンは、第二次世界大戦後の米国の外交政策の基本原則を設定した。トルーマンは政策の主目的をソヴィエト連邦に代表される共産主義と戦うこととして定義した。トルーマンと彼のアドバイザーたち、そして後に大統領となるアイゼンハワーと国務長官ジョン・フォスター・ダレスはこの考えを受け継ぎ、ソ連は力の語彙しか理解せず、断固として対処すべきであり、いかなる平和裡の交渉も弱さとして受け取られることになると論じた。

同時に、共産主義と戦うためにはソ連とその追従国は「隔離」させねばならないとも主張した。共産主義についての議論には、病気や伝染のイメージが広く用いられたのである。これは「赤の伝染」と呼ばれた。こうした考えは、ソ連を隔離し、包囲しなければ、その影響力が伝播し多くの国がその勢力圏に落ちてしまうという、いわゆる「ドミノ理論」を生みだした。こうして国々に経済的、軍事的援助を与えることによりソ連、中国の影響から遠ざけるという政策が導かれた。ヨーロッパと日本は、米国の援助と協力の最大の接受国であり、同時に外国に駐留する米国軍隊の最大の拠点であった。

軍事同盟のシステムである、ヨーロッパにおける北大西洋条約機構(NATO)、西アジアにおける中央条約機構（CENTO)、東南アジアにおける東南アジア条約機構（SEATO）は、米国と日本との軍事同盟、南アメリカにおいて継続したモンロー・ドクトリンとともに、米国陣営を形成した。軍事情勢における最も重要な変化が、地球規模の裂け目を強固なものとしたのである。すなわち、ソ連は1949年に最初の核実験を行い、米国は1950年に水素爆弾の実験を行った。ソヴィエトは1953年までには水爆を開発し、英国は1953年に水爆実験を実施した。国連の原子力委員会は、1946年に原子力の軍事利用の拡散を規制する目的で設置されたものの、実効的ではなくわずか２年で廃止された。ソ連が第一号の発電用原子炉を稼働させたのはようやく1954年のことであった。

米国大統領ドワイト・アイゼンハワーが1953年、「アトムズ・フォー・ピース」（原子力の平和利用）の演説をおこなったのは、この間近に迫った軍拡競争の文脈においてであった。アイゼンハワーは、「原子力戦争」という新しい言葉について話し、軍人としては、こうした事態は避けたいものだということも強調した。平和について口にする一方で、アイゼンハワーは米国の軍事政策において通常兵器から核兵器への依存の移行を決定づける新政策に着手していた。核兵器は当時、安価な手段であると考えられていた。この演説は、米国が核戦力を使用する用意があるということで、ヨーロッパにおける米国の同盟国を安心させると同時に、ソ連に対して警告を発するものであった。

こうして「原子力の平和利用」計画のもとで、イランとパキスタンの最初の原子炉が建設されたのである。1950年代後半から1960年代前半、原子炉を供給したAMF（American Machine and Foundry）は、発電用原子力炉の建設においてジェネラル・ダイナミクス（General Dynamics, GD）の競合会社であった。AMFは「原子力の平和利用」計画の下で最初の原子炉をパキスタンとイランに売ったのである[5]。

この計画をアイゼンハワーがぶちあげたとき、米国において批判的な世論は、原子爆弾のもたらす危険について理解しはじめ、1950年代半ばまでにはメガトン級水爆の開発にともない、放射能の危険はより深く幅広く知られるようになっていた。しかし一般国民は依然として原子力を無限のエネルギー源であると見ていた。反対派が本当に米国内で高まりを見せるのは、環境運動が勢いを持ち、60年代後半に人々が安全問題に関心を持つようになってからであった。事故の際メルトダウンを防ぐ緊急冷却装置が稼働しないかもしれないという恐れについては、いわゆる「チャイナ・シンドローム」として大衆的メディアと科学技術ジャーナリズムの双方で広く議論された。英国ではバートランド・ラッセルのような人々が重要な役割を演じた、核兵器廃絶キャンペーンが1957年にはじまり、幅広い支持を集めた。

独立インド――「第三の道」を求めて

独立後のインドは、反植民地主義、非同盟、非暴力、交渉による紛争解決を基調とする外交政策を定めた。第二次世界大戦後の数年間にわたる脱植民地化のプロセスは必ずしも容易ではなかった。国の東西における分裂とパキスタンの建国は、武力紛争、難民の発生につながり、また安全保障上の問題となった。

朝鮮半島は中国と米国との戦争に巻き込まれ、その結果、朝鮮は北部と南部に分断された。フランスは英国の支援を得てインドシナ半島に対する支配権を回復しようとした。ひとたびフランスが敗れるや、米国は「ドミノ」倒しの恐怖を使いつつ、彼らが共産主義運動とみなすものと戦うためにプレゼンスを増強した。イスラエル建国は故郷を追われたパレスチナ人たちとのあいだに紛争をもたらしていた。世界は二つの陣営に分割され、脱植民地された世界の多くは両者に批判的であった。政権を打倒しアジア、南アメリカで独裁体制を支援する米国の行動と、東ヨーロッパにおけるソ連の行動とのあいだに、たいした差異を認めなかったのである。

インド、インドネシア、エジプトそしてユーゴスラビアがその創設に主要な役割を演じた非同盟諸国運動が起きた背景には、こうした事情があった。インドは朝鮮半島、「インドシナ、そして中華人民共和国の国連加盟の問題に熱心に取り組んだ。インドはチベットに対する中国の支配権を擁護し、両国は1954年4月パンチシーラ協定に調印した。インドの原子力政策は、暴力的に分断された世界の不安定な政治的情勢のなかで形成された。

ネルーは原子力政策が基づくべき原則についてきわめて明確に述べた。「わたしはわたしの政府を代表して、そしてある種の保証をもって将来のインド政府をも代表して言うことができると思う。何が起ころうとも、いかなる状況においても、われわれはこの原子力を決して邪悪な目的のために使用することはないであろう。この保証には何の条件も付されていない。なぜならひとたび条件が付けられると、この種の保証の価値はあまり長続きしないものだから」[6]と。

ネルーはこうも言う。原子力政策は、ほとんど議論されていないこと、設立された制度は高い自律性が与えられ、多くの政府組織や省庁がおこなうような通常の行政的規制に束縛されないということにも留意すべきであると。憲法制定議会での原子力法案についての討議は、ネルーの規制案に賛意を示した。とりわけ多数の議員が、原子力の性質を考慮すれば国家の排他的統制の下に置き私企業から遠ざけておかねばならないと考えた。反対意見も存在した。とくにマイソール州の代表S・V・クリシュナムティー・ラオは、非公開性と統制の必要性に疑問を呈した。彼は国防に関するものに統制が必要であることは認めたが、民生向けの研究にはそのような規制は不必要であると論じた。英国や米国でさえそうした規制はしていないと指摘したのである。ネルーは、非常なスピードと効率性を要すること、軍事的目的と平和的目的を区別することは不可能であることを述べて、この異議を退けた。ネルーの名声の前に、彼に逆らうことはむずかしかった[7]。

より深刻な批判は、著名な天体物理学者で非常に早くから原子核研究の重要性を認めていたメグナード・サハ(1893-1956)によっておこなわれた[8]。サハはガンディへの声高な批判者であり、ネルーと同じく科学の進展が近代的発展を可能にすると信じていた。サハは、インド国民会議派によって1930年に設置された国家計画フォーラムのアドバイザーであり、1944年10月、独立後の計画策定のため諸外国における科学と産業の発展について調査するインド科学調査団にも参加している。調査団が米国に着いたとき、マンハッタン計画が秘密裏に進行中であった。サハの質問の内容を知って、FBIは彼が何か計画について知っているのではないかと疑った。この疑いは晴れたが、そうであればこそ、彼らは専門分野におけるサハの知識に驚いた。

サハはそれだけの資格があり、ネルーにバーバの提起した原子力委員会(Atomic Energy Commission)の設置の可能性について意見を求められた。しかし彼は、インドには十分な工業的基盤が欠けているとしてそれに反対した。サハはまず最初に工業基盤、そしてとくに原子核物理学において訓練された人材が必要であると勧告した。彼はフランス型の原子力開発を唱えた。ネルーはバーバの考えを支持し、原子力委員会は設置された。サハの反対は真剣なもので、左派政党の支援を受けて選挙に出馬し、ローク・サバー（下院）の初代議員となった。そこで開発計画の閉鎖性を批判したが、反撃に遭い政治的に敗北した。

原子力政策のかなりの部分はネルーとホミ・バーバによって決定された。バーバは組織を運営し、ネルーは政治的支援を提供した。モシャベルが書いているように、ネルーは自分自身で政策決定を行い、それは、原子力政策は公開の場で議論すべきものではないという基本的理解にもとづいていた。たとえ核兵器の生産と使用を拒絶するとしても、政策決定は少人数の限定された集団のなかで行うべきであった。

同様に、インドの議会ではネルーの名声の前に議論がおこなわれず、新聞や学術雑誌においても意味のある調査や政府の政策をめぐる議論は掲載されなかった。1956年までインドの原子力問題についてたったひとつの記事もなく、せいぜい論じられたのは国際的な軍拡競争や軍縮一般についてであった[9]。

元国防相のクリシュナ・メノンは、「インドの基本的な国益は破壊的な目的のための核兵器の使用について語らないことである」と言っている。メノンが核兵器についての議論にさえ反対したのは、核兵器が大量殺戮兵器であり、それゆえそれについて議論することは集団自殺について議論するようなものだと考えたためである[10]。

ネルーは、外務省と原子力庁の二つの大臣の職を兼ねることによって実権を掌握した。ネルーは、核戦争をすべての当事者を破壊に導く大惨事と見ており、「核爆発の悪影響について世界の良心に注意を喚起」したいと考えていた。彼は核軍縮が紛争と緊張を減らす手段であると唱え、同時に、原子力は平和的な目的のために活用しうるし、現に活用しなければならないとも感じていた。原子力は近代的発展をはかるひとつの尺度を提供する。彼は一国の発展はどれだけの電力が生産され、消費されるかによって判断できると書いている。

知識人の意見もまた、政府と近い、あるいは政府内部の者によって代表されるかぎり、核兵器の製造には反対であった。歴史家であり外交官（初代中国大使）のＫ・Ｍ・パニカールは著書『国防問題』(*Problems of Defense*) で核兵器について触れているが、インドの地理的位置は外部からの攻撃に対する天然の抑止力であり、核兵器製造に投じる予算も意志もないとして、インドが核兵器を製造する考えを退けている。インドには核兵器は必要なかったのである。

インドの原子力研究計画の策定に主役を演じたホミ・バーバは1948年にはすでに、インドは「最先進国に比肩しうる原子力研究拠点」を持つべきであると書いていたが、おそらく民生向けと軍事向け両方の研究を行う構想を抱いていた[11]。事実バーバは核兵器の放棄を公言したことはなく、核兵器のオプションを持っておきたいと考えた[12]。1964年、中国の核実験以前、彼はパグウォッシュ会議において通常兵器が相対的な抑止力でしかないのに対し、核兵器は絶対的な抑止力を与えると論じた。バーバは核兵器を製造するコストは比較的小さいと示唆し、中国の核爆弾がインドの安全に対して及ぼす長期の影響について問題を提起した。バーバは、プルトニウム製造に利用しうる第二段階の再処理後の核兵器オプションを抱いていたのかもしれない[13]。原子力のもつ軍事的潜在力についての考慮は明らかに存在したが、核兵器の製造やその潜在力を保有するという明確に表明された政策は存在したわけではなかった。この曖昧さが禍根を残したといえよう。

3　インドの原子力エネルギー計画

原子力研究施設

1948年の原子力法は、4月6日に憲法制定議会に提出され、審議・可決された。この法律は原子力エネルギーの生産と使用、そしてその原料となる鉱物資源に関係する産業の発展のための法的根拠となった。法律施行後8月10日、商業用の鉱石資源の調査と採掘、原子力エネルギーに関する産業開発の実施、核エネルギー分野の人材育成と研究の実施を目的として原子力委員会が設置された。計画全体を統括する原子力庁が1954年8月3日に設立された。この機関は原子力産業の計画から規制、安全まであらゆる観点から統括する全権限を持つ、政府における政策決定の主体であった。ボンベイに本部を置き、ネルーが初代大臣となった。希少鉱石調査課は、もともと1949年に設置されていたが、原子鉱石部となり原子力庁の管轄下に置かれた。二つの公営企業、インド希土類有限会社とインドウラン有限会社がそれぞれ1950年と1957年に組織された。

原子力研究センター（AEE、1967年バーバの死後、バーバ原子力研究センターBARCと改称）が、1954年１月ボンベイに近いトロンベイに設立された。その使命は原子核の研究と開発を指揮し、原子炉の稼働、核燃料の研究と教育を実施することであった。この目的のため主として物理学、科学、工学に焦点を絞り、これらの分野で諸大学と協力して研究した。

1958年に原子力研究センター（AEE）は執行、財政に関する完全な権限を与えられ、通常の行政および企画上の統制から解き放たれた。理事会の常任理事は７人から３人に減った。すなわち、理事会は原子力庁の長官、AEEの所長、そして財政問題に従事する政府代表である。後に政府の指名する理事は非常勤となり、AEEは、原子力界のわずか２人の常任理事によって運営されることとなった。AEEは政策を立案し、予算を調達し、核エネルギーに関するあらゆる政策を執行したのである。AEEの予算は議会で承認される必要があったので、それだけが事実上唯一のこの機関に及ぶ国家の統制であった。こうして原子力研究計画は、驚くべき自律性と自由を与えられたのである[14]。

この原子力庁の自律性によって、政策や計画が、公開の場で討議され、独立した機関によって評価されることを妨げ、強大な科学研究体制をつくりあげた。1962年、国が中国との戦争を戦っている時、原子力法は改正され、インド政府は「インド国民の福祉、その他の平和的目的、それに関連する事柄のために、原子力の開発、規制、使用を推進する」[15]ことが強調された。この法律は原子力を国家の経済計画システムのなかに組み入れ、政府はその計画を実行し、タラプールに第一の原子力発電所を建設する権限を得た。

1950年代半ばに原子力庁の提出した第一の原子力開発プログラムは、20年から25年継続すると考えられていた。そのころ、つまり1980年代半ばには、インドは独自の原子炉を建設し、核燃料として自給のトリウムを使用していると計画された（1987年には年原子力エネルギーは年間エネルギー生産の2.2%を供給し、さらに1995年までに10%、または500万kWまで増加すると予測されていた）。初期のエネルギーコストは高くなるが、計画が進展すると低減すると期待された。この計画の大半はホミ・バーバによってつくられ、彼はネルーの後ろ楯を得てフリー・ハンドを持っており、計画委員会が原子力委員会の目標予測に懐疑的であっても、その強大さの前に却下することなどできなかったのである。

たとえ目標を設定してきたのがAEEであったにせよ、政府は経済の第一次5ヵ年計画において現に発電に重点を置いた。電力は発展の尺度（レーニンは、かつて「共産主義とは、ソヴェト権力プラス全国の電化である」と定義した）であり、安価な電力は発展のために不可欠であると考えられた。この当時原子力は、経済的、産業的発展をもたらすための科学的、技術的研究という一般的文脈においてのみ議論されていた。核エネルギーが代替エネルギー源と見なされたのは、第二次5ヵ年計画になってからのことである[16]。モシャベルが指摘するように、エネルギー消費は1950年に国民一人当たり14 kW時、1955－56年に25kW時、1960－61年に38 kW時、1968－69年に79 kW時であった。しかしながら、商業用電力消費は生産よりも早く増加し、工業化の進展にともなって増大する電力需要を充たすことができなかった。

すでに述べたように、インドは膨大なトリウム埋蔵量を持っていた。独立に際してトラヴァンコールの支配者が英国と試みた、当時原子力開発に不可欠だと考えられたモナザイト砂を売る交渉は、政府が交渉に口出しできるように、待ったがかけられた。バーバはネルーの支持を得て、タタ基礎研究所と原子力委員会という二つの組織の責任者としての立場を使って英国、フランス、カナダに原料と専門技術を求めてアプローチし、明確な公式の政策をもたないまま、カナダから酸化ウラン1トンを獲得することに成功した。彼はまたフランスを説得し、科学者の交換プログラムを設定し、科学的知見の共有を約束させた。バーバの報告は、ネルーと政府を科学政策諮問委員会の設置と憲法制定議会における原子力法の通過に向けて駆り立てることになった[17]。

トリウムの存在は、各国を原子炉建設に協力するよう交渉し説得するためのテコとなった。ホミ・バーバは幅広い人脈を使って英国、ヨーロッパ、米国からの協力を模索した。米国は情報提供や援助に慎重だったため、バーバはカナダに向かい、とうとうインドの原子炉建設に必要な技術を提供することに合意させた。

研究と人材育成

研究はこの計画の重要な一環であった。ソ連をのぞくアジアで最初の原子炉は、アプサラの400kV・プール型原子炉（1956年）であった。燃料は英国原子力公社から提供された[18]。CIRUS 4万kW重水天然ウラン研究炉は、「コロンボ計画」（1960年）にもとづいてカナダによって建設され、重水は米国から提供された。1975年にはプルトニウムを使用した核実験がここで行われた（平和目的のために使用されるという共通の理解があったため、何らセーフガード〔国際原子力機関による保障措置制度。核物質の国際計量管理システムと各国の運用に対する査察制度からなる〕は適用されなかった）。はじめての商業用発電炉の建設案が1960年に提出された。1963年に第一号のタラプール原子力発電所（TAPS）が建設され、1969年操業を始めた。

二つのタイプの原子炉が建設されていたことになる。ひとつは天然ウラン炉で、このタイプは多量の利用可能なプルトニウムを生み出す点でインドにとってよい選択であった。このプルトニウムは民生用の再処理工場で処理することができ、これが第二ステージの目的である。これによって第一号原子炉の経済コストを正当化しうる。長期計画としては、天然ウランは安価で、これらの原子炉建設のための専門知識を外国から得られ、外国に対する外貨支出を最小化するために、天然ウラン炉を活用するねらいがあった。

しかしながらインドは米国の申し出を受け第二のタイプの原子炉、濃縮ウラン型の建設に取りかかった。濃縮ウラン炉は高価だが、米原子力委員会は短期間に成果を得ることができると考えた。米国もまた「原子力の平和利用」計画を通じて、このタイプの原子炉を推奨し、「ターンキー方式」（完成品引き渡し方式）を基礎とする原子炉建設を提案していた。米国はあわせて財政支援も提案していた。米原子力委員会とジェネラル・エレクトリック（GE）は、1963年に協定に調印した。米国はこの原子炉の寿命のかぎり濃縮ウランの提供（この合意についてはカーター政権期に不一致の種となる）と技術協力に合意した。米国国際開発庁は、タラプール原発のために8000万米ドルのローンを提供した。建設は1964年にはじまり1969年に竣工した。インディラ・ガンディ首相は、タラプール原発の竣工式において「われわれの技術の歴史の新たな段階がはじまった」[19]と述べた。

タラプール原発の建設後、ラジャスタン原子力発電所（RAPS）の建設が続いた。ここでは 1964 年の協定にもとづいて天然ウランがカナダから提供されることになっていた。建設は 1969 年に完了したが、格子容量が不適切であったために操業は 1973 年になった。ラジャスタン原発 2 号炉の建設が 1968 年にはじまったが、カナダが援助を止めたため、商業用稼働は 1981 年まで遅れた[20]。

研究資金に関しては、政府は十分な資金を供給した。1970 年代まで原子力エネルギーは単に原子力庁の予算の大部分を占めるだけでなく、政府の研究開発支出総額のなかでもかなり大きな部分を占め、この傾向は第六次、第七次 5 ヵ年計画まで続いた。ある計算によれば、原子力関連研究開発は国防費に次ぐもので 1970 年まで通常エネルギーの 10 倍以上に及んだ。これが変化するのは第七次 5 ヵ年計画で、通常エネルギー源に以前のシェアより大きな資金が投じられるようになった[21]。

4　核戦略のはじまり

インドの核政策が変化するには長い時間がかかった。中国は 1964 年 10 月に核実験を行ったが、インドが 10 年間待ったのち、ポカランで初めての核実験を実行したのは 1974 年 5 月 18 日のことだった。主に開発指向から戦略指向の原子力政策への変更は、ゆっくりと多くの要因によって起こった。しかし核実験は、インドが政治信条として原子力の平和利用をめざしているものの、核爆弾の原料を蓄積してきたこと、起爆技術について研究を重ねてきたことを示すことになった。

この変化は国際環境の変化のなかで行われた。インドと米国との関係は、1971 年のバングラデシュ建国後悪化し、米国は中国との関係を修復しはじめ 1972 年のニクソン訪中にいたる。幾人かの論者は、インディラ・ガンディの党組織に対する支配権の欠如、核関連の強力な科学技術官僚の影響力などの国内的要因を指摘してきた。これらすべてによって推進派が力を得ることになり、核実験が政治的に有益な選択肢となったのだろう。

科学技術官僚の影響力がどの程度決定的であったのかについては判然とし

ない。はるか以前から強力だったし、インドの科学者たちは1964年頃には専門知識を持っていた。ホミ・バーバは、1964年9月17日国際原子力機関（IAEA）の第8回総会で「核爆発が国際的監視の下で行われる限り、民生用工業技術において核エネルギーの爆発を使用する便益が人類に否定される理由はない」[22]と述べている。

「平和的な民生用核爆発」という考えは、実際は米国の科学者たちの「プラウシェア計画」によって1957年に最初にもたらされた。米国の科学者たちは、核実験はダム建設、石油掘削、採鉱など、広範囲の産業活動の便益となる専門知識と技術を提供してくれるだろうと主張した。米国は1971年までに14回、ソ連は17回の平和的核爆発を実行した。こうした平和的実験がもたらす産業上の便益について各国は真剣に検討した。1970年のルサカ会議においてインドは、平和的核爆発は発展途上国の経済成長にとって有益であるという考えを支持した。インドはIAEAの参加国であり平和的核爆発についての1970年から1975年の会議に出席した。

この経緯を考慮すると1974年の核実験はただ戦略的理由のためにのみ行われたのではないということができるかもしれない。インド代表は1968年の核兵器非保有国会議で平和的核爆発に事前通告の義務という補則を追加することを支持した。しかし、インドは秘密裏に核実験を実施し、議会にさえ前もって通告しなかった。政府は核実験が経済的便益をもたらすという主張が批判を受けることを承知していたのである。

平和的目的のために原子力を開発するという政治信条が、地域の緊張の高まりによって変更されたと聞けば、当然と思われるだろうが、しかし、その変更に長い時間を要したという事実こそが、平和志向への深いこだわりを示している。パキスタンとの緊張は独立直後から続いており、1965年には印パ戦争が起きている。パキスタンは明確に米国の陣営に属し、軍事援助を受けていた。ホミ・バーバの死後、核開発計画はインドの宇宙研究計画の長であったヴィクラム・サラブハイの指揮下にあった。1962年中国はインドを攻撃し、1964年には核実験を行ったが、インドの政策決定者たちは依然攻撃的核兵器開発には抵抗していた。1964年11月になってはじめて、ラール・バハードゥル・シャーストリー首相は平和目的のための地下核爆発の理論的研究を認可し、トロンベイの再処理施設が稼働した（この工場で生産されたプルトニウムは1974年5月18日のインドの最初の「平和的核爆発」に使用された）。

中国の6回目の核実験後、インディラ・ガンディは、核開発計画を再開させ、所長ラジャ・ラマナの下でバーバ原子力研究センターは1974年の核実験を可能にする能力を得た。しかし、インドは核実験後も兵器開発よりも学術的研究に重点を置いた。1970年代中頃、短期間存在した非国民会議派のジャナタ党政権（1977－79年）のもとで中断され、1980年代にインディラ・ガンディが政権に戻ると再開された。インディラ・ガンディは、核武装の強力な提唱者であったラジャ・ラマナを復帰させ、1983年には統合誘導ミサイル開発計画が開始された。1989年にインドは短中距離ミサイル（後に大統領となるアブドゥル・カラームが開発プログラムの長となった）の試験を行った。

インドは1994年までに核兵器を運搬する能力を獲得した。国民会議派の首相、P・V・ナラシンハ・ラーオは1995年に核兵器実験を計画したが、米国の情報機関が察知しクリントン大統領が強い圧力を掛け中止させた。1998年アタル・ビヘーリ・ヴァージーペーイ首相の政権は、米国の介入を防ぐため多くの閣僚にさえ知らせない厳重な警戒のもとで、5月11日と13日ポカランⅡの核実験を強行した。先立つポカランⅠには「スマイリング・ブッダ」というコードネームが付けられ、ブッダの誕生日に核実験が強行されていた。ポカランⅡのコードネームは「シャクティ」（力）であった。

核実験は国連と米国の非難を引き起こした。なかでも中国の批判は声高であり、パキスタンも報復として同等の能力を証明するために6回の核実験を行った。米国と日本は制裁措置を取った。制裁の効果はさほど大きなものではなかったが、経済への影響はあった。制裁は5年後解除された。今や、核実験が行われた5月11日をインドでは国家の科学技術記念日として祝い、科学者たちへの授賞が行われている。

5　インドと米国――新たな核戦略

インドの原子力政策の次なる段階を画するのは、2008年の米国との核民生利用に関する米印原子力協定である。この協定の枠組みはマンモハン・シン首相とジョージ・W・ブッシュ大統領によって2005年7月18日に署名された共同声明のなかに示されている。この協定によってインドは核燃料と関連技術を、核拡散防止条約に参加することなく、得ることができることになった。インドには民生用と軍事用の核開発との区別が認められ、民生用核開発に対するセーフガードの受入れに同意した。

この協定は米国とインドの双方において、またインドの特別扱いに反対する国々においても、活発な議論を巻き起こした。米国はインドに核燃料と関連技術を供与するために、1955年原子力法などの国内法を改正しなければならなかった。一方インドは核開発計画における民生用と軍事用の区別を行わなければならなかった。また国際原子力機関（IAEA）の同意を得なければならず、2008年8月1日それを得た。また1974年のポカランＩの核実験後インドへの移転を防止するために作られた45ヵ国のカルテルである原子力供給国グループ（NSG）による例外扱いを得なければならなかった。この例外扱いは2008年9月6日与えられた。この協定は米国の下院において9月に、上院において10月28日に、原子力保有国の承認と核不拡散を強化する法律として承認された。

これによって米印原子力協定を実効あるものとする法的根拠ができあがった。米国は、原子力供給国として燃料、装置、技術を輸出できるように協定を実行に移す必要があった。2010年にオバマ大統領の下で締結された再処理に関する合意によって、米国の原子力産業がインドでビジネスを行うことが可能になった。米国は同様の協定をヨーロッパおよび日本とのあいだにだけ結んでいる。事故時の責任の問題が、原子力輸出産業がマーケットに参入する際に解決されなければならない最後の問題として残されていた。2010年の原子力災害に関する民事責任法の条文と民生用原子力災害規定によって解決が与えられた。

インド原子力開発略年表

1946年　核エネルギー研究委員会設置、委員長H・バーバ博士。
1947年　8.15インド・パキスタン分離独立。
1948年　ネルー首相、原子力法案を憲法制定議会に提出。それにもとづき原子力委員会（AEC）設置。
1952年　ネルー首相、核開発基盤整備4ヵ年計画を公表。
1954年　原子力庁（DAE）設置。
1955年　英国、スイミング・プール型原子炉建設のための濃縮ウラン燃料、設計図、技術データを販売。米国、トンビー原子炉のための重水を販売。
1956年　カナダ、CIRUS研究炉に必要な1次ウラン燃料の半量を提供。米国、原子炉用の重水提供。
1961年　10.6インド、ソ連と原子力平和利用協定に調印。
1962年　9.21原子力法制定。
1963年　8.8インド、米国と原子力の民生利用に関する協力協定調印。同様の協定をデンマーク、ポーランドと1963年に締結。
1964年　10.16中国、核実験実施。
1966年　12月 米国、インド、IAEAは、米国が少量の研究用プルトニウムをインドに提供することを合意。
1967年　10.6インド、スワラン・シン国防相、国連総会において「インド政府は引き続き核兵器の不拡散を望む」と述べつつ、核拡散防止条約への不参加表明。
1974年　5.18インド、ラジャスタン砂漠のポカランで平和的核実験実施。
1978年　米国、インドへの核援助を停止。
1983年　インド、五つのミサイルシステム開発をめざす統合誘導ミサイル計画を開始。
1994年　6.3インド、プリティヴィ中距離ミサイル試験を実施。
1994年　インド核兵器運搬手段を獲得。
1998年　4.8ヴァジペーイー首相パキスタンのゴーリミサイル試験の2日後、核実験を許可。
1998年　5.11ポカラン地下核実験場で核実験3回実施。
1998年　5.13核実験をさらに2回実施。米国制裁を発動。
2001年　9月 米国、インドとパキスタンに対し、制裁解除。
2008年　9月 原子力供給国グループ、インドに対する取引禁止を解除。
2008年　10.2米印原子力協定調印。
2009年　7.27インド、第一号の原子力潜水艦就役。

これらはインドで批判を浴びた。というのも原子力災害時の補償額に２億8500万米ドルを上限としてオペレーターであるインド原子力発電公社に賠償責任を負わせる一方、すべての輸出企業の責任を免除したからである。圧力を受けて政府は最終案に輸出企業が責任を負う可能性を残す条項を加えることを余儀なくされた。この法案は米国からの厳しい批判を招いた。輸出企業を免責せず、一般市民が損害賠償の訴訟を起こすことができ、企業が無限の責任を追うことになるからである。オペレーターもまた事故時に提供企業に対し現状回復を要求することができる。米国はこうした法律は原子力災害において供給企業は副次的責任を負うという国際慣習に従うべきであると主張し、インドの法律がこの慣習に準拠しているかどうかについてIAEAに審理を求めた。インドはこの慣習を原則としては承認することで合意しているが、国内法と矛盾を来たし承認が政治的に困難である点については合意していない。

6　おわりに

2008年から2010年までの時期は、核エネルギーの戦略的利用と米国との親密な関係の基礎を築き、1991年の経済的規制緩和にともなう転換の端緒となった。この政策は今も進展し、議論の対象となっている。独立直後からのインドの政策は、発展のための原子力という将来性を育てることを目的とした。それはオルターナティヴな発展のモデルをつくりあげたいという願望を支えるものであった。ネルーのヴィジョンでは、発展は孤立のなかで達成されるものではなくすべての国が発展できる国際環境を必要とするものであった。このため原子力の平和利用は、軍事利用の断固たる拒否と不可分であったのであり、安全保障のための軍事同盟の拒否と同様であった。インドの政策決定者たちは、原子力開発の基盤を築くことに成功した。

今日インドは20基の原子炉、６ヵ所の原子力発電所を保有しているが、増大する電力需要を充たすには至っていない。原子力は総発電量のわずか3%にすぎない。国家の電力需要の半分以上はいまだに石炭火力によって供給され、深刻な不足に直面している。ネルーとバーバの下での核開発計画が閉ざされたものであったために、開かれた議論による時宜にかなった政策の調整と監視を欠いていたのである。

1998年5月の核実験は、経済自由化と宗教的原理主義が勢力を増した右傾化の10年に行われた。ラジーヴ・ガンディが1991年に暗殺され、1992年にはヒンドゥー原理主義者がアョーディヤーのモスクを破壊するなど宗教的排外主義が高まり、人民党が政権に就いた。翌年実施した2回の核実験は、パキスタンの5回の核実験を招いた。翌年パキスタンはカルギル紛争を起こし（1999年5月から7月にかけてパキスタン軍が高地地方に侵入した）、核兵器が安全保障をもたらすものでは断じてないことを示した。

福島原子力発電所の事故は安全問題への憂慮とともに、インドにおいて2032年までに総計630万kWを発電する発電用原子炉を各地に建設するための住民の立ち退きに関する問題を引き起こした。住民は原子力が安全で、他のエネルギー源に比べて経済性があるとは信じてはいない。ムンバイに近いジャイトプル原子力発電所では、2011年4月に地元の農民、漁民の抗議運動が起こり、10月にはクーダンクラムで原子炉の増設に反対して村民が抗議運動をおこなった。西ベンガル州政府は60万kW原子炉の設置に許可を与えることを拒否している。今や原子力政策は公開の討議の対象となった。そのことは、原子力政策が人々の要求に応答すべきものになっていくという流れに貢献するにちがいない。

政府は今日も核兵器のない世界と世界的な軍縮を謳っている。首相により選任された特別委員会が核非武装についての報告書を2011年9月に提出した。ラジーヴ・ガンディは1988年に、核非武装のためにはすべての国の法的拘束力のある関与、期限を限り順序を踏んだ具体的ステップ、核兵器廃絶が通常兵器と兵力の削減に依存することへの合意が必要であるという問題提起を行っている。報告書はラジーヴ・ガンディの提起をふまえて、核兵器のない世界の構想が引き続き妥当であることを論じている[23]。

註

1　T. Jayaraman, “Science, Technology and Innovation Policy in India under Economic

Reform: A Survey," p.1. www.networkideas.org/ideas act/jan09/PDF/Jayaraman.pdf

2 Itty Abraham, T*he Making of the Indian Atomic Bomb Science, Secrecy and the Postcolonial State,* London: Zed Books, 1998, p.55.

3 *Ibid.*, pp.46-47.

4 See TIFR website http://www.tifr.res.in/newsite/index.php/en/about-us/general-info/history.html

5 http:/en.wikipedia.org/wiki/American Machine and Foundry

6 *Nehru Speeches: 1953-57 GOI Ministry of Information and Broadcasting,* New Delhi: Publications Division,1958, p.507.

7 Itty Abraham, *Ibid.*, p. 48-54.

8 Itty Abraham, *Ibid.,* pp72-77 and en.wikipedia.org/wiki/Megnad_Saha Ziba

9 Moshaver, *The Question of Nuclear Weapoms Proliferation in the India Subcontient,* Unpublished Ph.D Dissertation, St. Anthon's College, Oxford 1987, pp. 69-70. 包括的な研究であり、わたしはこの著作に非常に多くを依拠している。

10 Quoted in M Breecher, *India and World Politics: Krishna Menon's View of the World,* London: Oxford University Press 1968, p.228. しかし Michael Breecher も指摘するようにネルー自身の認識では核兵器を製造しないという決定が内閣においてなされたことはない。Moshaver, pp.126-127 を参照。

11 R.P. Kulkarni and V. Sarma J.H.Bhabha, *Father of India's Nuclear Industry,* Bombay: Popular Prakashan 1969, p.1.

12 Lord Blacket, quoted in Bhatia, *India's Nuclear Bomb,* New Delhi: Vikas 1979, p.114. See Moshaver, p.68.

13 Homi. J. Bhahbha, "Safeguards and the Dissemination of Military Power," *Disarmament and Arms Control,* 1964, pp.433-440, Quoted in Moshaver, pp.166-168.

14 Moshaver, pp. 162-165.

15 Moshaver, p.164 and K. K. Pathak, *Nuclear Policy of India: A Third World Perspective,* New Delhi: Gitanjali Prakashan 1980, p.30.

16 発電のデータについては、Moshaver, pp. 955-960, p.154.

17 Itty Abraham, pp.58-61.

18 Moshaver, p.169.

19 Moshaver, pp.170-172.

20 Moshaver, pp.172-173.

21 Moshaver, p.180.

22 Moshaver, p.180.

23 Informal Group on Prime Minister Rajiv Gandhi's Action Plan for a Nuclear-Weapons-Free and Non=Violent World Order 1988, New Delhi, 20 August 2011. See http:/www.pugwashindia.org/images/upload/Report.pdf

あとがき

2011年3月11日の東日本大震災、とりわけ福島第一原発事故は、20世紀日本の達成・歴史的遺産がいかなるものであったかについて、大きな問題を提起した。広島・長崎の原爆直後に敗戦を迎え、ビキニ水爆第五福竜丸被爆も経験して「唯一の被爆国」と自称してきた国が、なにゆえに地震列島の上に54基もの原子力発電所を林立させてきたのか。海外から「ヒロシマからフクシマへ、なぜ？」と問われたように、もともと「核アレルギー」症状を持つと診断された国が、いつのまにか深く原子エネルギーを取り込んで免疫を失い、「軍事利用」のみを「核」とよび、「原子力の平和利用」を当然としてきたのはなぜか、といった課題が浮上してきた。

「安全神話」を流布してきた科学技術体制ばかりでなく、「原子力村」のエネルギー支配を見逃してきた社会科学・人文科学や平和運動のあり方も、再審されることになった。本書は、「ヒロシマからフクシマへ」の衝撃を受けて集った研究者たちの、ネットワーク型共同研究の所産である。日本とアジアの原発導入を、東西冷戦の歴史的文脈の中で検討したものである。

原子力については、広島・長崎の原爆投下の時点から、兵器としての核爆発の裏面として、平和利用・産業利用の可能性が語られてきた。1945年8月6日の米国トルーマン大統領声明は、「原子エネルギーを解放することができるという事実は、自然の力に対する人間の理解に新しい時代を迎え入れるものである。将来、原子力は、石炭、石油、降雨〔水力〕から得ている現在の動力を補うことができるかもしれない」とうたっていた。

トルーマン声明のいう産業利用の可能性とは、ヒロシマ・ナガサキへの原爆投下は軍国日本に壊滅的打撃を与えてポツダム宣言受諾を迫る戦争早期終結の手段であり、米国兵士の戦争被害を最小限にとどめるために必要だったという口実の一つであり、米国内で直後から現れた原爆投下を「非人道的」「神への冒涜」とする倫理的・宗教的批判に対する逃げ道だった。マンハッタン計画には20億ドルが投じられ、のべ12万5千人が動員されていた。科学者・軍人ばかりでなく多くの巨大企業が関係していたから、そのコストを戦後世界の再編戦略へ組み込み取り戻す必要があった。核開発には、軍事利用と平和利用があらかじめビルトインされていた。すでにその当時から、ヒロシマ・ナガサキの被害の実相が隠蔽され、多数の米国人がネバダなどの核実験で被爆し、プルトニウム人体実験さえ行われていたことが、今日では明らかにされている。

第二次世界大戦後の国際連合における原子力委員会設置にあたっては、「A 平和的目的の基礎的科学情報の交換を、すべての国に拡大すること」「B 原子力を平和的目的のためにだけ使用することを保障するのに必要な範囲で、原子力管理を行うこと」が、「C 原子力兵器及び大量破壊に使用できる一切の主要兵器を、各国軍備から廃棄すること」よりも上位におかれていた(1946年1月24日、第1回国連総会決議)。ただしそれは、アメリカの核独占を前提とし、アメリカが「寛大にも」原子力の国際管理を認め、「平和利用」については他国にも可能性を開きつつ、原子兵器の禁止は段階的に進めようとしたものだった。ソ連はこれに対して、原子兵器の即時廃棄・無条件使用禁止で対抗しようとした。核兵器と軍縮をめぐる議論で米ソが対立したまま、1949年にはソ連の原爆実験が成功し、アメリカも原爆から水爆開発へとエスカレートする。東西冷戦は、核を基軸に深刻なものになった。

もともと「冷戦」という言葉自体、国連原子力委員会のアメリカ代表バーナード・バルークが使い始め、評論家ウォルター・リップマンにより広められたという。アジアでは毛沢東の共産党が内戦に勝利し、蒋介石の国民党政府は台湾に追いやられた。朝鮮半島は南北二つの国家に分断され、1950年には朝鮮戦争が勃発する。第二次世界大戦終結から5年で新たな熱戦が始まり、原爆は、実戦に使用されないまでも増殖が続いた。

1953年12月国連総会での米国アイゼンハワー大統領「アトムズ・フォー・ピース」演説が、いわゆる「原子力の平和利用」、その中核としての原子力発電の国際化の端緒となった。本書の多くの論文が触れているように、アイゼンハワー演説でうたわれた原子力の国際管理が、1957年国際原子力機関

(IAEA) 発足に具体化したこと、核技術と濃縮ウランの供与が、当初の国際機関へのプール制案から、米ソを中心とした核保有国との二国間・多国間協定方式となって東西ブロックに系列化されていったことが、日本とアジアにおける原発導入の背景となった。

アメリカは、当初イギリス、フランス、カナダ、ベルギー、オーストラリア、ポルトガル、南アフリカと協議を始めたが、ソ連は54年6月に世界初の原子力発電を開始し、中華人民共和国、東ドイツ、ポーランド、チェコスロヴァキア、ルーマニア、ポーランド、ハンガリー、ブルガリアと次々に原子力援助協定を結び、フィンランド、エジプト、ユーゴスラヴィアにも働きかけていった。1955年8月の国連原子力平和利用国際会議(第1回ジュネーブ会議)が、「原子力の平和利用」の世界的出発点になり、国連加盟国60ヵ国の他、加盟申請中の日本などにも招待状が出され、72ヵ国の代表1428人、オブザーバー1334人が加わる国連主催の初の大型科学会議となった。

ジュネーブ会議は「原子力のオリンピック」と言われたように、一方で米ソ水爆実験で核兵器＝「軍事利用」が東西軍事ブロックの安全保障上の分岐点になるのに対し、他方の「原子力の平和利用」は、東西を越えた平和共存、緊張緩和の兆候とみなされた。例えば東西ドイツを抱えるヨーロッパでは、西側北大西洋条約機構（NATO）と東側ワルシャワ条約機構（WTO）との対立が核戦争を招きかねない軍事的緊張が続いたが、原子力発電については、欧州鉄鋼石炭共同体（ECSC、1951年）に準じて欧州原子力共同体（EAEC、ユーラトム、1957年）に西ドイツをフランス、ベルギー、オランダ、イタリア、ルクセンブルグと共に組み込むことによって「競争と共存」の枠組で進められることになった。当時の国際労働運動を二分していた国際自由労連と世界労連も、「原子力の平和利用」については共に歓迎した。1955年の日本の新聞週間標語が「新聞は世界平和の原子力」とうたったのも、社会党や共産党が「原子力は平和のために」と歓迎したのも、当時の「原子力」の一般的イメージに合わせたものだった。

核軍拡競争が、東西冷戦の中で一貫して「戦争、破壊、恐怖、危険」の象徴であり続けたのに対して、原子力発電は「平和、建設、希望、安全」のシンボルとして扱われた。ただし、IAEA、NPT（核拡散防止条約、1963年国連採択、1970年発効）の国際核管理体制下においても、インド・パキスタン紛争、イスラエルとアラブ諸国の対立、そして冷戦崩壊後には北朝鮮やイランの核開発をめぐって、「軍事利用」と「平和利用」の曖昧な境界線、グレーゾーンが問題になり続けた。

それは同時に、アジアにおける冷戦の、新しい展開を導くものであった。1950年代中葉は、東西冷戦の中での第三勢力、非同盟諸国首脳会議の始点として知られている。第二次世界大戦後に独立したインドのネルー首相、中国の周恩来首相、インドネシアのスカルノ大統領、エジプトのナセル大統領が中心となり、ネルー＝周恩来の平和五原則（領土・主権の不可侵、相互不可侵、内政不干渉、平等互恵、平和共存）を基礎に、55年のバンドン会議（アジア・アフリカ会議）に29ヵ国が参加した。これら新興諸国の工業化にとっても、「原子力の平和利用」は魅力的なものであった。

アメリカは、1955年10月、シンガポールで開催されたコロンボ計画閣僚会議で、アジアの経済・社会発展に原子力を利用する一段階としてアジア原子力センターを設置することを提案し、同センターに米国政府がアジア諸国の学生の訓練資金、研究所設備および訓練のための施設と技術を提供する用意がある旨申し出た。コロンボ計画とは、英連邦諸国を中心に1950年に設立されたアジア太平洋の発展途上国を援助する国際機関で、日本も1954年に加盟していた。

そのアジア原子力センターが、当初のセイロンのコロンボからフィリピンのマニラに変更され、構想そのものが挫折していく過程は、本書第8章伊藤論文が述べている。また第9章タンカ論文が述べるように、バンドン会議やコロンボ計画の主要参加国であるインドは、ネルー首相と第1回ジュネーブ会議議長をつとめた科学者ホミ・バーバの強力なイニシアティヴのもとで、独自の核開発計画を進めた。第6章市川論文の扱う中国はソ連の影響下に、また本書では扱い得なかった台湾やパキスタン、イランはアメリカの影響下に、「原子力の平和利用」にとりかかる。第7章小林論文の扱う南北朝鮮も、冷戦を背景にそれぞれ核開発・原発導入に入る。タイ、インドネシア、南ベトナムも、50年代末には原子力開発に加わる（W・H・オーバーホルト『アジアの核武装』サイマル出版会、1983年、宮嶋信夫編『原発大国へ向かうアジア』平原社、1996年、金子熊夫『日本の核・アジアの核』朝日新聞社、1997年、吉村慎太郎・飯塚央子編『核拡散問題とアジア』国際書院、2009年、相楽希美「日本の原子力政策の変遷と国際政策協調に関する歴史的考察——東アジア地域の原子力発電導入へのインプリケーション」RIETI Policy Discussion Paper Series 09-P-002, 2009など参照)。「アトムズ・フォー・ピース」は、アジアでも歓迎され、「競争と共存」の中に入っていったが、インドや中国を典型に多くの国では、原子力は「平和利用」であっても「軍事利用」に容易に転化しうることが、強く意識されていた。無論、ウランや核技術を提供する核兵器保有国は、冷戦下の経済圏組み込みばかりでなく、軍事的安全保障と関わる「核の傘」への参入であると了解していた。だからこそ、第二次世界大戦の枢軸国西ドイツと日本については、アメリカも当初は「核自立」を警戒し、米軍基地への核配備と米国製原子炉の売り込みにより「自立」への歯止めをかけようとした。米英仏にソ連・中国の5ヵ国にのみ核兵器保有を認めたNPT体制は、当初から矛盾を孕んでいた。

1981年に書かれたプリンゲル＝スピーゲルマン『核の栄光と挫折』(浦田誠親監訳、時事通信社、1982年)は、アメリカの核戦略に沿った西ドイツと日本の実際の動きについて、核導入・原発推進の「核の男爵(Nuclear Barons)」として、西ドイツI・G・ファルベン社のカール・ウィナッカー(Karl Winnaker)とバイエルン出身CSU(キリスト教社会同盟)の政治家フランツ・ヨゼフ・シュトラウス(Franz Joseph Strauß)の名を挙げ、日本については読売新聞社主正力松太郎をウィナッカーに、青年政治家中曽根康弘の役割をシュトラウスになぞらえている。1957年9月ソ連ウラル・チェリャビンスク核惨事、同年10月英国ウィンズケール原子炉火災のような原発創成期の事故は何十年も隠されてきたため、放射能の内部被曝・晩成被害や被曝労働はほとんど問題にならず、「平和利用なら安全」と受け止められた。「原子力の平和利用」は、アジアにおいては「近代化の夢」と重なった。

したがって、「原子力への夢」から「平和利用」を歓迎したのは、日本ばかりでなく世界的な流れであった。世論において「核戦争反対・原水爆禁止」

と「平和利用の原発歓迎」が両立したのも、世界的な現象であった。日本の原発導入の特異性は、広島・長崎の原爆被害を10年前に体験していたにもかかわらず、また1954年にビキニ水爆実験の第五福竜丸被爆で「死の灰」が問題になっていたにもかかわらず、いやそうであるがゆえに、「原水爆禁止」と「原発歓迎」の感度が他国に比しても高かったこと、原水爆禁止の国民運動と「平和利用への熱狂」が同時並行で出発し長く共存したことである。本書第一部の各論文は、こうした問題を、日米関係と「ヒロシマからフクシマへ」を意識して、それぞれの視角から扱ったものである。

日本の原子力発電は、高度経済成長のエネルギー源として、1970年頃から本格的に稼働する。この点ではフクシマ以降、田中角栄内閣期1973年の電源三法による原発立地への補助金散布による供給地・需要地関係がクローズアップされているが、本書の視角からすると、1957年岸信介内閣における「自衛権の範囲内であれば核保有も可能である」という憲法解釈を背景に、佐藤栄作首相のもとでの核四政策（非核三原則、核兵器廃絶・核軍縮、米国の「核の傘」下の抑止力、核エネルギーの平和利用）が重要になる。1964年米国原子力潜水艦シードラゴン佐世保寄港、66年東海発電所営業運転開始を機に、日本政府は「核アレルギー」払拭に乗り出した。内閣調査室・外務省・防衛庁などで、秘密裏に日本の核武装の可能性が本格的に検討された。NPT体制では日本と同じく「非核保有国」とされた西ドイツ政府との核保有秘密協議までもたれ、外務省外交政策企画委員会は、1969年9月25日付極秘文書「わが国の外交政策大綱」をとりまとめ、「当面核兵器は保有しないが、核兵器製造の経済的・技術的ポテンシャルは常に保持し、これに対する掣肘を受けないよう配慮する」と、核政策における潜在的核兵器保有能力の保持、「フリー・ハンド」論を確認していた。「非核三原則」や沖縄返還核密約も、これを前提としていた。

そしてその同じ時期に、敦賀第一、美浜第一、福島第一など商業用原子炉の本格的稼働が始まる。動力炉・核燃料開発事業団（動燃）が発足し、廃棄物最終処理の問題が棚上げされたまま核燃料サイクル政策が具体化したのも、佐藤内閣期である。高速増殖炉など「平和利用」のためとして、1982年中曽根首相と米国レーガン大統領とで合意した日米原子力協定改定でプルトニウム大量保有の道が拓かれ、日本はいまや原爆5000発を製造可能なプルトニウム大国、潜在的核兵器保有国となった。

日本に原子力発電を定着させた高度経済成長は、一方で米国との経済協力を基軸にした西側経済大国への参入＝「欧米へのキャッチアップ」であると共に、他方でアジアにおける近代化・工業化の先駆であった。本書が冷戦期に焦点をあてつつ、日本とアジアにおける原子力の問題を歴史的に見直してきたのも、21世紀における核拡散・原発増殖の問題の焦点が、欧米からアジアへと移ってきた事実を重く受けとめたからである。

アメリカは1979年のスリーマイル島原発事故以降、ヨーロッパでは1986年のチェルノブイリ事故をきっかけに新規原発建設を抑え、再生エネルギーや天然ガスなど新たなエネルギー源の開発に重点を移す。しかし冷戦崩壊期にバブル経済の頂点にあった日本は、80年代以降も次々と原発を増殖・稼働させ、狭い地震列島に50以上の原発をかかえる原発依存国として「フクシマの悲劇」を迎える。ドイツ、イタリア、スイス等が高度資本主義国日本の原発事故に衝撃を受けて脱原発の道を採るが、当の日本では、民主党政権で「2030年代に原発ゼロをめざす」方向がいったん採られたものの、2012年末総選挙で大勝した自民・公明連立の安倍内閣は「ゼロベースでの見直し」を宣言し、再び原発推進の方向に向かおうとしている。

自民党政権と「原子力村」によって、フクシマ以後も原発を稼働し、高速増殖炉「もんじゅ」や青森県六ヶ所村再処理工場など核燃サイクル施設も建設をすすめる根拠とされているのが、国内エネルギー需給の逼迫とともに、アジアへの原発輸出・技術協力である。実際2000年以降に新たに営業運転を開始した世界全体47基中、地域別に見ると、中国、日本、韓国、インドなどアジアが33基で60％を占める。ちょうどスリーマイル島事故やチェルノブイリ事故の頃から本格的な近代化・工業化の道に入ったアジア新興工業国にとって、原子力による電力確保は「日本の成功体験」を後追いするために不可欠なものとみなされた。

今日NPTもIAEAも脱退した北朝鮮（朝鮮民主主義人民共和国）を除いても、アジアのほとんどの国がIAEAに加盟している。非加盟はブルネイ、ブータン、台湾など数ヵ国で、NPT 未加盟のインド、パキスタン、イスラエルも、IAEA との保障措置協定を結んでいる。今日では、日本、韓国、中国、台湾、インド、パキスタン、インドネシアの 7 ヵ国で原発が稼働・建設・計画中である。創立以来 IAEA 査察を拒否した国はイラク、イラン、北朝鮮の 3 ヵ国とされ、いずれもアジア地域に属する。21 世紀に入って、世界の原発開発の中心はアジアへと移動し、そこに欧米・ロシア・日本・韓国などが原発輸出の市場を見出し、競争している。二酸化炭素排出量を減らし「クリーン・エネルギー」として原発を見直す世界的「原子力ルネサンス」は、フクシマ原発事故で一時的に後退したかに見えるが、アジアではなお「原発ブーム」が続いている。

「アジアの原発ブーム」を主導したのは、日本だった。アメリカのイニシアティヴによるアジア原子力センター計画が挫折した後も、IAEA のもとに「アジア原子力地域協定（RCA）」が作られ（1972 年発効）、日本は 1978 年加盟以降「RCA コーディネーター」をオーストラリアと共につとめ、技術協力と多額の資金援助をしてきた。1990 年第 1 回アジア地域原子力協力国際会議（ICNCA）を機に創設された「アジア原子力協力フォーラム（FNCA）」は、日本の原子力委員会が主導し、日本、オーストラリア、バングラデシュ、中国、インドネシア、カザフスタン、韓国、マレーシア、モンゴル、フィリピン、タイ、ベトナムが加盟し、農業や医療を含む「平和利用」や「原子力安全文化」の普及を目的としてきた。そのもとに「アジア原子力人材育成会議」が開かれ、主に日本でアジアの原子力開発を推進する科学者・技術者を育成してきた。「安全」に関しては、IAEA 主導で「アジア原子力安全ネットワーク（ANSN）」が 2002 年に作られ、東海村 JCO 臨界事故など原発事故が頻発していた日本が 90% の資金を拠出し、フクシマ以後も活発に活動している。

つまりここでも「だからこそ」の論理、広島・長崎・ビキニの被爆を経験したが故に「平和利用」の国策を熱狂的に歓迎し推進した日本的原子力受容観が、福島第一原発事故の教訓の共有の名のもとに、アジアの原発増殖・拡散の中心になろうとしている。「唯一の被爆国」も「核アレルギー」も神話であったのに、「原子力の平和利用」を固守しようとしている。ウラン採掘から廃炉にいたる被曝労働の不可避、巨大システム技術のリスクとコスト、何よりも使用済み核廃棄物の最終処理の問題を置き去りにして。

原子力の問題は、3.11を体験・目撃した私たちの世代に関わるのみならず、世代を超えた人類の未来に関わってくる。2005年8月、パグウォッシュ会議の事務局長やストックホルム国際平和研究所所長をつとめたフランク・バーナビー博士は、「日本のプルトニウム在庫が増加し続けると、全世界の核不拡散および地域的な平和と安全のために負の結果をもたらす」と警告して、日本政治の基底に流れる核武装志向を具体的に指摘し、六ヶ所村再処理工場の稼働中止を求めた（フランク・バーナビー、ショーン・バーニー「日本の核武装と東アジアの核拡散」原子力資料情報室ＨＰ）。

世界が3.11以降「フクシマの行方」に注目するのは、福島周辺の放射能汚染や日本のエネルギー政策についてばかりではない。21世紀に「核なき世界」を実現する上で、日本が「軍事利用」と「平和利用」の境界線上にあり、原爆と原発の双方を含む欧米からアジアへの核拡散の結節点になっているからである。

本書が明らかにしえたのは、その出発点におけるいくつかの問題にすぎないが、ドイツやフランスとの比較ばかりではなく、アジアに目を広げることによって、原子力の問題を再考する入り口に立ち得たと自負している。本書を手がかりに、中国・インドや朝鮮半島、東南アジア、中近東諸国の原子力の問題に取り組む研究や市民運動が活性化する一助となることを期待したい。

なお、本書がこのようなかたちで一書にまとまるにあたっては、厳しい出版状況のもとで本書の意義を認め刊行を引き受けていただいた、㈱花伝社代表取締役社長平田勝氏と、本書の編集にあたり助言と援助を惜しまれなかった柴田章氏に、大変お世話になった。執筆者一同、心から感謝の意を表する。

2013年、3.11の二周年を前にして

加藤　哲郎

索　引

【事項】

ナ行

ハ行

マ・ヤ・ラ行

【人名】

ア行

カ行

サ行

執筆者紹介

＊　編者
［　］内、執筆章

加藤哲郎（かとう・てつろう）＊［第1章、あとがき］
東京大学法学部卒。現在、早稲田大学大学院政治学研究科客員教授、一橋大学名誉教授。政治学専攻。著書に『象徴天皇制の起源――アメリカの心理戦「日本計画」』（2005年、平凡社新書）、『情報戦の時代――インターネットと劇場政治』（2007年、花伝社）、『情報戦と現代史』（2007年、花伝社）、『ワイマール期ベルリンの日本人――洋行知識人の反帝ネットワーク』（2008年、岩波書店）など。

土屋由香（つちや・ゆか）［第2章］
メリーランド大学歴史学部修士課程修了、ミネソタ大学アメリカ研究学部博士課程修了。現在、愛媛大学法文学部教授。アメリカ研究専攻。著書に『親米日本の構築――アメリカの対日情報・教育政策と日本占領』（2009年、明石書店）、共著に『文化冷戦の時代――アメリカとアジア』（2009年、国際書院）、『占領する眼・占領する声―― CIE ／ USIS 映画と VOA ラジオ』（2012年、東京大学出版会）など。

井川充雄（いかわ・みつお）＊［はしがき、第3章］
一橋大学大学院社会学研究科博士後期課程修了。現在、立教大学社会学部教授。メディア史専攻。著書に『戦後新興紙と GHQ ――新聞用紙をめぐる攻防』（2008年、世界思想社）、共著に『占領する眼・占領する声―― CIE ／ USIS 映画と VOA ラジオ』（2012年、東京大学出版会）、論文に「もう一つの世論調査史――アメリカの『広報外交』と世論調査」（『マス・コミュニケーション研究』第77号、2010年）など。

布川弘（ぬのかわ・ひろし）［第4章］
神戸大学大学院文化学研究科博士後期課程単位取得退学。現在、広島大学大学院総合科学研究科教授。日本近代史専攻。著書に、『神戸における都市「下層社会」の形成と構造』（1993年、兵庫部落問題研究所）、『近代日本社会史研究序説』（2009年、広島大学出版会）、『平和の絆――新渡戸稲造と賀川豊彦、そして中国』（2011年、丸善）。

高橋博子（たかはし・ひろこ）［第5章］
同志社大学文学研究科博士号（文化史学）取得。現在広島市立大学広島平和研究所講師、市民と科学者の内部被曝問題研究会副理事長。アメリカ史専攻。著書に『［新訂増補版］封印されたヒロシマ・ナガサキ』（2012年、凱風社）、論文に「冷戦下における放射線人体影響の研究」（『日本の科学者』2013年1月号）など。

市川浩（いちかわ・ひろし）［第6章］
大阪市立大学大学院経営学研究科博士課程後期修了。現在、広島大学大学院総合科学研究科教授。科学技術史専攻。著書に『冷戦と科学技術――旧ソ連邦　1945～1955年』（2007年、ミネルヴァ書房）、『科学技術大国ソ連の興亡――環境破壊・経済停滞と技術展開』（1996年、勁草書房）、共編（山崎正勝と）に『“戦争と科学”の諸相――原爆と科学者をめぐる2つのシンポジウムの記録』（2006年、丸善）など。

小林聡明（こばやし・そうめい）［第7章］
一橋大学大学院社会学研究科博士後期課程修了。現在、東京大学大学院総合文化研究科学術研究員。東アジア国際政治史／メディア史、朝鮮半島地域研究。著書に『在日朝鮮人のメディア空間』（2007年、風響社）、共著に『電波・電影・電視――現代東アジアの連鎖するメディア』（2012年、青弓社）、『占領する眼・占領する声』（2012年、東京大学出版会）、『日米同盟論』（2011年、ミネルヴァ書房）、論文に「VOA施設移転をめぐる韓米交渉――1972~73年」（『マス・コミュニケーション研究』第75号、2009年）など。

伊藤裕子（いとう・ゆうこ）［第8章］
一橋大学大学院法学研究科博士後期課程修了。現在、亜細亜大学国際関係学部教授。アメリカ政治外交史、米比関係史専攻。共著書に『東アジアの歴史摩擦と和解可能性』（2011年、凱風社）、『東アジア近現代史　第8巻　ベトナム戦争の時代』（2011年、岩波書店）、『ハンドブック　アメリカ外交史――建国から冷戦終結まで』（2011年、ミネルヴァ書房）、監訳書に『アメリカvsロシア』（2012年、芦書房）など。

ブリッジ・タンカ（Brij Mohan Tankha）［第9章］
インド・デリー大学大学院卒（PhD）。デリー大学東アジア学部（前）教授。日本近現代史専攻。著書に、*Buddhist Pilgrimage*（Heian Intl. Pub. Co., 2000）, *Kita Ikki And the Making of Modern Japan: A Vision of Empire*（University of Hawaii Press, 2006）, *Okakura Tenshin and Pan-Asianism: Shadows of the Past*（Global Oriental, 2008）など。

清水亮太郎（しみず・りょうたろう）［第9章（邦訳）］
早稲田大学大学院政治学研究科博士課程単位取得退学。現在、防衛研究所戦史研究センター教官。政治学専攻。論文に「対満機構改革問題の再検討――対満事務局の設置と関東軍」（『早稲田政治経済学雑誌』381・382号、2011年）、「橘樸の戦場――民族・国家・資本主義を超えて」（『早稲田政治公法研究』第95号、2010年）など。

原子力と冷戦――日本とアジアの原発導入
2013年3月25日　初版第1刷発行

編者 ――加藤哲郎・井川充雄
発行者 ――平田　勝
発行 ――花伝社
発売 ――共栄書房
〒101-0065　東京都千代田区西神田2-5-11出版輸送ビル2F
電話　03-3263-3813
FAX　03-3239-8272
E-mail　kadensha@muf.biglobe.ne.jp
URL　http://kadensha.net
振替 ――00140-6-59661
装幀 ――水橋真奈美（ヒロ工房）
印刷・製本 ―シナノ印刷株式会社

ISBN978-4-7634-0659-0 C3031

原発を廃炉に！

——九州原発差止め訴訟

原発なくそう！九州玄海訴訟弁護団　編著
原発なくそう！九州川内訴訟弁護団

定価（本体 800 円＋税）

●原告団にあなたの参加を！

フクシマを繰り返すな！
九州発——この国から原発をなくそう！
半永久的・壊滅的被害をもたらす原発。
国の原子力政策の転換を求める。

メディアは原子力をどう伝えたか

メディア総合研究所　編　〈メディア総研ブックレット 13〉

定価（本体 800 円＋税）

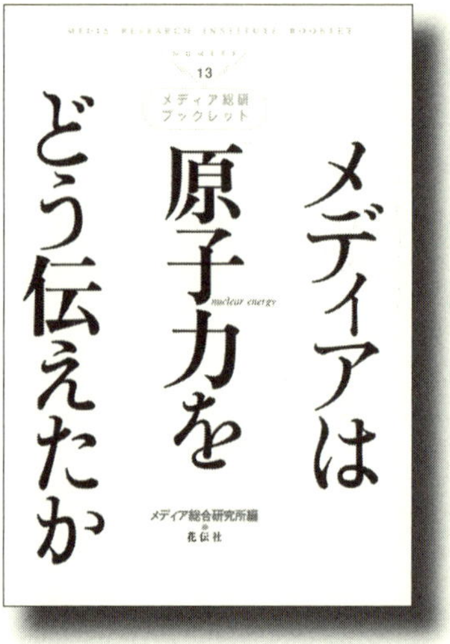

●大手メディアと原子力

メディアは原子力の何を伝え、何を伝えてこなかったのか。第一線で活躍するメディア人が自戒を込めて検証する、この国の原子力報道の姿。資料「原発問題を取り上げたテレビ番組」「科学技術庁『原子力の日』関連広報」。